港口城市空间格局优化
——以天津为例

刘峻源　著

东南大学出版社
SOUTHEAST UNIVERSITY PRESS
·南京·

图书在版编目(CIP)数据

港口城市空间格局优化:以天津为例/ 刘峻源著.
—南京:东南大学出版社,2020.12
 ISBN 978-7-5641-9283-9

 Ⅰ.①港… Ⅱ.①刘… Ⅲ.①港湾城市—城市空间—
空间规划—研究—天津 Ⅳ.①TU984.221

中国版本图书馆 CIP 数据核字(2020)第 246064 号

港口城市空间格局优化——以天津为例

出版发行:东南大学出版社
社　　址:南京市四牌楼 2 号　　邮编:210096
出 版 人:江建中
责任编辑:朱震霞
网　　址:http://www.seupress.com
电子邮箱:press@seupress.com
经　　销:全国各地新华书店
印　　刷:广东虎彩云印刷有限公司
开　　本:700 mm×1000 mm　1/16
印　　张:16.25
字　　数:350 千字
版　　次:2020 年 12 月第 1 版
印　　次:2020 年 12 月第 1 次印刷
书　　号:ISBN 978-7-5641-9283-9
定　　价:68.00 元

本社图书若有印装质量问题,请直接与营销部联系。电话:025-83791830

前　言

　　自古以来,港口一直起着连接所▨▨域与海外各地之间纽带的作用,"因港而生,由港而兴",孕育了港口城市的发▨▨并见证了世界由内河时代走向海洋时代的进程。目前,全球 500 多个著名城市中,港口城市就有 446 个。滨海地区成为全球城市和人口分布最密集的地带,因此沿海港口城市已经成为世界城市体系的核心力量。近年来,随着各种新因素的变化和介入,滨海地区的空间不断面临重组和调整,开展沿海港口城市空间结构演变规律及优化研究已经成为关乎国家区域发展的重要问题。

　　本书通过"点-轴"系统理论模型和空间测度图形分析方法,采用"现状问题研究—'点-轴'空间理论构想—现实因素校核"的思路,对沿海港口城市地区空间发展的动力机制、特征、演变规律以及空间优化引导等展开研究,并以天津为重点研究对象。

　　通过文献研究,从港口区位、港口空间结构演化、港口区域空间关系以及港口城市空间结构优化、天津城市空间发展等方面,对国内外的研究历程进行梳理与回顾。指出今后有待进一步开展的研究方向,应加强发展中国家和多地域不同类型城市的比较,加强定量化和多学科的综合研究,引入新因素和新作用机制等,拓展研究方法和视角,对沿海港口城市空间发展模式进行探索,实现预测发展趋势和空间优化的目的。

　　通过案例剖析,对国内外 6 个典型港口城市的空间发展规律、特征进行系统梳理,提取其中的经验加以借鉴,总结传统港口城市空间演变的一般规律和特征,为天津港口城市地区的空间发展提供有益的启示。

　　天津作为我国北方最大的沿海港口城市,因水而生,因漕运而兴,具有典型的代表性。本书通过对天津港口的分阶段动力机制、空间发展演变规律与特征进行系统分析和总结,基于天津当前空间结构发展现状的认知,引入点-轴系统模型方法和分维值、紧凑度、扩展强度等空间测度指标进行定量分析,并结合理想空间发展模式的探索,提出了天津城市空间结构初步的理论构想,并对未来发展的现实因素进行考量,从发展方向、空间发展模式和优化引导策略等三个方面提出了初步的建议。

目　录

1 绪 论

港口作为大型基础设施,是区域乃至国家空间结构的基本支撑和重塑力量。港口的形成与发展是区域经济发展的必然产物。从古至今,港口在区域发展中一直起着纽带、桥梁和龙头的关键作用。

中国是世界少有的,拥有数量众多、支流密布的完整的江河湖海综合水域体系的国度[1]。我国东临太平洋,有 18 000 多 km 漫长的海岸线,孕育和发展了许多沿海港口城市;自古以来,我国就是世界港口大国。"因港而生、由港而兴"的港口城市几经变迁,经历了由内河时代向海洋时代演变的历史进程,如今已经成为我国城市发展的主体。我国是一个海陆兼备型的国家,其自身独具特色的地理结构,形成了沿海港口城市沿着东部和东南部沿海呈扇形布列的阵势[2]。新中国成立后,特别是在周总理"三年改变港口落后面貌"的指示下,我国沿海港口城市有了新的发展[3]。在国家对外开放重大国策的确立和贯彻执行下,沿海地区已先后建立起包括经济特区—开放城市—开放地区等多层次、全方位的对外开放空间战略格局,这样就使我国作为对外开放的"窗口""前沿"和依托的一大批海港城市,在以外促内、内外结合的条件下,进入了一个崭新的发展阶段[1]。进入 21 世纪,随着世界经济的重心由大西洋西岸向太平洋东岸地区转移,全球已然进入太平洋时代,作为全国对外开放前沿地带核心部分的沿海港口城市,同样位于经济振兴的最前沿地带,将会有更好的发展势头并且必将带动中西部地区和边远地区的经济发展,这对促进国际、国内的经济技术联系具有重要的意义。

天津作为渤海边的港口城市,自古就是漕粮南北运输的节点和守卫北京的重镇,天津的发展与港口有着紧密联系,也促成了它们之间的互动关系,目前正朝着北方国际化的港口城市方向迈进。港口在天津城市空间演变进程中所起的关键作用究竟如何? 不同阶段的作用力又有何区别? 未来又将发生怎样的变化? 此外,近年来,随着滨海新区国家发展战略的推进实施,《天津城市空间发展战略规划》"双城双港、相向拓展、一轴两带、南北生态"总体战略的出台,以及未来京津冀协同发展战略的编制和天津自贸园区的建立,这些新的因素变化使得未来天津港口城市空间结构面临诸多的机遇和挑战,空间结构的调整与优化已经成为当务之急。

未来,在把握港口发展与天津城市空间关系的基础上,系统总结天津空间发展的基本规律和特征;如何在最大限度地发挥港口优势功能的基础上,实现港口城市的综合协调发展;如何以空间发展的理论构想模式指导城市空间布局的调整与优化;如何实现京津冀区域一体化发展和津滨走廊、滨海走廊的空间重组:这些都是本书将要深入探讨的问题。

1.1 研究背景

1. 经济全球化背景下港口区位功能日益凸显

在经济全球化、区域经济一体化依然是世界经济发展大趋势的时代,全球经济发展格局和发展模式进入新一轮的调整期[4],并逐步向亚太地区转移。在这样的发展背景下,国际贸易飞速发展,从而推动了港口运输业的发展,港口的区位功能和作用越来越明显。由于港口所处的区域与外界联系的纽带位置,区域经济随着港口功能的提升而得以进一步增强,从而壮大了港口城市的辐射和竞争力[5]。

2. 沿海港口城市已经成为世界城市体系的核心力量

从城市的形成与发展历史可以发现,沿河流及海岸地区往往成为聚落、城市的最佳选择地,是人类社会经济发展的财富聚集地。根据相关资料统计,全球四分之三的大城市,70%的人口都集中在距海岸 100 km 左右的沿海地带。当前世界重要的城市群无一例外地分布于沿海地区,世界大城市都市圈,如美国东海岸、日本关西地区等,它们在全球经济和区域发展中处于龙头和核心的地位。沿海港口城市在区域发展中,对强化核心城市和城镇群的发展地位,加速不同地区间城市发展的平衡和地区内城乡之间的共同富裕,优化其城市功能、加强产业优化升级和转移力度,放大城市的集聚和扩散效益,发挥着自身特殊的作用。基于以上背景,本书对于沿海港口城市的系统研究可谓意义深远。

3. 港城关系研究成为港口城市空间问题研究的热点,并有向各领域拓展的趋势

针对港城关系及其空间演化的研究历来一直受到广泛的关注。国外最早起源于港口区位论的研究,国内从地理学角度开展了大量研究。而"以港兴城、港城共融",也已经成为港口城市历来发展的基本规律。关于港城关系的发展变迁及其相互关系的研究,已有大量研究成果。近年来,港城空间界面,港城功能关系、港腹关系等港城空间关系研究也日趋丰富,分析手段和研究视角呈现多样化发展趋势,这些为本书研究提供了充足的理论支撑和进一步深入研究的新视角。

4. 港口城市转型面临新机遇,其城市空间结构的调整与优化迫在眉睫

目前,港口的功能不断丰富,处于滨海地区的港口城市对外辐射功能不断增强,其空间发展也正经历着诸多新因素的撞击,从而使得港口城市的空间将出现一些新的变化,有即将重组的可能,也为港口城市的功能转型提供了新的机遇[4]。对

新时期的沿海港口城市空间结构进行优化研究,能够有效适应港口城市功能的转型,减少区域间的恶性竞争,促进一体化合理发展。开展针对未来沿海港口城市的空间发展问题的研究将是一件关乎区域协调和城市可持续发展的大事,已具有迫在眉睫之势。

5. 从事港口及城市空间相关科研实践,是对港口城市发展长期思考的结果

作为我国北方最大的沿海港口城市与环渤海经济圈中的核心城市,天津因水而生,因漕运而兴;港口对于天津的发展意义非凡。尤其是改革开放以来,随着国家沿海开放战略的实施,滨海新区的战略地位不断提升,天津的城市定位被提到了新的高度,北方国际航运中心核心区、先进制造业基地、金融改革示范区、改革开放先行区等,这些对天津的城市空间发展提出了更高的要求,因此有必要系统研究天津港口城市空间发展演变和优化方面的工作,确保新战略高度下区域和城市层面的协调可持续发展。但是,天津作为沿海港口城市,要从港口作用机制角度对其空间结构进行系统研究,专业性要求较高,非轻易所能办到,现有研究多是从传统城市空间结构理论视角出发,故从港口专业和城市规划专业相结合的角度出发的研究成果较少。笔者真正全面接触港口是在2013年,受导师委派开始参与天津港集团《天津港土地资源评价和开发管理策略研究》的课题研究。

该课题,使笔者有机会深入到港口调研踏勘并和港口管理人员、专家学者以及一线工人对话、研讨,谋划港口发展大计。在对天津港土地利用资源的整合以及港口用地布局的研究中,引发了更多关于港口乃至更深层面的思考,由此切入了天津港口城市空间结构的研究,通过所掌握的港口学理论及自身的城市规划专业背景,对天津港口城市的空间结构发展问题进行重点研究,并借助天津大学规划院良好的工作平台,参与了《青岛王台镇保税港区功能拓展区规划》的制定工作,把部分研究成果应用于实践,开始接触除天津以外的国内外其他港口城市,如上海、广州、宁波、鹿特丹、新加坡、汉堡等。对港口及城市空间的相关科研实践,以及对港口城市发展的长期思考,支撑了本书的写作研究。

1.2　研究意义

1.2.1　理论意义

1. 港口城市空间结构系统理论体系的有益探索

本书通过对有关港口区位、港口空间演化、港口区域空间关系、港口城市空间结构演化的相关理论进行梳理,试图系统地构建港口城市空间结构的理论体系,将

其作为城市空间结构理论的一个重要组成部分和特殊类型,并对其进行补充和完善;同时,为沿海港口城市空间结构的调整及优化等发展问题提供可供借鉴的方法,实现对理论体系和分析方法的补充和拓展。

2. 港口城市空间规划理论的重要补充

港口城市规划是城乡规划学中一种特殊且重要的城市规划类型。目前,大多是从港口地理学、区域地理学的学科视角开展研究,缺乏城市空间基本理论的知识背景,因此现有的成果多与城市建设脱节,没有理论指导意义;而城市规划专业出身的学者,由于缺乏港口专业的知识和技能,仅从传统城市规划的角度去研究,致使港口城市的规划无异于普通城市规划理论和方法。至今,港口城市空间规划没有形成其自身独有的、适应这类特殊类型城市规划的系统理论。本书系统研究沿海港口城市空间结构的演变和优化,从港口作用机制角度出发,探索其内在机制和演变规律,试图构建沿海港口城市空间规划的新方法,这也是对空间规划理论的重要补充。

3. 城市空间结构优化方法的新拓展

目前,关于城市空间结构优化研究的方法模型大部分为数量模型,少有空间模型的研究成果,并且数量模型与空间模型结合不足,研究结果往往存在不少误差,难以在空间布局上准确落位,不能直接指导城市空间结构的调整和优化等实际建设发展问题。本书以天津港口城市空间结构为重点研究对象,对其空间发展演变规律、特征进行梳理,通过空间发展现状分析、点-轴系统模型分析、空间测度分析、现实因素考量等手段,提出了针对港口城市空间结构优化的新方法和新思路,可为其他地区港口城市的空间发展提供理论方法借鉴。

1.2.2 实践意义

1. 为我国数量众多的沿海港口城市空间结构优化提供操作指南

我国特殊的地理特征决定了其拥有丰富的河湖水域资源,尤其是东部和东南部沿海聚集了众多大大小小、形形色色的港口城市,它们地处不同的区域,其规模、空间分布以及空间结构演变特征等存在诸多差异和规律。随着沿海地区经济社会等方面的飞速发展,尤其是港口功能的转型升级,沿海港口城市的空间结构面临剧变。而加强对沿海港口城市空间结构演变和优化的研究,弄清其背后的机制,摸清港口城市未来现实发展的主导因素,通过港口城市空间结构的优化模型来寻求其空间结构发展的理想模式,可以推动港口城市空间结构的健康、可持续发展。该研究不仅可以为港口城市空间结构规划建设提供理论和方法支撑,而且还可以为具体的港口城市空间结构优化工作提供较为成熟的操作指南,直接指导港口城市空间发展的实施、管理等方面的相关工作。

2. 为天津港口城市空间结构调整与优化提供理论和方法借鉴

港口城市空间结构优化工作的开展可为这些区域的调整与优化提供可资借鉴的理论和方法。港口城市作为诸多类型的城市中最具生命力的类型之一,也具有自身的特殊之处,其空间结构问题研究逐步成为城市规划学科研究的热点问题。本书以天津港口城市空间结构的演变与优化为重点研究对象,探索港口城市空间发展的机制问题,总结其演变的规律和特征,运用点-轴系统空间模型和空间测度分析等方法,做出空间发展理论层面的初步构想,为天津港口城市空间结构的调整及优化提供一定的理论依据。

1.3 研究目的

本书以港口城市地区内外部空间的各要素为主要研究对象,从港口作用机制角度分析其对城市空间中主要方面的影响,并结合国内外典型港口城市的空间发展,寻找港口城市空间结构演变的一般规律和特征。本书选取天津这一综合性沿海港口城市、我国北方重要的经济中心、环渤海港口城市群中的核心城市为重点研究对象,着重从港口变迁对其空间演变历程的影响机制进行分析,基于点-轴系统模型和空间测度等分析方法剖析了其城市空间结构的演变进程、动力机制和发展规律,以把握未来天津港口城市空间结构的演变趋势,并结合其未来空间发展现实因素的校核,初步提出天津港口城市空间结构的优化策略,为我国其他地区港口城市的发展提供参考、借鉴的资料。

1.4 研究范围及主要对象

本书的研究范围是沿海港口城市区域和内部空间的各个要素,其中以天津作为重点研究对象。天津港口城市空间结构的研究从内容上分为区域整体空间结构、城市内部空间结构的演变及优化。区域整体空间的范围不局限于行政区划,包括京津冀地区,除天津外,还涵盖北京、廊坊、保定、石家庄、沧州、唐山、秦皇岛等地区,即其中心城市功能向外扩散、疏解的区域;内部空间范围主要包括中心城区、滨海新区以及近郊地区。

1.5 研究方法

1. 文献研究的方法

任何一个学科和理论的发展都是在依据前人优秀成果的不断总结和完善的基

础上,才能有所突破和创新。本书运用历史学的基本方法——文献研究法,通过梳理过往的理论成果,对城市发展的基本理论、港口理论、港口城市空间结构理论、空间结构分析方法等进行了系统的总结,前人的经验和不足成为本书研究的前提和基础;同时以大量的史料查证,作为研究天津港口城市空间演变的重要依据,提高了研究的准确性。该方法在前期的理论研究和实证研究的前期基础资料整理中发挥了重要的作用。

2. 对比与比较的方法

了解任何事物的真相和本质,仅仅抓住现有的个体是远远不够的。只有通过多角度的分析和比较,发现它们之间的异同点及内在联系,才能掌握其发展轨迹和规律,进而才可以为掌握其真正的本质提供合理的路径。

对地区间港口城市进行比较,有利于总结港口城市发展的特征和一般规律;同时,根据对港口城市空间发展不同阶段的动力机制类型进行比较,有助于把握未来空间发展的现实因素,形成最终的优化成果。该方法在案例研究(见第 5 章)和天津港口城市空间结构演变分阶段动力机制研究(见第 6 章)中运用得较为广泛。

3. 归纳与演绎结合的方法

归纳的方法有助于探寻不同类型(河口港和海岸港)和地区港口城市发展的不同之处,发现一些普遍存在的规律,并通过重点研究进行例证;而演绎的方法则是探寻港口城市发展的影响因素和分阶段港口作用对空间结构的影响,以及天津港口城市空间结构发展不同时段的动力机制等,把握空间发展的规律性内容,为下一步港口城市空间发展的理论构想和优化策略提供充分的依据。

4. 定性与定量结合的方法

在港口城市空间结构演变研究中,结合理论方法的定性分析,及描述与空间分析方法的定量研究,探索其发展规律和特征;在天津港口城市空间结构演变及优化的研究中,通过历史发展轨迹的定性研究和基于点-轴系统模型的分析,运用空间测度分析方法对区域和港口城市内部空间结构进行计算,可以为其发展规律、趋势及优化策略提供足够的支撑。

2 港口城市空间发展的文献综述

2.1 港口区位相关研究

2.1.1 港口区位论研究

对港口的系统研究和关注最初发轫于对港口区位的认识。1930年代之前,国外对于港口区位的地理研究仅局限于描述阶段。之后,古典、近代区位论对港口的区位选择等问题进行了理论框架的探索。1934年,以德国学者高兹(E. A. Kautz)《海港区位论》的发表为标志,对近代港口的系统研究开始了,其开创了国外港口区位理论研究的先河。他采用了经济与地理相结合的方法,结合韦伯(M. M. Webber)工业区位论的研究方法和理论,即从费用最小的观点来研究海港区位[7]。自此之后,港口区位代表性的研究有奎因1943年提出的"中介区位假想",胡佛基于最小运费条件下的工业区位理论,冯·杜能关于农业区位论及其航运的影响研究。

受区位论影响,学者们最早是从港口区位认识中关注区域内的港口和其周边的地区之间的区位关系。如美国乌尔曼(E. L. Ullman)于1942年对海港与工业贸易中心的关系进行了研究;哈里斯(C. D. Harris)于1945年提出了"门户"功能及其中心地对港口交通发展的影响[9];伯哈德特针对北美的内陆城市,综合分析了门户功能。

到了20世纪50年代,学者们开始关注港口区位的选择问题,主要研究者有麦耶、帕顿、威格德(G. G. Weigend)、摩根等。麦耶于1957年通过对铁路运输的研究来研究港口的竞争力;威格德[10]则于1958年从诸多经济方面的优势对港口与沿海的关系进行了研究 。

国内关于港口区位论的研究较少,多为综述和基础理论研究。1982年,国内学者郑弘毅从地理位置及区域、城市体系等方面对港址选择问题进行了讨论;管楚度[11]对影响海港区位变化的诸多因素进行了研究;赵一飞[12]用层次分析结合专家选址的方法,对处于争论焦点的三个港口的区位选址方案作了比较分析;董洁霜等[13]对现代港口发展的区位势理论进行了研究,2006年[8],又对国外港口区位的相关理论进行了梳理。

2.1.2　港口工业化研究

从上世纪五六十年代开始，港口及其海岸带的开发，带动了临港工业发展的趋势，它成为许多临港国家重要的经济增长点；由此，许多国家开始实施港口工业化。港口工业化开始成为这一时期港口相关研究的重点和热点[8]。

伯德(C. J. Bird)等学者瞄准这一现象，主要以发达国家为背景进行了较多探讨。乌尔曼在其博士论文《机动性：工业海港与贸易中心》中讨论了海港与工业贸易中心形成的关系，开始了早期的港口工业化研究。

从 20 世纪 70 年代末期开始，相关研究成果主要集中在霍伊尔(B. S. Hoyle)和平德尔(D. A. Pinder)编著的《城市港口工业化与区域发展》一书，此后相关的成果还有霍伊尔、希令(D. Hilling)编著的《海港体系与空间变化》[14]、霍伊尔和平德尔的《海港、城市与交通运输系统》等。发达国家港口工业区的研究在 80 年代初期兴盛一时，比如怀尔斯对新型工业港区进行了研究，杜蓬和平德尔对港口工业化影响下的港口进行了案例分析。

近年来，国外学者对港口工业区相关的研究开始转向自由港、自由贸易区、出口加工、免税区等类似自由港的现象。波洛克(E. E. Pollock)曾试图分析自由港、自由贸易区、出口加工区对区域发展潜在的影响。麦克卡拉[15](R. J. McCalla)对 20 世纪 80 年代中期之前，包括上述三种类型的港口自由区的地理扩散情况进行了回顾。

国内关于港口工业区的相关研究较为薄弱，案例分析也较少。只有如董洁霜、范炳全[8]对港口工业化理论与成果作了深入的回顾与评价；王列辉、徐永健、王成金等对港口及其引发的工业化理论与实践进行了简要的陈述，未展开深入探讨。

2.2　港口空间结构演化研究

2.2.1　港口单体模型演化研究

关于港口单体形态的早期研究主要有威格德对于港口基本要素的归类，但缺乏对其形态变化的深入分析。而系统的关于港口形态的研究是 1952 年摩根的分析。

针对港口空间的模型研究最早是 1963 年伯德在其著作《英国主要海港》一书中提及的"港口通用模型"，即 Anyport 模型。

他认为港口活动有一个空间位移的过程，即显示了港口单体演变的一个发展历程：由早期的中心小码头，发展为综合、大型化的港口活动空间，并与原港口有一段距离[16],从而适应港口技术发展的要求。

该通用模型在全球的应用证明了它有助于认识多功能河口港的发展过程,具有很强的普适性。Anyport 模型作为港口发展的基础理论,一直是当前描述港口基础设施建设、空间演化规律最受认可的理论。

1963 年,美国地理学家塔夫(E. J. Taaffe)、莫里尔(R. L. Morrill)和顾尔德(P. R. Gould)[17]以加纳和尼日利亚为例,建立了塔夫—莫里尔—顾尔德模型(Taaffe-Morrill-Gould model,简称 TMG 模型),即港口区域交通网络发展模型,开辟了现代港口发展动力模型研究的先河(图 2-1)。

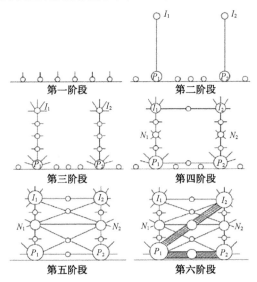

图 2-1 Taaffe-Morrill-Gould 模型

资料来源:Taaffe E J, Morrill R L, Gould P R. Transport expansion in underdeveloped countries: A comparative analysis[J]. Geographical Review,1963,53(4):503.

针对以上研究,不少学者根据各自地区的特点对上述模型进行了一定的修正。如里默(P. J. Rimmer)[18,19]对澳洲海港进行考证之后,结合塔夫—莫里尔—顾尔德模型,提出了港口空间结构演化的理想时序模型(图 2-2)。它强调交通因素,论证了港口从分散到网络化的过程。还有多位研究者对伯德的任意港模型进行了完善,获得了丰富的成果。比如霍伊尔[20]运用任

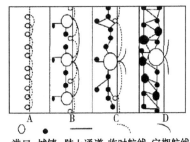

港口 城镇 陆上通道 临时航线 定期航线

图 2-2 港口空间结构演化的理想时序模型

资料来源:Rimmer P J. The search for spatial regularities in the development of Australian seaports 1861−1961/2[J]. Geografiska Annaler Series B, Human Geography,1967,49(1):42.

意港概念,联系集装箱运输和多式联运运输系统的发展,并在考察东非海港基础上,提出了东非海港发展六阶段模型。

此后,罗宾逊(R. Robinson)[21]对该模型进行了深化,提出了亚洲港口发展模型;在他们的基础上,巴尔克、海乌特(Y. Hayut)[22]、霍伊尔[23]、库比(M. Kuby)和里德(N. Reid)[37]、查理尔(J. Charlier)、诺特伯姆(T. E. Notteboom)[35]、麦克卡拉和拉哥等人针对不同对象构建了不同的港口发展模式。

2005年,诺特伯姆和罗德里格(J. P. Rodrigue)[36]将"港口区域化"引入到港口空间演化阶段中,提出了集装箱时代的港口空间发展模式,为港口演化理论增加了新内容,弥补了任意港模型的局限(图2-3)。

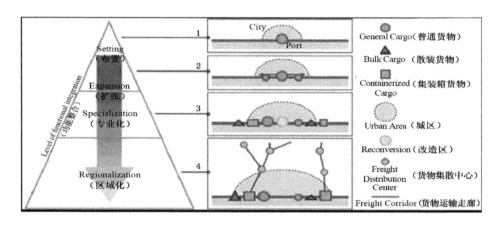

图 2-3　港口区域化阶段模型

资料来源:Notteboom T E, Rodrigue J P. Port regionalization:Towards a new phase in port development[J]. Maritime Policy & Management,2005,32(3):297-313.

而我国对港口单体空间演化的系统研究开始于改革开放以后。之前较早的研究是黄盛璋于1951年探讨了从古到今我国港口的分布格局变迁、成因、空间布局特点、发展机理等,这也是我国较早进行港口空间演化研究的文献之一,极具时代价值。改革开放后,国内对港口空间演化的系统研究正式拉开了序幕,可谓成果颇丰。如陈航于1984年对港口地域组合进行了实证研究,1991年[24]和1996年[25]又分别对海港组合方法、形成和发展规律进行了探讨。洪小源[26]从门户港的视角,对我国沿海中部各个港口的发展条件及发展前景进行了比较,提出了有关的设想。罗正齐[27]的《港口经济学》一书,系统阐述了港口的形成、发展等港口规划布局问题。安筱鹏等[28]对世界集装箱枢纽港的形成演化机理与集装箱枢纽港的成长模式进行了分析。王铮用枢纽、网络原理对港口空间演化进行了研究。董洁霜等[13]对现代港口发展理论进行了研究,对港口发展与形成的主要因素进行了分析,并于2006

年[8]对港口单体空间结构演化的系统理论与成果作深入的回顾与评价。张培林等[29]对港口布局层次的规律及形成机理进行了分析。王缉宪等[30]对港口的拓展规律进行了探索。

2.2.2 港口体系演化研究

20 世纪 60 年代后,学者们从单一港口转向港口体系的历史形态研究,当时的研究多侧重于港口体系的发展过程、交通网络系统对港口体系的影响等。

1963 年,美国的塔夫、莫里尔和顾尔德[17]通过对加纳、尼日利亚港口体系的考察,构建了 TMG 六阶段模型,虽未涉及分散化的趋势,但对日后的港口体系研究仍产生了重要的影响。

此后,基于 TMG 模型,学者们开始关注港口体系的演化过程。里默[31,19]注意到了分散化的问题,结合澳洲的情况,在 TMG 模型基础上提出了"边缘港口发展与港口体系扩散发展"。希令(1977)以加纳为中心,提出了港口体系的演化五阶段模型。

在这一阶段,西方学者把注意力主要放在发展中国家地区的港口体系方面[31]。

80 年代末,海乌斯(Y. Hayuth)[33]从海向组织角度,以美国为实证,提出了区域集装箱港口体系空间演化的一般规律,演变过程包括五个阶段(图 2-4)。该模型对日后港口体系的空间演化产生了重要的作用。

此外,霍伊尔和查理尔[34]根据 TMG 模型对东非国家的港口体系进行了研究,分析了港口设备技术水平、航运发达程度对港口体系发展的影响,建立了 1500—1990 年东非港口竞争的模型;诺特伯姆等[35]于 2005 年分析了 1980—1994 年欧洲港口体系的发展情况,并构建了港口体系的六阶段模型。

随着船舶大型化、集装箱化和

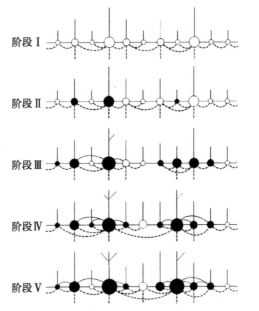

○传统港口 ● 集装箱港 —— 内陆交通线 ---- 海上定期航线

图 2-4 Hayuth 集装箱港口体系模型图

资料来源:Hayuth Y. Rationalization and deconcentration of the US container port System [J]. The professional Geographer, 1988,40(3):279-288.

多式联运的发展,诸多新因素对港口体系产生很大的影响,国外学者对此有较深入的研究。库比和里德[37]考察了技术变化对港口体系的影响,分析了影响港口集中化和分散化的两大原因,从而形成了港口体系的分化;海乌斯和希令研究了技术与海港发展的关系;托德(D. Todd)[38]对国家贸易、技术等多因素对港口体系演变的影响进行分析,并以中国台湾地区作为实证;霍伊尔和查理尔[34]引入了技术对东非港口体系的影响研究。

国内关于港口体系的演化研究起步较晚,大量的研究集中于 20 世纪 80 年代之后,主要包括中国传统港口地域的演化研究、集装箱港口体系研究等方面。比如,杨吾扬等于 1982 年对中国港口体系的地域类型进行了划分;张景秋、杨吾扬[39]探讨了中国临海地带空间演化及其机制;曹有挥等[40]勾勒出中国港口体系的演化过程与集散趋势;王成金[41]考察了秦汉至今的中国港口分布格局演化特征的基本机理,刻画了中国港口体系的历史演化与发展机理;王列辉[42]集中对 1950年代国外港口体系演化的相关研究进行了系统评价。

90 年代开始,进入了宏观分析阶段,如韩增林、安筱鹏[43,44]等人分析了国际集装箱枢纽港的形成演化机理与发展模式,他们[45]还对中国集装箱港口网络进行了优化;曹有挥等[46]对内河、沿江集装箱港口体系组合和演化规律进行了全面分析,他还和李海建、陈雯[47]研究了中国集装箱港口体系的空间发展与竞争格局;王成金和金凤君[48]对集装箱航运网络进行了分析;王成金和于良[49]对全球集装箱港口体系的演化机制进行了综合研究;张南等[50]从影响因素、动力机制及发展模式等角度对我国沿海港口发展与布局进行分析,并提出了今后发展布局研究的重点。

2.3 港口区域空间关系研究

2.3.1 港口与腹地关系研究

有关港口与腹地关系的研究,最早可以推至 1938 年,萨金特(A. J. Sargent)比较系统地探讨了海港与腹地的相互关系;该方面的早期研究主要分析了港口腹地开发的相关因素。

1934 年,高兹创立了以港口与腹地关系为基础的海港区位理论。从 20 世纪50 年代开始,巴顿和摩根等人研究了腹地在港口发展中的作用关系;1953 年发表的《每一吨货对地区经济价值》,系统分析了港口对其腹地的影响,为港口腹地研究提供了有益的思路。

1960 年代以后,对于港口腹地的研究不再局限于单个港口,塔夫等[17]、里默、格蒂斯(A. Getis)和万斯(Vance)[52]从历史演进的角度,对港口与腹地关系的空间演化模式进行研究,提出了它们之间联系网的形成方式。20 世纪 70 年代后,传统的港口与腹地间的联系网络发生了巨大的变化。

20 世纪 80 年代后,航运技术的飞速发展,带来了许多新的因素作用,也使得腹地概念发生了变化,港口间竞争日益加剧。豪尔(A. G. Hoare)[54]认为港口间的竞争已经向混合腹地竞争转变,并通过不列颠港进行了实证分析。

同时,集装箱化使港口与腹地的关系发生了变化,如海乌斯[33]、斯莱克(B. Slack)[55,56]对铁路在港口腹地关系中的作用进行了系统研究;霍伊尔和查理尔[34]通过引证非洲,构建了港口腹地关系的五阶段演变模型。此后,港口与腹地呈现多样化、网络化的趋势,一直以来都是港口发展的热点问题[57]。

国内的相关研究,如郑弘毅等于 1987 年分析了我国历史上的海港城市,指出了港口—城市—腹地系统的存在;黄大明、陈福星 1990 年发表的《港口经济学》,探讨了港口与其经济腹地的相互关系;范厚明等[58]分析了大连港的发展与腹地经济的发展。此外,宋炳良[59]阐述并探讨了港口城市与其腹地经济的良性互动问题;李增军[60]研究了港口与腹地经济的关系,认为港口对所辐射的腹地产生间接作用;郎宇、黎鹏[62]分析了港口与腹地经济系统形成的影响因素;吴松弟[63]对我国近代港口腹地关系进行了研究;董洁霜、范炳全[8]对港口与腹地的理论与成果作了深入的回顾与评价;陈为忠[65]对腹地为主的港口经济空间的变迁作了分析,探讨了港口(城市)—腹地互动与区域发展的关系。

2.3.2 港城关系研究

长久以来,港城关系研究一直是西方学者们关注的重点领域。总体来看,国外对港城关系研究的内容主要包括从经济角度研究港口的影响度,还有港口与城市空间的关系。前者的主要研究成果有吉尔伯特和维诺德[66]对于汉普顿路港的经济贡献研究。而港口与城市空间关系研究,最早的成果是英国研究者伯德的 Anyport 模型,美国学者塔夫、莫里尔、顾尔德的 TMG 模型[17],这两个模型都很好地推动了港城关系研究的发展[23]。而此后还有霍伊尔的 Anyport-City 模型,构建了港城关系六阶段模型,也具有很好的借鉴意义。随着经济全球化、航运技术的提升、对外贸易格局的变化等,港口和城市从最初的共生关系,发展到出现"无港口的地区",之后又到"无地区的港口"。

海运技术和交通革命的全球扩散要求船舶大型化,港口开始出现向城市外部发展的趋势,从而影响了港城、区域之间的空间关系。

在这样的发展背景下,港城关系开始引起政府官员的重视,如格里夫(M. B. Gleave)[69]研究了港口对其城市空间发展的影响,并以弗里敦为实证对象;同时,法国地理学家迪克吕埃(C. Ducruet)等[70]通过对世界众多海港城市 1970—

2005 年期间数据的分析,建立了表现鲜活港城关系的"港口与城市组合的关系矩阵";韩国学者 Lee Sung-Woo 等[71]在迪克吕埃研究的基础上,对香港和新加坡进行了分析,构建了"港城"互动的亚洲联合模式,进一步丰富了港城关系理论。

而在我国,随着对外开放和东部沿海地区的飞速发展,沿海港口城市、港口和城市的互动问题开始逐步引起国内相关学者高度关注,他们纷纷从不同角度运用不同的方法进行探索。从总体上讲,我国关于港城关系的系统研究比发达国家晚近 30 年。同时,从研究成果看,也略显单薄,主要有定性研究和定量研究,早期以定性研究为主。

1. 定性研究

郑弘毅等于 1982 年以上海新港的选址作为研究对象,阐述了港城互相依存的发展关系;杨吾扬于 1986 年在《交通运输地理学》一书中对港口与所在城市的布局关系、港口配置与城市用地组等港城空间关系问题进行了深入探讨;朱乃新等[72]的《世界港口城市综览》对世界各地区典型的港口城市作了详尽的介绍,对其发展经验进行了总结;高小真于 1990 年研究了改革开放初期中国的港城互动关系。

胡序威、杨冠雄[2]较早研究了 1980 年代中国沿海港口城市的问题,并提出了初步的设想;郑弘毅[1]从港口城市发展个性的角度,着重从港口选址、产业发展、城市体系等角度对港城关系进行分析;杜其东等人[73]将港口与国际经济中心比较,对港城关系演变规律进行研究;许继琴等人[74]探讨了港口对港口城市发展的促进作用,提出港城关系的四阶段理论。

杨华雄于 2000 年揭示港城关系的变迁及相互作用的机理;李玉鸣[75]总结了20 世纪 90 年代以来国际上港口城市研究的基本内容,从多方面探讨了港城关系的演化和发展趋势;于汝民[76]从港口规划视角探讨了港口与城市规划的协调问题;徐质斌[77]研究了港城关系的经济—一体化问题,认为港口与城市具有互补共生关系(图 2-5)。

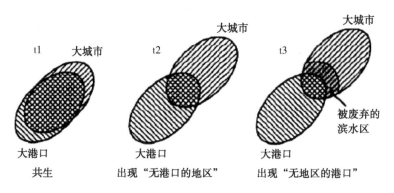

图 2-5 大城市与大港口:不同时期的演进与分离

资料来源:徐质斌.关于港城经济一体化战略的理论思考[J].港口经济,2004(6):30-31.

罗萍[79]对我国港城互动的现状进行分析,探寻了未来发展的基本思路;陈航等人[83]对港城互动成因、现状和特征作了系统梳理;刘文[82]从京津冀角度对天津港城问题进行分析,并提出了相关的建议;陈芸芸在 2007 年以大连港为例,探讨了港口和城市的良性互动发展;周枝荣[83]探讨了港口城市港城空间关系的影响因素,并以广州为实证研究对象。

万旭东等[84]从区域视角,通过空间、产业、交通等方面,分析了港口对城市空间结构的作用;庄佩君等[85]对港城空间发展的阶段进行了探索,即包括形成成长、成熟扩张、衰退废弃、再生复活阶段,指出港城关系有共生一体、共同扩张、分离、再度整合的演变过程;王辑宪[86]系统研究了中国港口城市的互动与发展问题,并提出了相应的策略;李冬霖[88]分析了宁波港城关系在经济和空间方面的演变过程、演变规律和动力机制,提出港城互动的具体调控措施;郭建科[89]建立了"港—城空间系统"的演化理论,并对其动力机制进行了系统分析。

2. 定量研究

进入 20 世纪 90 年代以来,我国对于港城关系的研究方法开始引入数理方法分析,一些学者从定量角度利用经济模型,以特定港口与其城市为例,重点研究了港口对城市的经济贡献度、港口与城市经济的关系、港口与城市的联系度和协调度等方面。吴传钧等[90]以我国北方若干海港城市为实证对象,第一次将定量思维引入中国的港城关系研究中,认为它是一个不断循环上升的过程,这为后来国内港城关系的研究奠定了基础(图 2-6)。

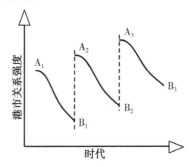

图 2-6 港城关系强度随时间变化图

资料来源:吴传钧,高小真. 海港城市的成长模式[J]. 地理研究,1989,8(4):9-15.

邹俊善[91]的《现代港口经济学》、王海平[92]用量化方法研究了港口经济度;钟昌标、林炳耀[93]通过定量分析对宁波港及其所在城市的互动关系进行研究,为认识和理解港城发展现状起到了较好的解释作用;陆玉麒[94]选取皖赣沿江地区为实证对象,从区域发展的视角研究广义的港城关系,并进一步探讨了区域城市与港口城市的关系;陈再齐等[95]以广州港为研究对象,借助回归分析等定量分析方法,对港城经济互动关系进行了系统研究;张萍等[96]从系统论的角度出发,建立了港城系统动力学模型,并提出了港口与城市发展协调度的评价指标。

梁双波等[97]对全球化背景下的南京港城关联发展效应进行定量分析,得出港城关系变化的成因机制;赵帅[98]建立了基于系统动力学的港口绿色贡献模型,并对大连港城进行了实证研究。

陈航等[99]通过矩阵和相对集中指数,对港城关系演变的阶段进行了划分;陈俊虎[100]以系统理论为指导思想,构建了系统动力学的港城互动发展模型,来评价港城关系;贾璐璐[101]运用绿色 GDP 核算方法和静态及动态协调发展度计算模型,建立评价函数,建立了港城互动多目标优化模型;周井娟[102]通过港口影响曲线和相对集中指数法,科学研究了港口城市演变规律,并提出针对性的建议。

2.3.3 滨水区开发研究

自上世纪五六十年代以来,随着临海工业和港口外海化的发展,城市内原有的老港区因不再适用于港口生产而遭到废弃,逐渐导致港城界面的衰落与无序,"滨水区复兴运动"由此兴起。

20 世纪 50 年代,相关城市开展了该项运动,如波士顿、巴尔的摩、旧金山等;到了 70 年代,相关港口滨水区的再开发取得了很大成效,如波士顿、巴尔的摩和多伦多等。随后,这股运动之风由北美向西欧国家转移。20 世纪 80 年代至 90 年代,滨水区开发进入成熟阶段,逐步引起了学者和规划界的浓厚兴趣,并得到很高评价,如霍尔和平德尔的评价,还有如霍伊尔、海乌斯等学者,也长期进行滨水区再开发问题的研究工作。

1988 年霍伊尔、平德尔和胡赛(M. S. Husain)三人主编了《滨水区复兴》,该书认为滨水区位于水陆交界处的"真空地带",并对北美的情况进行了总体回顾,为滨水区更新加进了社会性思考;霍伊尔[104]对滨水区再生改造的全球性过程进行了研究;海乌斯于 2007 年从空间、经济和生态三个方面分析了滨水区再开发的动力机制问题,对滨水区的矛盾与驱动因素进行了全面概括。目前,国外针对城市滨水区一般采取两种策略,一是振兴港区的工业和商业,焕发原来的活力;二是通过商业和游憩来对滨水区进行彻底改造。

1993 年,《城市滨水区——水上城市开发的全新领域》对纽约和多伦多等地的滨水区开发进行探讨;1996 年,《全球城市滨水区开发的成功实例》一书对北美、欧洲、东亚和大洋洲的案例进行详细分析,被称为"滨水区形体规划师的宝典"。

近年来,城市滨水区开发也引起了国内地理学者、规划师的密切关注。如张庭伟[105]、刘健[106]、徐永健等[107]引证了北美滨水区的开发实例,并对我国滨水区的开发进行了分析;王诺、白景涛[108]对我国部分老港区的改造特性、规划原则进行了简要分析;李立[109]研究了世界滨水城市老港区的城市化开发经验,并对其类型和开发策略进行了探索;干靓[110]对汉堡港口的滨水区改造更新进行了分析;周铁军、陈威成[111]对港口码头的功能转变及与滨水空间的渗透、融合的基本策略进行了探讨;赵晓波[112]对厦门港口地区,尤其是滨水区的更新与改造进行了研究。

2.4   港口城市空间结构研究

2.4.1   港口城市空间结构演化研究

近代随着航运业的日趋发展和全球贸易的不断加剧,从最早的港口区位论到港口模型的探索,以及港城界面的研究,港口城市的地位不断提升,已经成为全球城市的前沿阵地和关注焦点。对港口城市的空间结构演化及优化等的相关研究逐步成为地理学家、区域工作者、规划师等各类学者探讨的热点领域。

国外关于港口城市空间结构的研究起源于 20 世纪 60 年代。当时由于港口在城市空间结构演变中还起着主导作用,学者们首先开始关注港口所在城市内部空间发展的一些问题,对于空间发展规律及模型的研究较多。比如,针对亚非地区殖民性质港口城市的研究,麦吉(T. G. McGee)于 1967 年提出了扇形的东南亚国家港口城市空间结构模型,刻画了海港城市内部空间结构的特点(图 2-7)。

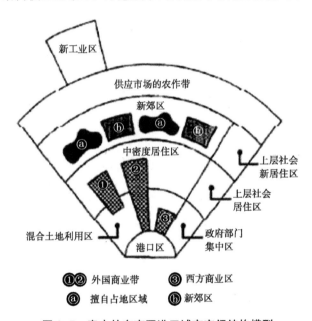

图 2-7 麦吉的东南亚港口城市空间结构模型

资料来源:McGee T G. The Southeast Asian City: A Social Geography of the Primate Cities [M]. London:G. Bell & Sons Ltd, 1967.

此外,索默(Sommer)于 1976 年对传统时期、殖民时期及后殖民时期三个不同时期的港口城市进行了考察,结合实际提出了非洲港口城市的空间模型(图 2-8)。

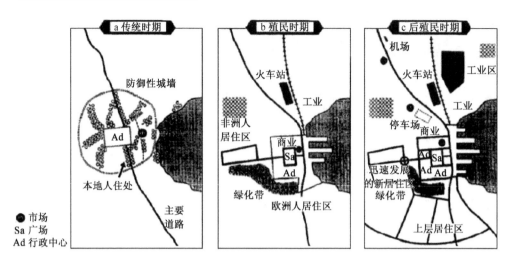

图 2-8　索默的非洲港口城市发展模型

资料来源：Sommer J W. The Internal Structure of African Cities[C]//Knight C G, Newman J L. Contemporary Africa Geography and Change. Engelwood Cliffs, NJ：Prentice Hall,1976.

高善必[113]（M. Kosambi）等人对马德拉斯、孟买和加尔各答这三个印度港口城市进行了考察，建立了印度殖民地港口城市空间结构模型（图 2-9）。

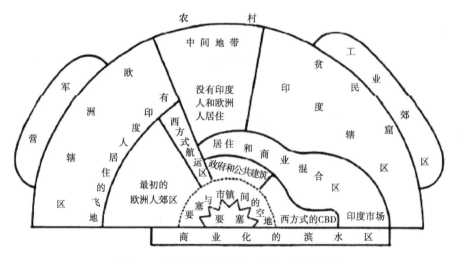

图 2-9　高善必的印度殖民地港口城市模型

资料来源：Kosambi M, Brush J E. Three colonial port cities in India[J]. Geographical Review,1988,78(1):32.

福特[114]（L. R. Ford）通过对印度尼西亚港口城市的考察，结合其内部空间分布特点和阶层状态，构建了印度尼西亚港口城市空间结构的发展模型，空间分布总共分为港口—殖民城市区、中国商业区、混合商业区等九大区域（图 2-10）。

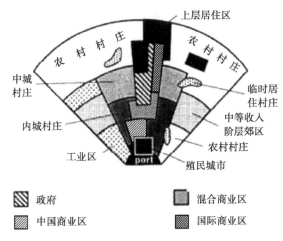

图 2-10　福特的印度尼西亚港口城市空间模型

资料来源：Ford L R. A model of Indonesian City structure[J]. Geographical Review，1993，83(4)：374.

此外，罗德里格[115]对新加坡，格里夫对弗里敦，霍伊尔对拉姆和蒙巴萨等港口城市内部空间结构的演化也都作了积极的探索。

20 世纪 80 年代后，学者们的研究方向开始发生一定的变化，从开始的静态港口城市空间研究，逐步转向动态的区域层面的整体性空间结构演化研究。如波兰的萨伦巴院士从功能角度对港口城市的空间结构进行了研究；沙利耶提出了港口城市空间发展的生命周期概念。

法国学者迪克吕埃基于对欧洲相关城市的研究，提出了适合欧洲的港口城市空间发展模型，帮助界定枢纽港口城市的概念和在全球—港口城市关系中的地位。模型中两条对角线显示港口和城市功能的不同类型，两条对角线交汇处称为城市港口。

以上述模型为基础，迪克吕埃等[70]把九类不同的城市类型，如沿海城镇、枢纽、门户、城市港口等，引入相对集中度(RCI)，对全球653 个港口城市进行量化分析(图 2-11)。Lee Sung-Woo[71]以新加坡和香港为案例，归纳出亚洲枢纽港口城市合并模型，这一模型由六个阶段构成。(见表 2-1)

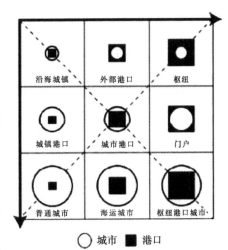

图 2-11　迪克吕埃模型

资料来源：Ducruet C，Lee S W. Frontline soldiers of globalisation：Port-City evolution and regional competition[J]. GeoJournal，2007，67(2)：107-122.

表 2-1　西方和亚洲港口城市演化模型

西方港口 城市模型	模型 ○城市 ●港口	时间	模型 ○城市 ●港口	亚洲枢纽港口 城市合并模型
原始港口城市 城市与港口在空间上和功能上紧密结合	◐	古代/中世纪—19世纪	●	沿海渔港 小社区依靠自给自足的当地贸易
港口城市拓展 快速发展的商业和工业迫使港口在城市之外拓展	◐ ●●● ●	19世纪—20世纪早期	◐●	殖民统治下港口城市 由外来势力的利益需求而发展港口和城市以便于货物出口及地理投影
现代工业港口城市 工业特别是炼油工业发展和集装箱设备要求独立和更大的空间	◑ ●●● ●	20世纪中期	◐●	中转港口城市 贸易扩大和中转功能发挥，现代港口由海洋拓展而发展
退出城市滨水区 海运技术改变导致独立的临海工业区发展	◑ ●	1960年代—1980年代	◐●	自由贸易港口城市 出口导向政策吸引工业利用港口设施通过免税产品的低价劳动力
城市滨水区的复兴 大规模现代化港口占用大量陆上/水上空间，位于城市中心的老港区复兴	◑	1970年代—1990年代	◐●	枢纽港口城市 枢纽功能导致港口效率提高和靠近城市中心而导致土地压力增大
港口城市联系恢复 全球化和多式联运改变港口作用，港口城市联盟复兴，城市的再开发促进港口城市的融合	◑ ●●● ●	20世纪中期	○●●●●●	全球枢纽港口城市 持续的港口活动，腹地拓展和枢纽港成本增加，新港口出现

资料来源：Lee S W，Song D W，Ducruet C. A tale of Asia's world Ports：The spatial evolution in global hub port cities[J]. Geoforum，2008，39(1)：372-385.

　　国内学者亦从不同角度对港口城市空间结构演化进程和规律进行了研究，但相对国外研究较为滞后，系统的理论研究大概要从20世纪80年代的沿海开放战略的实施和沿海开放城市的建设开始。学者们从大区域的视角，进行类比分析，对沿海港口城市的空间演变进行研究。

　　郑弘毅等[116]指出，海港城市空间发展具有海港建设深水化、港城布局分散化的规律；科研成果汇编组[117]于1985年编写的《现代海港城市规划》，系统全面地阐述了港口城市空间发展的规律及特征；吴传钧、高小真[90]研究了我国北方多个港口城市，探讨了有关海港城市空间结构的成长模式；郑弘毅[1]结合港口城市的发展特点，首次系统分析了港口城市的空间规划问题[1]。

吴郁文等和许继琴[74]分别对港口城市的空间发展及其成长模式进行了有益的探索;易志云[118]研究了我国沿海港口城市空间结构发展过程及演化趋势;王缉宪[86]依据 Anyport 模型,对港口城市的时空关系及演变进行了研究,从时间、港口到市中心的距离以及港口所占的空间大小的三维角度反映不同的港口城市空间发展的演变类型(图 2-12);王列辉[16]对国外港口城市的空间结构发展情况进行了系统的回顾和总结。

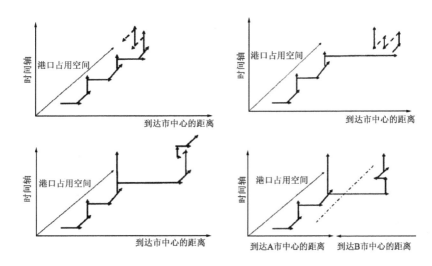

图 2-12　港城空间互动演化模式图

资料来源:王缉宪.中国港口城市的互动与发展[M].南京:东南大学出版社,2010.

自从 2000 年以来,学者们结合自身的规划实践,开展了大量的港口城市空间结构演变及规划的理论与实践探索。王益澄[119]以浙江沿海港口城市为研究对象,分析了港口城市的总体布局特征,及其内部结构形态和外部形态的演变规律,提出了空间发展的变化趋势;张小军[120]以辽宁省沿海港口城市为例,运用区域空间基本理论,探索了港口城市发展演变的规律和趋势,提出了沿海港口城市发展观;赵鹏军[121]和梁国昭[122]分别结合鹿特丹和广州,探讨了港口城市空间拓展和形态变化的规律和特征。

孙青林[124]对港口城市空间结构的一般规律进行研究,以沧州渤海新区为例,预测其空间结构的发展模式和轨迹,提出了规划的框架、基本原则和方法;陈烨[125]对京津冀沿海港口城市进行比较,分析了它们的特征及其动力机制,系统总结了该地区沿海港口城市空间发展的基本模式,并对京津冀地区沿海港口城市的空间发展作了趋势判断;李加林等[126]以宁波为例,对河港城市的空间演变及趋势进行了系统分析和判断。

此后,随着航海技术的变迁,船舶大型化、港口深水化以及诸多新的因素在全球化进程中对港口城市的空间发展都产生了一系列的影响,其种类也愈加复杂。

许多学者也注意到了这些新因素和新作用,并基于多学科的视角,引入数理分析方法对此进行了相关的实证研究。陆玉麒教授[94]以皖赣沿江地区为例证,运用相关系数等数理分析,提出了港口城市地区区域空间发展的双核结构模型;郭建科等[129]以大连为例,分析了港口现代物流对港口城市空间发展的作用机制进行研究;陈航等[131]从港口功能和城市功能关系角度出发,对我国沿海25个国家级港口城市发展的一般性规律进行了深入研究;陈航等[99]从经济地理学视角,将港口城市的空间发展划分为生长期、发展期、成熟期和停滞期。

2.4.2 港口城市空间结构优化研究

20世纪90年代以后,开始大量进行该方面的系统研究,如林艳君[132]以宁波为实证研究对象,探讨了从河港到海港变迁作用机制下的城市空间优化策略;来华英[133]以日照市为例,对其港口城市产业结构演进规律进行了分析,并提出了优化的构想和建议;周枝荣[83]对河口港城市空间发展进行了研究,以广州为引证,提出了其空间发展调整的方向和具体构想;周文[134]以宁波北仑为实证研究对象,对其实践过程中空间发展的重点问题、空间结构优化的布局模型进行分析,提出了优化的措施路径;邓星月[4]以宁波市为例,分析了城市空间发展各阶段的演变特征,并作相关评价,采用CA模型对宁波城市空间结构进行了模拟和预测,提出了空间结构调整和优化的思路;刘瑞民[135]以青岛市为实证研究对象,对港口与城市的空间发展阶段特征进行总结,从港口岸线、产业结构、交通系统和空间规划等角度提出了港口城市空间结构优化发展的路径。

2.4.3 天津城市发展相关研究

天津作为我国北方重要的港口城市,相关学者也从不同学科视角,如城市发展史、城市综合问题、城市空间结构、天津港口发展等,或从某一角度,如城市空间发展战略研究,地方志、史料文集等方面开展诸多研究工作,研究层面也涵盖专著、学位论文、期刊等多种方式。

在城市发展史研究方面,主要有罗澍伟[136]的《近代天津城市史》,从政治、经济、社会、文化等方面介绍了近代天津的成长过程;刘海岩[137]的《空间与社会——近代天津城市的演变》,主要从社会学角度对近代天津社会、空间的发展变迁进行回顾;郭蕴静的《天津古代城市发展史》,探讨了天津平原形成直到明清时期天津城市的发展演变过程,还包含农业、渔业、盐业、商业和手工业等方面的作用与影响,是一本系统反映近代之前天津城市发展演变的专著文献。此外,还有来新夏、郭凤岐[138]的《天津的城市发展》,乔虹[139]的《天津城市建设志略》,贾长华[140]的《六百岁的天津》,来新夏[141,142]的《天津近代史》和《天津历史与文化》,朱其华[143]的《天津全书》,张树明[144]的《天津土地开发历史图说》,李尧祖等[145]编纂的《天津城市历史地图集》等,它们从历史学、城市发展史等人文学科的角度对天津城市发展进行研究,都不失为天津城市发展史重要的文献资料。还有的学者从学位论文和期刊论文层面对天津地区的城市发展史及规划建设史进行了比较全面的梳理和总结,如李百浩、吕婧[146]的《天津近代城市规划历史研究(1860-1949)》,吕婧[147]的学位论文《天津近代城市规划历史研究》,张秀芹[148]的《天津市重要城市规划事件及规划思想研究》,王宏宇[149]的《塘沽近代城市规划建设史探究》。

在城市规划研究方面,成果也分布较广,主要从城市空间结构综合研究、天津港口发展演变研究、城市空间发展战略相关研究、城市空间发展某一视角的切入研究等角度进行探讨。在天津港口发展演变研究方面,主要有李华彬[150]编著的《天津港史(古、近代部分)》,系统总结了天津港口的历史变迁、近代发展情况和塘沽新港的建设情况;天津交通运输协会港口课题组1987年编著的《天津港研究》;王海平[151]编著的《天津港的战略地位》;天津市地方志编修委员会[152]编著的《天津通志·港口志》,系统回顾和总结了天津港口的历史演变,是值得借鉴的基础资料,但对其内在机理还缺乏深入的分析。

在学术论文层面,对于天津港口的发展演变和用地组织也有不少研究,如王长松[153]基于海河河道的变迁,来探讨天津港口空间转移的过程;焦莹[154]、蔡玉凤[155]对天津港口的发展资源、未来的发展策略等进行了探讨;张丽梅[156]、杨旸[157]对天津港口的内部用地布局与世界先进港口进行比较,提出了港口空间发展模型和未来的发展策略。

在天津城市空间结构研究方面,研究成果也颇丰,有单方面的研究,也有综合研究,角度分布较广。综合研究有马玫[158]的《天津城市发展研究:产业、地域、人口》,从产业、地域、人口三个空间结构的核心要素出发,分析了天津城市产业结构、人口分布、空间结构发展演变的过程,提出了未来的空间发展方向和政策建议,是较早系统研究天津城市空间结构的专著;龚清宇[159]以20世纪天津中心城区的结构演化为例,以城市规划对城市结构的影响为线索,对20世纪初至20世纪末天津中心城区的结构演化特征与趋势进行分析,着重比较了规划与非规划的结构特征以及各时期历次规划前后与规划本身结构的差别,揭示出天津中心城区独特性结构减弱与城市规划的关联;郑向阳[160]对天津城市空间的扩展模式及可能的发展方向进行了探讨;李凤会[6]从人口、产业、交通、生态等传统角度对天津城市空间结构的演变进行分析,提出了初步的发展策略,以定性研究为主;张秀芹、洪再生[161]对近代天津城市空间形态的演变因素和过程进行了阐述;杨佳等[162]对天津城市空间结构的特征、历史演进规律和未来发展策略作了简要分析；徐冰[163]运用空间网络拓扑分析方法，对天津城市空间发展演变进行了分析。

从空间结构的某一个方面或天津局部区域进行特色研究的有：郭新天对高速城镇化发展背景下天津城镇空间发展布局及模式进行了分析；侯鑫[164]基于文化生态理论，对天津的文化生态环境、演化过程和空间文化生态资源进行了分析；郭力君[165]从信息化角度，对天津城市空间结构发展进行了研究；翟国强[166]对天津中心城区外围的空间结构演变进行了分析；刘露[167]从交通发展视角，对天津城市空间结构的交通相关性进行了探讨；尹慧君[168]对天津塘沽地区的土地利用空间结构进行了分析，并提出了优化策略；王健[169]从海河的变迁角度，对天津城市空间结构发展进行了分析；何丹等[170]从定量分析角度对天津城市用地扩展情况进行了分析；江曼琦等对天津滨海新区的空间成长机理进行分析，并提出了一定的发展策略；杨德进[171]从新产业空间视角，对天津城市空间重构进行了探讨；何邕健[172]从区域城镇化布局角度，对1990年以来天津城镇化空间格局发展进行了分析；渠涛等[173]分析了不同历史时期特殊事件对天津城市空间结构演变的影响。

还有从宏观角度对天津城市空间发展战略进行的相关研究，如田贵明[174]对天津作为港口型国际大都市的发展战略提出了一定的思考；周长林[175]、朱才斌[176]从区域发展角度，对天津城市空间问题进行分析，提出了初步的发展策略；孙雁[177]对天津海岸带地区空间发展策略进行了探讨；朱力等[127]分析了新形势下天津现有空间引导思路的不适应和空间积累存在的问题，提出了"双城、双港"的空间发展战略及今后的思考；沈磊[178]对可持续天津城市空间发展战略进行了构想；朱力等[179]分析了天津在新的发展背景下重新调整空间发展的思路，并提出了未来良性互动的空间发展战略。

此外，还有在地方志、史料年鉴等方面对天津的城市建设、空间发展作了比较系统的整理和回顾，非常值得借鉴的基础资料。如1989年的《天津城市规划》[180]、1994年由天津市城市规划志编纂委员会编著的《天津市城市规划志》[181]、1991年的《天津简志》[182]、2015年的《天津市志·城乡建设志：1991—2010》[183]、2009年的《天津通志·规划志》[184]等。它们为天津城市规划史的研究提供了翔实的资料，但对其发展演变的机制等还缺乏深入的研究。

2.5 研究述评

2.5.1 研究不足

港口作为港口城市空间结构相关理论的基础研究单位，从一开始就受到了学者们的关注和研究。自 20 世纪 30 年代的港口区位研究到 60 年代初期以伯德"港口通用模型"为首的港口单体、港口体系研究,到此后随着集装箱运输的出现和全球经济一体化进程的加快,逐步兴起的港口与腹地关系、港城关系研究,再到 80 年代的港口滨水区再开发研究,以及近年来港口城市空间结构演化和优化研究,已经形成了较为完善的理论成果。然而需要指出的是,港口系统及其城市空间结构研究仍然存在一些不足之处。

1. 港口及其城市空间结构理论研究多以发达国家为背景展开,对发展中国家的关注不够,研究范围有待进一步拓展

从任意港模型开始,到港口体系、港口城市空间结构模型的建立,这一系列的过程中,西方学者不乏经典的理论和模型论述。其研究早期以发达国家为背景,如英国、美国、澳大利亚,后开始关注亚非殖民统治下的城市;而对于近年来崛起的发展中国家港口及港口城市的系统研究不足,未见由实证研究后总结的理论模型的建立。由于后者的发展背景与发达国家有诸多不同,已有的理论模型难以指导发展中国家港口城市的发展,该问题还需通过实证研究进一步探讨。

同时,针对港口城市内部空间的研究偏重于滨水区,对区域层面的研究较少,而且缺乏对于不同尺度或地域的港城界面的比较研究,更多的是对于之前时代的研究,缺乏对于当下现实情况的考察。

2. 定量化研究不足,多学科交叉有待进一步融合

国内外相关研究,国外以海乌斯、霍伊尔为代表,国内以高小真、陈航、郑弘毅为代表,他们分别以非洲或者我国港口城市为例,对港口城市的发展规律、港城动力机制等进行了研究。他们的现有研究,多采用定性描述,缺乏定量模型研究,而且较少将模型应用到实践中。

对于港口城市空间规划的研究,涉及港口学、规划学、经济学、管理学等诸多学科;但目前相关的研究方法还较单一,未形成一个成熟完善的体系,多学科综合运用还有待进一步加强。

3. 缺乏不同类型港口城市的比较和定量刻画

国内研究重案例分析,但缺少对不同类型港口城市的比较研究。他们虽然对主要的港口城市进行了分析,但缺乏对这些港口城市系统的比较,未形成一个港城空间发展规律的系统总结,对它们的异同点也未进行阐述。

此外,现有研究缺乏定量分析与实际空间发展的结合,未能有效运用分析方法进行港口空间演化的空间模拟;多采用形态学方法进行空间分析,还缺乏有效的空间化表达,分析手段和分析工具较为缺乏。

4. 针对港口城市空间发展的新因素、新作用，相关的研究没有适时展开

航运技术变革、船舶大型化、生产方式柔性化等新因素的作用，此外还有如经济形态、产业结构、运输方式、空间组织方式等的变化发展，都将对港城空间界面产生新的影响。

目前，港口城市空间演变的动力机制研究主要从航海技术水平角度来分析，而针对多元复杂的发展态势，对影响港口城市的其他因素，如产业、人口、交通、文化、政府制度等，其研究视角和切入点还有待拓展。

2.5.2 研究趋向

1. 研究重点地区向发展中国家转移

在 20 世纪 50 年代，关于港口的研究重点主要集中于北美和西欧地区，到六七十年代，非洲、拉美和东南亚曾经的殖民地国家成为港口系统研究的重点；从 80 年代开始，随着集装箱的发展，北美和西欧又成为重点研究区域；90 年代，随着东亚经济崛起和航运线路的调整，远东、东亚地区成为港口研究的重点区域。

近年来，特别是以我国为首的发展中国家，港口的力量不断壮大，港口城市的龙头地位日益形成；中国的沿海港口城市在全球经济一体化进程中发挥着重要的作用，逐步发展成为世界港口城市发展的前沿阵地和典型区域。未来，中国将成为港口系统及其城市空间结构理论与实践研究的重要平台，引起更为广泛的学术关注。

2. 新生因素对港口城市空间发展的影响机制研究

90 年代开始，港口的深水化、自由贸易港区的不断发展，使得港口私有化进程加剧，相关的新因素、新作用和新机制开始不断影响港口城市空间的发展；未来，对该领域进行系统研究，将成为对港口城市空间系统研究的关键内容，以确保港口城市的可持续发展。

3. 港城空间效应的响应与反馈系统研究

目前，港口的功能不断多元化，港口对其城市的影响不再仅仅局限于原来的运输物流等方面，而是已经扩散到方方面面的城市系统中，包括港口城市空间发展的综合内容，如经济空间、社会空间和生态系统等。

未来，从系统性和综合全局出发，开展港口城市空间效应研究，并结合城市各个方面对港城空间发展的响应和反馈作用，将成为港口城市空间系统发展演变的重要方向之一。

4. 港口发展模式及港城空间系统的可持续发展路径探讨

随着我国港口外向型发展特征日益明显，国际贸易不平衡问题将长期存在，港

口发展模式将面临调整。未来,港口的发展模式必须进行转变,需与区域腹地要素整体进行考虑,这是一个影响港口城市空间发展的关键问题。

同时,诸如区域港城体系、港城互动与融合等多尺度的要素被纳入港口城市未来发展的维度之中,有必要从更宏观的层面(如解决好港城、海陆、人与自然间的和谐有机发展问题),深入研究港口城市可持续空间的优化,这将成为重要而有意义的研究方向。

3 港口城市空间发展的理论基础

地球表面的71%被蓝色海洋所覆盖,陆地上则拥有纵横交错、四通八达的河流和星罗棋布的湖泊。人类文明的进程与水资源的开发利用息息相关。人类很早就发现"水能载舟",正是把水作为运输资源的最直接的利用,才产生了原始的水上运输业。与此同时,作为船舶停泊地的港口也就出现了。之后随着生产力水平的提升和港口运输能力的升级,以港口为基础的城市(镇)应运而生,并不断壮大,形成诸多功能齐备的港口城市。本章要弄清港口城市的相关概念,以及其涉及的相关理论,对其进行简要的阐述,以此来缕清港口城市空间结构的基本脉络,为本书的研究打下坚实的基础。

3.1 相关概念界定

首先,就港口及港口相关概念及内涵进行辨析,涉及的概念主要有:港口、港口系统及其基本类型、城市空间结构及其要素、港口城市及其类型等。

3.1.1 港口

"港口"在英文中通常译为 port and harbor。Port 由拉丁文的 porta 演化而来,意为"门户",即由海洋到陆地的入口;而 harbor 则是由冰岛语(或称古英语)的herr(军队)及 barg(救护)合成而来,意为"军队之避难地"。这两个单词是有区别的:port 一定具有 harbor 的特征,而 harbor 却未必具有 port 的特征。例如,有一定水深的天然港湾可以称为 harbor,若要称其为 port,则其还必须是具备运输功能的商业港或水陆交接点[185]。

人们最早对港口的认识中,认为其与长"巷"是相对的概念。"港"是指与江河湖泊相联系的小河;"口"就是出入通过的地方[74]。此后随着经济社会的发展,港口逐步发展成了商港,具备了商品运输、往来流通等功能[185]。关于港口的定义,学术界和相关文献法规研究颇多,但目前大都把港口作为交通航运枢纽进行定义,并已基本达成共识。

比较权威的定义是《中华人民共和国港口法》中的解释:"具有船舶进出、停泊、靠泊,旅客上下,货物装卸、驳运、储存等功能,具有相应的码头设施,由一定范围的水域和陆域组成的区域。"还有文献从运输功能角度认为,港口是水陆运输的枢纽,是各种货物的集散地,也是各种运输工具的衔接点[187]。

经过长期的历史发展,港口的功能不断完善,港口的含义也进一步丰富。现代的"港口",在功能上已不仅仅是船舶的出入口和停泊地,其设施也不仅仅局限于装卸货物或供旅客上下船[185]。它还具备着在运输功能基础上发展起来的贸易功能、商业功能、工业功能及旅游功能等综合功能,成为一个重要的经济、贸易和文化的交汇点,交通运输大动脉中的枢纽,货物集散、暂存、换装并转换运输方式的中心以及水上运输和陆上运输的连接点[185]。它是一个以航运为基础,集商贸活动、工业发展等多种功能于一体的连接陆向腹地与海向腹地的区域发展大系统中的重要组成部分[193]。

3.1.2 港口基本类型

1. 按照不同功能和用途可分为商港、渔港、军港、工业港和避风港[117]

商港是指供通商船舶进出,为贸易、商务、客运服务的港口,在世界经济体系中,起到重要作用的主要是商港[188];渔港是指专业负责渔船停泊、装卸和相关作业的港口;军港是负责专门的海军船舶修理、军事用品运输的港口,如旅顺港、马尾港等;工业港是临近江河湖海的大型企业为直接运输原材料、燃料和产品而设置的港口[189];避风港一般是指供船舶在航行途中或在海上作业过程中,进行临时停靠或补充原料的港口[189]。

2. 按照地理条件的不同,可分为海岸港、河口港、内河港和湖港

海岸港:位于海岸线上的港口,如中国的大连港、青岛港等。

河口港:位于河流入海的感潮河段上,本身兼做海港与河港的港口。世界上有许多大的港口是河口港,如鹿特丹港、上海港。河口港在河道通航条件较好的江河上,往往是在距海口较远,距内陆经济中心较近的河旁兴起,例如天津港距大沽口60 km,广州港距珠江口145 km。河口港随着码头规模的扩大以及港城分离,港口会向沿海迁移,使得一些港口从原先的河口港逐步变为海港,如英国的伦敦港。

内河港:位于河流沿岸的港口,如中国长江上的重庆港、芜湖港等。

湖港:位于湖泊岸壁的港口,如中国云南的大理港等。

3. 按照所建港口的港址自然条件划分,分为天然港和人工港

天然港指自然形成的,具有船舶驻泊、停靠所必需的避风条件,有足够的水域面积和水深,底质适于锚泊的港口。人工港是指经人工建筑防波堤,并开挖航道和港池而修建的港口[189]。

3.1.3 城市空间结构

城市空间结构研究是一个多学科探讨的概念,不同学者对城市空间结构的概

念也进行了多方位的探讨。关于城市空间结构的概念最早提出于 20 世纪 60 年代。

富勒(L. D. Foley)和韦伯提出了"四维"城市空间结构的概念框架[165]。此后,基于富勒的空间四维概念,韦伯进一步提出了"静态活动空间"和"动态空间"的城市空间结构组成;波恩(Bourne)从系统论出发,对城市系统进行了分析;哈维(D. Harvey)以波恩的研究为基础,进一步提出了一个跨学科的概念框架,即研究空间形态及其内在机制的相互关系是城市理论的基础[165]。

而国内的学者对此也有自己的理解,代表性的观点有:武进[191]认为,城市空间结构是其功能分化和多活动所造成的内在差异而构成的一种地域结构;胡俊[192]认为,城市空间结构是功能组织方式在空间上的具体表征;顾朝林研究了城市空间结构各种功能分区或城市用地在空间上的排列和组合关系;张勇强[195]认为,城市空间结构是指各个物质要素在空间分布上表现的特征及其组合规律。

3.1.4　港口城市

目前,对于港口城市这一概念,使用相对广泛的一种界定是:"港口城市是以港口为窗口,以腹地为依托,以比较发达的港口经济为主导,连接陆地文明和海洋文明的城市。"[197]但是不同历史背景和专业背景的专家、学者对这一概念的理解又不尽相同。

其他关于港口城市的相关界定,如《中国大百科全书·城市规划卷》:"港口城市是位于江河、湖泊、海洋等水域沿岸,拥有港口并具有水陆交通枢纽职能的城市";又如《现代海港城市规划》对海港城市的定义为"凡位于海岸拥有海岸港的城市和位于入海口或受潮汐影响的近河口段,拥有以停靠海轮为主的河口港城市"[117]。郑弘毅认为:"港口城市是指地处沿海、沿江、沿河的港口,在对外交通运输中有重要作用的城市。"[117]赵鹏军、吕斌从区域经济学角度出发,认为港口城市往往是海湾河口地区发展的龙头,是海湾河口区域的经济中心[121]。王缉宪从运输地理学角度出发,认为水运是最古老也是最便宜的运输方式,港口城市是在具有这种传统运输方式连接的地点发展出来的人群及其社会经济活动的聚落[86]。

3.1.5　港口城市分类

港口城市作为城市体系的一种特殊类型的城市,从不同的角度看,可以按照不同的方式分为多个层次。

按照地理位置不同,可以分为河口港城市、海岸港城市、内河港城市和湖港城市。河口港城市一般位于江河入海口的位置,同时具备河港和海港的功能[199],典型城市有鹿特丹、上海、天津、广州、宁波等；海岸港城市一般位于与外海相连的海边，如大连、青岛、新加坡等；内河港城市一般位于沿江、沿河地区，典型城市有南京、武汉、重庆等。

按照不同的职能特点，可分为专业性和综合性港口城市。专业性港口城市一般负责某一方面的职能，如货物中转、输出和军事海防等，城市职能较为单一，典型城市有秦皇岛、旅顺、沈家门等。综合性港口城市一般为具有综合性服务职能的城市，它又可分为港口小城市、地区性中等港口城市和区域性大城市。第一类典型城市如威海；第二类典型城市如宁波、营口、南通等；第三类典型城市如上海、天津、广州等。

按照规模等级进行划分，可分为国际航运中心、干线港港口和支线港港口城市。第一类城市一般是国际的经济贸易中心城市，其典型城市如纽约、鹿特丹、新加坡等；第二类城市一般作为区域经济的中心，经济实力雄厚，其典型城市如广州、青岛等；第三类城市一般作为港口集装箱运输中的节点，起到联系区域中心和下一级地区的纽带的作用，典型城市如我国沿江、沿海的中小港口城市。

3.2　港口城市空间结构理论

3.2.1　港口空间发展理论

1. 港口的功能演变

世界范围内港口的发展演变是与社会经济发展同步而行的。港口是特殊自然地理条件下的产物，它的出现推动了商贸的发展。港口功能的演变有着自身的一般规律。

从世界范围看，港口在早期是纯粹的"运输中心"。在这一时期港口作为连接水陆的交点，主要发挥供船舶停靠、装卸货物的作用，货物的装卸方式还是使用人力装卸，港口与内陆联系的陆上交通方式也非常原始。

第二阶段，港口是伴随着工业化进程而发展的。这一时期除了发挥装卸、仓储功能外，已经有了相关的工业和商贸活动，这使得港口具有了附加增值功能。

第三阶段港口的发展以集装箱化为特征。在这一时期，港口除了发挥在对外贸易中的集散功能外，还拥有了有关技术、资本和信息的物流功能，成为联结区域内外的枢纽中心地[188]。还有部分学者认为工业革命以来，港口发展经历了内海区域、外洋沿岸和经济全球化三个宏观阶段，但多数学者认为世界港口的发展应划分为四个历史阶段[200]（见表3-1）。

表 3-1 世界港口发展阶段划分表

类型	阶段一	阶段二	阶段三	阶段四
时期	19 世纪中期前	19 世纪中期至 20 世纪中期	20 世纪中期至晚期	20 世纪末至 21 世纪初
发展理论	贸易开展	产业化	全球化	综合物流
港口主要功能	货物处理、仓储、贸易	货物处理、仓储、贸易和制造业	货物处理、仓储、贸易、制造业和集装箱配送	货物处理、仓储、贸易、制造业和集装箱配送、物流控制
主导货物	普通货物	大宗货物	集装箱	集装箱和信息流（供应链）
空间尺度	港口城市	港口地区	港口区域	港口网络
港口机构角色	航运服务	航运服务、土地与基础设施	航运服务、土地与基础设施、港口市场	航运服务、土地与基础设施、港口市场、网络管理

按照联合国 1992 年相关研究报告,根据代际划分原则,把港口功能的演变划分为三代。第一代港口形成于 19 世纪初至 20 世纪 50 年代,它的主要功能只是简单的转运、装卸和临时存储,是地区的枢纽中心[187];第二代港口在 1950—1980 年间,这一时期港口的功能得到提升,开始由原始的装卸功能向临港工业转变,形成了为区域服务的工业港区[201];第三代港口形成于 20 世纪 80 年代,随着全球化和信息化的发展,港口功能得到进一步扩展,集装箱运输成为主要运输方式,加强了港口运输、贸易的综合服务功能,港口开始作为国际贸易的运输、贸易和物流中心存在[187]。

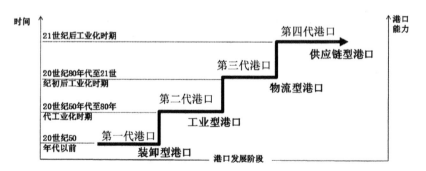

图 3-1 世界港口发展阶段示意图

此后,随着基于供应链的理论和港口功能的不断拓展,1999 年联合国在贸易与发展会议上提出了四代港口的概念(图 3-1)。主要核心为"物理空间上分离,通过公共经营或管理部门链接"的组织;功能上出现了由"多元化"向"基地化"的转变趋势,发展成为各种经济和信息聚集的地方。一些发达港口在已有的基础上,不断努力拓展综合物流的服务功能,在发挥多式联运功能的同时,还开始扮演区域性的商贸金融中心等角色,对城市、区域经济的贡献极大[199]。

2. 港口的空间演变

英国港口研究学者伯德在大量考察和比较了英国港口的历史变迁后,提出了著名的"任意港"(Anyport)理论,为港口的空间发展演化分析提出了最初的模型(图 3-2)。

他把一个港口的典型空间发展分为六个阶段。刚开始是原始发展阶段,只有零星的简易码头,分布于集市的周边,仅仅作为简单的存储、装卸设施。该阶段港口设施简陋,移动性较强,货物吞吐量极小[134]。

第二阶段为边际码头扩张阶段。为了增加处理船舶数量和大小的空间,港口沿边界线(或顺岸)进行码头扩张建设。这一阶段包括了港口沿河岸线线性扩张,直至出现障碍或条件限制时为止。

第三阶段为边际码头细部变化阶段。货物运输量的增加,对港口空间的需求不断膨胀,港口码头空间的相关建设通过防波堤的构建开始延伸进海,凸堤和栈桥等港口设施开始完善[200]。这一阶段通过各种港口设施条件的改善,从而满足吞吐量增加的要求。

第四阶段为船坞细部变化阶段。通过加强港口基础设施来减轻自然环境对港口发展的影响。港口出现了向深水化发展的趋势,并开始考虑规模效益。

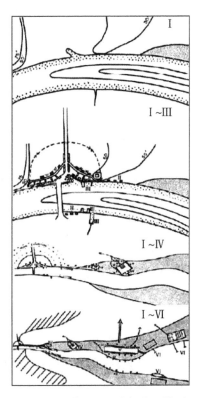

图 3-2　任意港港口空间发展模型

第五阶段为港池式码头发展阶段。随着船只规模的迅速增加,原有的水域空间受到限制,出现了简单线性码头使用费,以满足多样化船只停泊的要求。这一阶段的港口空间得到了很大的扩展,选择自然水深条件优良的地带线性发展,从而大大提高了货物吞吐量[134]。同时，港口的腹地也大大增加，码头也开始专业化[86]。

最后是专业化码头发展阶段。港口码头出现了分工，一部分服务于城市基础设施，一部分留作富余，以备不时之需[134]，而接近城市的老港区基本上退出了港口服务。

基于伯德的"任意港"港口空间演变模型，霍伊尔[20]通过大量的观察调研，对东非海港的空间发展模式进行了探索，并总结出具有普适性的港口空间演变模型，其发展阶段包括独桅三角帆船运输阶段、初始阶段、顺岸式码头扩张阶段、顺岸式码头群发展阶段、专业化码头群发展阶段和集装箱化阶段六个阶段，对之前的Anyport模型进行了一定的补充和修正。

2005年，诺特伯姆等根据新型集装箱码头继续码头设施专业化的趋势，对Anyport模型进行修正[200]，认为港口设施空间发展大致呈现出布局阶段、扩展膨胀阶段和专业化阶段(图3-3)。

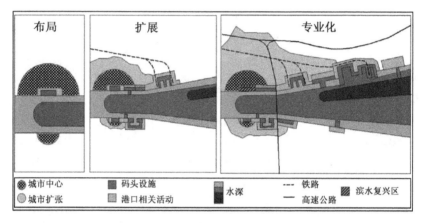

图3-3 诺特伯姆港口空间发展模型

资料来源：Notteboom T E, Rodrigue J P. Port regionalization: Towards a new phase in port development[J]. Maritime Policy & Management，2005，32(3)：297-313.

3. 现代港口的发展趋势

随着港口物流供应链不断成熟完善，港口在其中所发挥的作用也越来越重要。当今，为顺应未来供应链管理的发展趋势，提高港口的运转效率，加强港口间的合作，实现区域化发展模式，提升信息化服务水平，现代港口呈现出新的发展趋势[187]。

首先，随着国际贸易和全球化的飞速发展，尤其是集装箱的多式联运，航海技术不断提高，船舶的集装箱化和大型化逐渐成为发展趋势(见表3-2)[202]。因此，优先发展深水泊位是现代集装箱港口一个重要的发展趋势[188]。

表 3-2　2014 年世界主要港口集装箱吞吐量排名

排名	港口	所属国家	集装箱吞吐量/万 TEU	比上年增幅/%
1	上海港	中国	3 528.5	4.9
2	新加坡港	新加坡	3 386.9	3.9
3	深圳港	中国	2 403.7	3.2
4	香港港	中国	2 228.7	−0.1
5	宁波—舟山港	中国	1 945	12.1
6	釜山港	韩国	1 875	6
7	青岛港	中国	1 662	7.1
8	广州港	中国	1 616	5.56
9	迪拜港	阿联酋	1 525	12.9
10	天津港	中国	1 406	8.15

其次,港口作为区域空间网络中的重要节点,目前的集装箱航线成为全球各个港口节点之间的连接线。这种港口之间的网络化联系方式,能够高效地推动港口体系的发展,也区别于其他传统的杂货运输。在港口的网络化布局中,存在不同的等级体系,如枢纽港、中心港和支线港,为了合理发挥它们各自的作用,推动全球港口体系的合理布局,网络化布局形式将成为未来现代港口发展的重要趋势之一。

再次,在目前全球的供应链中,港口成为一个重要的环节,各个港口间有着资源共有、竞争的关系,也会面临利益纷争的问题,因此采取港口之间的联盟、合作、分工等形式,能够实现区域间港口发展的共赢,供应链上下游、内外部的合作高效发展;此外,港口作为区域性运输中心的中心节点,已经成为推动区域发展的核心重要力量,区域一体化的发展也能促进港口实现网络化、多样化、高效化发展。因此,港口合作化和区域化也将成为现代港口发展的必然趋势。

最后,信息技术是推动现代物流发展的重要动力,准确的信息传递十分重要,这使得港口信息化成为港口未来发展趋势之一[199]。现代信息技术成为现代港口未来发展的决定性因素,集装箱码头的信息系统建设水平,将成为港口发展水平的重要标志之一。

3.2.2　城市空间结构相关理论

1. 区域空间结构相关理论

区域空间结构理论旨在研究构成城市与城市间、城市与独立组团间等空间诸要素的空间组合、关联和演变规律,主要包括中心地理论、增长极理论、核心-边缘理论、点-轴渐进式扩散理论等。

（1）中心地理论

德国地理学家克里斯塔勒（W. Christaller）[203]经过对德国南部城市和中心聚落的考察分析后，提出了该城镇聚落呈三角形、市场地域呈六边形的空间结构，在此基础上进行了中心地规模等级的研究，于1933年提出了"中心地理论"学说。

该理论以最佳市场区和最低运输费用为目标，对中心地体系进行了研究，认为中心地将随人口数、生活习惯、技术等的变化而变化。中心地有等级、层次之分，中心地和市场区大小的等级顺序将按照其 K 值规律排列成规则、严密的系列，形成完整的中心地网络空间结构[204]。

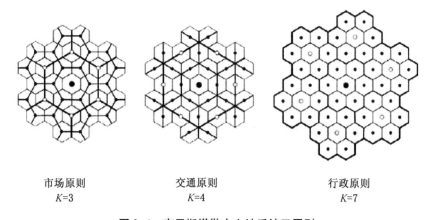

市场原则　　　　　交通原则　　　　　行政原则
$K=3$　　　　　　　$K=4$　　　　　　$K=7$

图3-4　克里斯塔勒中心地系统三原则

资料来源：吴一洲. 转型时代城市空间演化绩效的多维视角研究[M]. 北京：中国建筑工业出版社，2013.

中心地理论的研究对象实际上就是区域内城市与城市之间的相互关系、城市在区域中的空间分布问题。虽然其本身还存在诸多局限性，其适用范围仅为纯农业区、城镇稀疏区，而不适用于城镇密集区等，但该理论对当今城市市区空间发展、城市腹地间关系以及城市空间经济模型等都发挥了积极的引导作用。

（2）增长极理论

20世纪50年代初，法国经济学家佩鲁（F. Perroux）在《经济空间：理论与运用》中提出了增长极理论[206]。它是西方区域经济学中区域观念的基石，是不平衡发展理论的依据之一[203]。

增长极形成初期，对周围地区的作用以"极化（集聚）"为主，区域内的空间发展呈现不平衡发展趋势；到了增长极的后期演化期，则以"扩散"作用为主，区域发展水平趋于平衡[203]。20世纪50年代末，法国地理学家布德维尔（J. Boudevile）将佩鲁的增长极概念引入并应用到空间关系研究，不光局限于经济空间，提出了"增长中心"的概念,赋予增长极以新的内涵。

目前,增长极理论已经被许多国家作为区域规划和政策的理论依据。但该理论忽略了在注重培育区域或产业增长极的过程中也可能加大区域增长极与周边地区的贫富差距,以及产业增长极与其他产业的不配套,从而影响周边地区和其他产业的发展[207]。

(3)核心-边缘理论

1966年,美国城市规划学家约翰·弗里德曼在《区域发展政策——委内瑞拉案例研究》中提出了用来解释经济空间演变模式的"核心-边缘"理论。它将增长极与地理空间理论联系起来,可以应用于城市与其腹地、中心区与边缘区、发达与落后地区的研究[208]。

该理论认为,核心和边缘是社会地域组织的两种基本要素,任何一个区域都可认为是由一个或若干个核心区和边缘区组成的(图3-5)。在该空间理论中,区域类型包括核心区、扩散效应区、极化效应区、资源边际区和特殊问题区,它们总体呈现不规则的同心圆分布。

1967年,约翰·弗里德曼又在《极化发展理论》中进一步将"核心-边缘"思想提炼为适用于更大范围内的空间发展基础理论

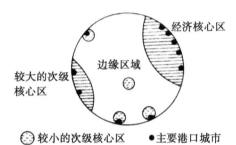

图3-5 美国的核心-边缘模式

资料来源:陆玉麒.区域发展中的空间结构研究[M].南京:南京师范大学出版社,1998.

模式。此后,他还以美国为例进一步作了实证研究。

总体看来,"核心-边缘"作为城市区域空间发展的重要理论之一,主要适合研究区域从一开始的孤立发展到彼此联系、从不平衡发展到均衡发展的过程,对于指导区域发展规划,区域政策制订,以及区域空间中心区、边缘地区等发展问题具有很好的解释价值[196]。

(4)点-轴渐进式理论

基于中心地理论和增长极理论的研究成果[203],波兰的经济学家萨伦巴和马

（a）均匀分布状态　　　（b）点线形成　　　（c）轴线形成　　　（d）中心和轴线系统

图3-6 点-轴渐进式扩散理论模式

资料来源:董伟.大连城市空间结构演变趋势研究[M].大连:大连海事大学出版社,2006.

利士提出了在区域规划中采用据点与轴线相结合的模式。此后，我国区域地理研究者陆大道在此基础上，通过深入研究宏观区域发展战略，提出了点-轴渐进式理论。它是研究区域社会经济空间发展的重要理论之一。

该理论的核心思想是在区域发展过程中，由各级居民点和中心城市组成"点"，然后由点之间的交通干线、能源基础设施束构成"轴"，通过点的集聚和轴线的扩散，从而推动区域空间的整体发展[196]。目前，它已经被广泛应用于国土开发、区域宏观战略及政策研究等领域，成为避免区域不平衡发展、促进均衡布局的一种典型理论与方法。

2. 内部空间结构相关理论

该理论旨在研究构成城市内部空间结构诸要素的空间组合、关联和演变规律。早期城市内部空间结构的系统研究源自西方，基于不同的学科角度，学者们对城市内部空间结构的发展进行了探索，这对现代城市空间结构演化的研究具有重要的借鉴意义。成果主要包括欧文（Robert Owen）的空想社会主义理论，霍华德的田园城市理论和恩温（R. Unwin）的卫星城理论，沙里宁的有机疏散理论，索里亚·马塔的带形城市理论和芝加哥学派的圈层理论等。

（1）空想社会主义理论

空想社会主义起源于近代，具体是根据英国空想主义代表人物莫尔的"乌托邦"概念提出的。其思想的代表人物欧文、傅立叶（Charleo Fourier）等不仅通过理论思想来进行宣传，而且还用一些实践来进行论证。如 1817 年欧文的"新协和村"，试图努力挽救衰败中的城市；傅立叶的"法郎吉"，建设 1 500～2 000 人的社区等。这些成为早期城市空间结构研究的可贵探索[206]。

（2）田园城市理论

在改革思想和实践的影响下，英国规划专家埃比尼泽·霍华德在 1898 年的《明日的田园城市》一书中，正式提出了"田园城市"的空间结构理论模型。正是基于对城乡优缺点的分析以及在此基础上进行的城乡之间的组合，他提出了城乡一体的新社会结构形态[210]。

"田园城市"理论的主要内容是提出了由 1 个核心、6 条放射线和极大圈层组成的同心圆放射状结构。每个圈层由内向外依次是花园、公服设施、商业区、居住区、工业区和外围绿化带。整个城市通过绿化带进行分割，每个城市单元的人口容量控制在约 3 万人，新增的人口不断沿这几条放射线向外围地区扩展。从土地利用形态上看，田园城市是一组城市群体的概念。

田园城市理论形成一种比较完整的城市规划思想体系，对现代城市规划思想起了重要的启蒙作用[211]。尽管由于历史原因，其所提出的理想意义上的"花园城市"并没有广泛地实践成功，但其解决城市空间发展问题的手段、理念对日后的城市建设和规划学科的发展都产生了积极的影响和启示。

（3）卫星城理论

1912年,英国建筑师恩温和帕克在《拥挤无益》一书中,在田园城市的基础上,以及进行了相关的新城实践后,提出了"卫星城"理论。此后,在《卫星城市的建设》中系统提出该概念模式(图3-7)。在1924年国际城市会议中,该模式作为有效解决城市大规模扩大和蔓延的重要方法,被提到了一个新的高度。该理论强调对于中心城市功能的疏解,以工业卫星城、卧城等形式出现。

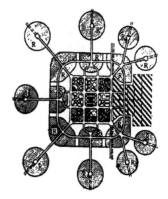

图3-7　恩温的"卫星城"结构图

在二战以后至上世纪70年代的西方经济和城市快速发展时期,该理论都深刻影响了这些地区的城市建设,开始了大规模的卫星城建设,如美国、英国等。该理论尽管由于各种历史原因,过于理想化,并没有长期地进行推广实践,但其核心城市功能疏解、外围城镇建设的思想对解决现代大城市空间发展的集聚问题提供了有益的借鉴和启示,具有很好的前瞻性。

（4）有机疏散理论

芬兰建筑师沙里宁针对城市发展过度集中的问题,于1942年出版了《城市:它的发展、衰败和未来》一书,通过全面考察中世纪欧洲城市和工业革命后的城市建设情况,对其中城市衰败的原因进行分析,并提出了解决的对策思想——有机疏散理论。他认为,有机疏散即把城市中拥挤的地区,疏解在若干个集中的地方,从而成为"在活动上相互关联的有功能的集中点",同时将城区分裂成一个个分散的集镇,它们之间通过绿化带进行

图3-8　沙里宁"有机疏散"城市结构图

分割,以达到有机疏散的目标(图3-8)。该思想对战后欧美各国发展新城、改建旧城以及大城市向城郊疏散扩展都有着深刻影响。

（5）带形城市理论

1882年西班牙工程师马塔提出了带形城市理论。该理论认为,城市空间中各个要素沿着固定的交通干线集聚,而且向两端进行延伸,总体布局由铁路线和交通干路串联起来,形成一个城市连绵带,不再是相互分散没有联系的散点(图3-9)。带形城市理论对20世纪的城市规划建设产生了重大影响,尤其是对西方的城市分散型空间组织有一定的影响。

图 3-9　马塔带形城市结构图

资料来源：董伟. 大连城市空间结构演变趋势研究［M］. 大连：大连海事大学出版社，2006.

（6）圈层理论

进入 20 世纪，对于城市内部空间结构理论的研究进入了一个飞速发展的时期，不少学者对此展开了深入的研究。他们通过对不同城市空间结构的剖析，突破传统的规划学理论视角，尤其从社会学、经济学等学科角度提出了各种新的理论、假说和模式，其中最著名的是以美国芝加哥学派为代表的同心圆理论、扇形理论和多核心理论。

① 同心圆理论

1925 年，美国社会学家伯吉斯（E. W. Burgess）运用生态学理论、社会学概念对城市内部土地结构进行研究，从而提出了同心圆理论。

该理论认为，在城市内部空间中，往往会存在五种不同的力量，并由此形成了以中心区为核心的同心圆结构模式。

该结构分别包括中心商务区核心地带，往外的低级住宅、小型工厂、批发商业及一些货仓的过渡带，再往外第三环带低收入工人居住区，然后是中产阶级居住区，再外层是高收入居住区，最外层是"城市边缘"的通勤地带[191]。

总体看来，该理论从动态变化的角度探讨了一元结构的内部空间结构特点，可以说是一种新的思想方式，不过它却忽视了城市综合因素，如交通、区位等，与实际的城市发展有一定偏差。

② 扇形理论

1939 年，美国的霍伊特（H. Hoyt）在其出版的著作《芝加哥土地价值百年变迁史》中，通过对一系列北美城市的考察，从地价角度对城市空间布局进行研究，提出了城市内部空间结构的扇形理论，认为地价较高的地区位于城市的某些方位的扇形区域内，由中心向外放射延伸；地价较低的地区则分布在城市某一方向的扇形区域内，由中心向外沿受阻碍力最小的方向延伸。

该理论对于城市内部结构提出了自己的模型，即市中心为中央商务区；轻工业和批发商业沿铁路、水路等主要交通干线扩展[196]；而居住区向四周沿交通线呈放射状延伸,呈现为由低租金区向中租金区的过渡,高租金区处于城市的周边地带,由市中心向郊区延伸,中等租金区在其中间,趋向高租金区的内侧,低租金区被限制在最不利的区域发展,由市中心向四周延伸[191]。

扇形理论主要强调交通干线对城市内部空间结构的影响,在研究方法上比同心圆理论前进了一步。但这一模式仍然没有脱离城市地域的圈层概念,而且研究视角较为局限,仅从租金单一指标进行研究,局限于城市内部形态的分析,忽略了城市边缘周边地域的描述。

③ 多核心理论

1945年,美国地理学家哈里斯和乌尔曼在考察美国不同类型的城市空间发展过程中,发现了在城市中除了CBD之外,还存在一些支配其他地区的中心,在此基础上提出了城市内部空间结构的多核心理论。

该理论认为,城区内存在若干生长节点,即"多核心";城市的土地利用分布环绕着这些核心而布局和发展。这些核心点不断地向外扩充,直至城市内部空间完全扩满。

在理论的基础上,提出了这样的结构模型:中心商务区偏向城市一方,往往是交通的焦点;工业区位于交通联系方便的地区;住宅区会靠近中心商务区边缘,常常偏向城市环境较好的一侧发展,其间布置一些公共服务设施,并可能进一步发展为次中心地区;城市的重工业区和卫星城镇分布在城市的边缘或郊区地带。

总体看来,多核心理论提出了城市内部空间发展的一个多元结构,涉及其内部空间中各种职能分化所形成的节点、区域作用,比较综合全面地构建了按照功能来进行城市内部地域和向近郊拓展的总体趋势,比同心圆结构和扇形结构要复杂得多,而且也更贴近实际。不过,该理论还是忽视了城市整体空间的研究。

以上这三大古典圈层理论基本上符合西方工业化国家城市空间结构形态的演化规律,同心圆模式偏重人口流入城市所经历过程的研究;扇形模式多关注不同地价下的城市片区间的关系;而多核心模式则强调不同人口群分布的城市内的次一级地区的发展。但是这些抽象的古典图表还是与真实形态相差甚远,最终没有得到后续的发展。

3.3　港口城市空间结构与形态

3.3.1　港口城市空间结构类型

港口城市与传统意义上的城市空间发展原理是基本相似的,只是由于港口的特殊作用,其会对港口城市的空间分布与结构产生不同的影响。港口城市的空间结构是其中各个要素的空间布置、外部轮廓，以及它们之间相互关系所形成的系统。港口城市的空间结构类型一般包括外部和内部空间结构两个方面。

1. 内部空间结构类型

一般说来，可以理解为港口与城市间的布局关系，以及它们之间的空间组合。根据港城之间的位置关系，可以将港口城市内部空间结构划分为三类，分别为港口在市区之内、港口在市区之外以及混合式。

（1）港口在市区之内

这种类型大多为具有悠久历史的港口城市发展早期，港口与城区相互混杂、相互干扰，港口空间狭小、局促，城区优良的岸线被港区所占，对城市正常的功能运转产生了不利的影响，因此需要对港口进行新的选址，来确保城市优良的环境和可持续发展。

（2）港口在市区之外

这种类型一般出现在港口与城区分离的阶段，在城区外围建立新的港口功能区，通过港口的作用效应来促进城市空间的发展，彼此间相互独立，但交通联系不便。

（3）混合式

这种类型一般出现在港口与城区一体化发展的阶段，通过城区与港区合理的分工，港区作为城市功能区中的特殊部分，能促进城市发展；城市各个部分相互配合，为港口的发展提供支撑和动力。它们之间是共融发展的关系。

2. 外部空间结构类型

港口城市外部空间结构一般说来，可以理解为港口城市空间实体的投影形态。港口城市外部空间结构类型可分为三类，主要有块状、带状和组群（图 3-10）。

（1）块状

这种空间结构类型主要出现在滨水岸线较短的港口城市地区。城市空间以港口空间为核心，受到港口作用力明显，由港口向外部同心圆的圈层扩展。由于城市各方向的发展轴较短，港口与城市结合紧密，城市外部结构呈现块状分布。

（2）带状

这种空间结构类型主要出现在滨水岸线较长，且水深条件较好的港口城市地区。城市受到港口作用力的影响，随着港口沿河流向下游或者随交通线的发展扩展，该发展方向主要受到河流、港口的影响，沿岸线走势，不断向下游地区扩展，形成带状连续的空间结构。

（3）组群

这种空间结构类型主要出现在岸线条件较好，但并不连续的港口城市地区。由于受到水深条件的限制，由早期的一个中心，向下游非连续地分散布局，从而往往会形成主要中心区和其他功能独立组团组成的组群空间结构。一般有组团和一城多镇两种结构。组团结构是由于受到自然条件和某些人为因素作用,形成相互独立的团块组合。组团模式是一些独立分布的团块功能区的组合。一城多镇结构是城市受到外部吸引力或人为引导所形成的一种以主城区为中心,其余组团分散布局的结构形式。

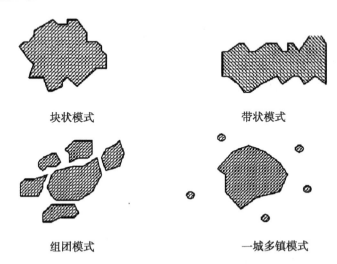

块状模式   带状模式

组团模式   一城多镇模式

图 3-10   港口城市外部空间结构主要类型图

资料来源:邓星月.港口城市空间结构与布局研究[D].宁波:宁波大学,2012.

3.3.2   港口城市空间结构分布形态

1. 内部空间结构

港城内部空间结构分布形态主要有港城相对分离式和港城一体式两种形式。内部空间的分布一般会经历一开始港区夹杂于城区中,到后来的港区与城区开始分离,再到最后的相互融合。

(1)港城相对分离式

这种形式一般出现在港口城市的快速发展时期。由于港口空间扩展的速度较快,出现了临港产业发展的趋势,为了减少对城市环境的消极影响,保持独立良好的生活环境,这就要求港区与城区保持适当的距离;而城市内部不断完善自身功能布局,与港口形成互为分工的两个独立片区。

(2)港城一体式

这种形式一般出现在港口城市发展的初期和后期阶段。在早期,港区作为城市的组成部分之一,在空间分布上表现为港区与城区的相互融合;而在发展后期,港口所衍生的相关产业关联度极高,港口城市的内部空间分布出现了港城一体化的趋向。

2. 外部空间结构

港口城市外部空间的分布形态往往会受到港口的很大影响,尤其是港口趋向变化的影响。河口港城市位于大河入海口,其空间结构的分布形态由于河流变迁和船舶的要求提高,伴随着港口的迁移,往往从支流到干流、从上游到下游、从浅水到深水、从内河到外海呈渐进式扩展。

在初期阶段,港口和城镇只在岸线条件优越的地段集中连片布局,城镇是单一中心结构,港口与城区混杂,其功能与城区其他职能并没有形成良好的分工。随着航运事业的发展,沿河发展的港口延伸,形成一个较为狭长的长条形布局,更容易使城区布局拉长。

随着新港区和码头远离老城区和港区发展,港口城市空间结构的分布也因此而分化。在老城下游发展新区,形成断续分片布局的母子结构。当城市具有相当规模之后,原有的单中心或母子结构已经不能胜任城市各功能作用充分发挥的重任,外部空间结构可能进一步分化,出现母子结构的子结构和周围的卫星城镇。这些卫星城镇的规模和独立性较大,互相之间分工合作,由于分散发展各自的优势,从而形成群体分散开敞式多中心的分布形态。

海岸港城市受海岸线变化的制约和影响,依托近海岸地区发展,其外部空间往往会受到新区开发建设的影响,而形成新的港区,最后由于各个新港区的发展,海岸港城市外部空间会出现组团式的分布形态。

3.3.3 港口城市的成长阶段

根据世界典型港口城市的发展历程及特征,不少学者从不同的角度对港口城市的成长阶段进行了研究。目前,比较权威的观点有吴传钧、高小真[90]的港口城市四阶段理论(图3-11)和许继琴[74]的生命周期理论(图3-12)。

吴传钧等从港口城市各类产业的发展关系角度,对港口城市的成长历程进行了分析。他认为港口城市的成长主要包括初级商港阶段、港口工

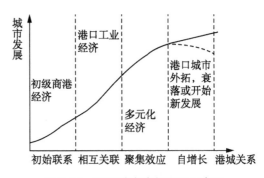

图 3-11 港口城市成长历程示意图

资料来源:吴传钧,高小真.海港城市的成长模式[J].地理研究,1989,8(4):9-15.

业阶段、多元化阶段和自增长阶段[90]。

许继琴认为,绝大多数港口城市的成长会出现四个生命周期,具体包括初始期、成长期、成熟期和后成熟期[74]。

此外,郑弘毅从港口的历史兴衰视角分析,将港口城市的发展分为发展期、相对稳定的时期、衰落时期和复兴时期四个阶段[1];王海平从历史变迁角度认为,港口城市的发展可以分为初级、空间扩展、港城分离、港口撤离和滨水地区重新开发五个阶段[197];张萍等

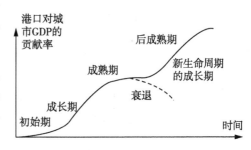

图 3-12　港口城市发展的生命周期

资料来源:许继琴.港口城市成长的理论与实证探讨[J].地域研究与开发,1997,16(4):11-14.

从产业生命周期角度对港口城市的演化过程进行探索,认为港口城市的生命周期大致划分为起步导入、起步成长、成熟集聚和融合消亡四个阶段[96]。

综上所述,港口城市的成长阶段多从港口功能转变及其产业关系发展进程的角度进行研究和划分,它们具有周期性,而且会经历一个又一个周期的循环发展,用于支撑港口城市不同发展阶段及发展模式的研究,并不是简单意义上港口城市发展水平的比较。以港口作用为基础,其他各种驱动力为综合考量因子,对其所经历的阶段进行判断,对于后面的港口城市空间发展研究将具有重要的意义。

3.4　港口城市发展的影响因素分析

港口城市作为一种特殊类型的城市,一般位于江河湖海的沿岸地区,并且建设有码头设施,拥有联通世界其他地区的航线,在区域经济或国家生活中起着比一般城市更为重要的作用。港口城市空间结构的发展演变是城市系统内各组成要素之间相互作用结果的外在表现[135]。

港口城市的空间发展受到很多方面的影响和制约,它们在一定程度上促进或阻碍着城市空间的发展,决定着港口城市的区位和空间结构能否得到科学合理的发展。

3.4.1　自然地理因素

港口城市的自然地理因素一般包括地理位置、地质、地形、岸线、气候、水文等。地理区位因素主要包括区域经济网络的地位、与区域中心城市的距离、腹地条件和交通条件等。它们是港口城市空间扩展和港口选址的重要因素,直接影响着港口城市的发展进程、规模和结构。自然地理位置决定区位条件,凡是出海航道无淤且

拥有优越水运条件的港口城市，均得以快速发展。良好的自然地理条件是港口城市发展的重要基础条件。

3.4.2 产业经济因素

在港口城市的发展中，产业经济因素始终是其空间结构演变的决定性因素。产业经济发展使得城市不断产生新内容，进而反过来要求城市空间结构发生相应的改变，以适应新的城市经济生活要求。

港口城市的经济发展是其城市空间结构发展演变的根本动力，港口城市经济发展速度的周期性决定了城市空间扩展速度的周期性[245]。在港口城市的发展初期，城市功能比较简单，直接相关产业主要为运输业、渔业、商贸业等为港口提供生活服务的关联产业。这些产业的初级乘数效应带动了其他相关产业的发展，并进一步促进了城市空间的壮大，随着经济的增长而快速发展，石化、临港加工等依存产业开始形成，港口城市空间由原来的传统码头扩展到周边城市区域[135]。信息化和全球化时代的到来，促进了现代服务业的发展，并由此影响了现代港口产业的升级，港口的关联产业由港口功能区向周边外围地区扩散，并形成了自身的产业链，与港口产业相互配合，延伸到港口城市的各项功能中，形成港口城市持久发展的强大动力，促进港口城市的产业结构不断调整升级，人口不断增加，导致港口城市平面的扩张和周围地带空间的重新组织，从而影响着港口城市的空间结构、人口和用地规模。

3.4.3 人口社会因素

人口是城市发展的社会基础。该因素在港口城市的空间发展中起着关键的作用，人口规模的扩大、变迁及分布在不同阶段影响着港口城市的发展规模和空间结构。在初始阶段，从事渔业和漕运业的人员聚集在沿河码头地区，从而形成了港口城镇的最初空间分布；后来，随着人口的不断增长、人口结构的多元化，以及从事港口相关事业、商贸等人员的流动，使得港口城市的规模不断扩大，并出现了一定的功能分区；随着人口、社会等活跃因子的变迁，不断推动港口城市人口的空间分异，从而使得城市空间结构向多元复杂的方向发展。总之，人口增长、流动及变迁很大程度上成为现代港口城市不断扩张的动力，对城市空间规模产生了重要的影响。

3.4.4 交通基础设施因素

交通工具的发展历经步行、马车、电车、汽车、高速公路等时代，运输工具的速度、持续行驶距离、货物装载量均在不断提高。以前，原始的交通工具大大制约着港口城市空间自然发展的速度。交通条件的不断便捷,使远离城市的港区工作人员住在城市中心成为可能,从而推动了港口与城市空间的分离。同时,交通工具的高效率使得货物能在较短的时间内完成时空转换,提高了货物的及时可达性,港口城市的腹地范围得到了扩展,从而促进了区域空间结构的演变。

城市基础设施是其各项建设正常运转的物质基础,也是确保港口城市正常运行的基础,它主要包括交通运输、机场、港口、桥梁、通信、水利及城市供排水、供气、供电设施和提供无形产品或服务于科教文卫等部门所需的固定资产[135]。

对于处于区域中心和物流枢纽地位的港口城市来说,它与周边地区、腹地的空间联系主要依靠对内外交通体系来实现。因此,交通基础设施是港口城市发展的骨架。它对内可以有效地进行各项用地组织,对外可以便捷地联系各个功能区域,在很大程度上对港口城市外部空间的发展作用巨大。

3.4.5 政治因素

政策环境因素对港口城市的空间也起着至关重要的影响。前面所述的这些因素,如交通基础设施、人口等要素对港口城市的作用是相对稳定的,在这样的作用中,港口城市的空间发展壮大也是循序渐进的过程[83];而政治因素却有着变化和不稳定的一面。

相关政策的制定实施可以阻碍也可以促进港口城市的发展。比如在唐朝中期,海上丝绸之路的兴起促使东南沿海港口城市飞速发展,相反明朝末期所采取的海禁政策、闭关锁国的制度,在很大程度上抑制了港口城市地区的发展[135]。

同时,新的发展政策如能符合港口城市发展的实际,那么在短时间内将产生质的变化,推动其空间的剧变。如改革开放前的相关政策和管理体制较为封闭,对港口城市的空间扩展有较大的制约影响。改革开放后,设立沿海经济区、开放14个沿海城市、沿海开发战略、建立自由贸易试验区等一系列大的方针政策,为港口城市的发展提供了良好的平台和机遇,在背后支撑着城市的持续发展,城市空间结构也在其中不断地寻求着自己的发展方向。

3.5 港口对其城市空间结构的作用机制

3.5.1 港口对城市规模的影响

港口作为联结海洋和陆地的重要节点,往往会集聚众多的空间要素,如资金、人口、技术等,并不断向周边地区扩展,这种规模集聚效应将导致港口城市规模的扩张。

从港口城市的发展过程来看，一般都是港口先建成并不断发展，随着港口空间的形成，相关的商业配套、贸易逐步兴起，人口、资源等空间要素开始集聚，从而导致城市用地规模的扩展，城市规模不断膨胀。同时，港口产业的不断发展，会带来一定的就业和港口部门的工作机会，人口也不断向港口城市集聚，从而进一步扩大和完善城市基础设施、公共服务设施，这样城市规模又实现了进一步的跨越。

3.5.2　港口对城市形态的影响

港口作为港口城市最原始的交通方式，在一开始的发展过程中，其空间分布对河港城镇的布局影响巨大，往往早期城镇都是沿着水系岸边形成主要的城镇区，港口与城镇相互联系；此后，港口空间的发展对港口城市的空间布局产生了重要的影响，如港口空间的外扩，规模的扩大，使得城市用地也随着港口用地不断拓展；直到航运技术的发展、船舶大型化，迫使港口向河流下游推移，城市用地也随之向入海口方向推移。

同时，港口功能的升级对其城市空间结构的影响也很大。在港口城市发展的初级化阶段，港口功能比较单一，以货运中转和商业贸易为核心，港口城市内部的商行、银行等密集分布于港口沿线，居住区与之相邻，空间结构单核集聚。到中级化阶段，伴随着港口规模的扩大和临港工业的形成与发展，港口城市内部工业区和高新技术产业区内的依存产业密集分布于港口周边，原有的临港居住区受到挤压，被迫向外迁移，港口城市的核心区和功能区也向外扩散开来[195]。到高级化阶段，港口功能逐步向多样化方向发展，城市职能不断拓展[186]。港口城市的空间发展出现了新的聚集区和城镇，并不断沿交通道路向内陆扩散，刺激了新的增长点的形成，推动了港口城市区域空间结构的发展。

3.5.3　港口对城市社会发展的影响

港口所拥有的区位优势，使得诸多生产要素在此集聚，带动了相关产业的发展，并带来了相关人口的转移，促进了港口城市的社会发展。

首先是城市人口结构的变化。港口功能多样化，门类不断丰富，配套的服务设施水平提高，城市的对外吸引力不断增加，会导致大量的人口集聚，具体表现为港口相关产业、配套设施和服务业的就业人口，居住人口和就业人口、本地人口和外来人口的数量不断增加，形成由本地居民和外来消费生活人员共同组成的复杂社会群体，人口结构发生明显的变化。其次，港口及其产业的影响，为城市的后续发展积累充足的资金，从而支撑城市各项基础设施建设和整体综合环境的整治，保证城市拥有良好的社会生活环境，更加适宜创业和居住。最后，在港口的影响下，港口城市会拥有一份特有的人文环境，水文化特色凸显，这些独有的城市魅力对于吸引外来人口、提高城市的整体发展环境和形象将产生积极的作用。

3.5.4 港口对城市产业结构的影响

港口具有海陆综合运输的功能,同时可以集聚各地的资源,从而连接区域内外的空间。随着功能的不断增强,港口由最初的交通运输功能拓展为集贸易功能、工业功能、商业功能于一体的多功能体,港口城市在主动和被动中实现产业升级[183]。

港口以其业务的专门化和关联性带动着港口城市相关产业和空间的发展[245]。港口最初作用于临海渔业、修造船业、码头集散和运输业等直接产业,此后通过首次规模效应作用于贸易、信息、科技、金融、服务、旅游等间接产业,再通过产业规模的扩展产生二次规模效应,并不断地进行循环,形成多功能完备的港口产业集群,最后带动银行业、金融保险业、信息咨询、物流等新兴产业的发展,促进港口城市的三产结构向高级化方向演进[245](表 3-3)。总体看来,产业结构的升级导致了地域空间的变迁,从而对港口城市的空间发展产生重要的影响[84]。

表 3-3 港口产业分类及其主要特征

产业分类		产业特征	主要行业
直接产业	共生产业	由于港口的村庄而直接产生的行业	海运、港口装卸、仓储、物流
	依存产业	依赖港口及共生产业而发展起来的行业	拆造修船、临港工业(石化加工、机械加工)等
关联产业		与港口直接产业密切相关的行业	管理、金融、保险、咨询、商业、旅游、娱乐等

3.5.5 港口对城市交通系统的影响

随着港口相关产业效应的扩大,港口城市和腹地的经济联系日益密切,便捷多样的交通联系方式成为港口城市快速发展强有力的支撑。在港口城市发展初期,主要的交通运输方式是水路和传统的陆路,其影响和辐射的范围受到限制。港口设施水平的提高,空间范围的扩大,促进了港口城市的腹地发生了扩展,港口城市也逐步发展为地区的核心。由此,港口城市内外部功能组团间的联系,需要多样的交通方式来解决,并由此来确保港口城市与其腹地间的可达性交通。在港口系统的作用下,港口城市的交通系统不断发生新的变化和升级,随着城市空间骨架的发展,也由此影响着港口城市空间结构形态演变的进程。

3.5.6 港口对城市生态系统的影响

港口地区分布着重要的工业、仓储等功能设施,随着港口产业门类的丰富,港口用地空间的扩展，会出现一些污染性较大的工业，对所在的港口城市，尤其是生态环境造成不利的影响。

港口对所在港口城市生态系统的影响主要表现在如下方面：首先，港口生产、运输等各类活动产生的污染，尤其是对水域的污染，对所在港口城市的水资源造成不良的影响；其次，港口空间的进一步扩张，往往需要围海造田，在这样的过程中，对于海岸线资源、湿地、滩涂等生态资源的压力巨大；最后，港口产业发展后期所形成的临港产业的发展，所产生的大气污染、化学污染以及土壤污染等，加剧对生态环境的破坏，直接影响港口城市内外部的居住生活质量。

3.6 港口城市空间结构演变规律及特征

3.6.1 外部空间结构演变规律

塔夫等提出了以海港为主导的区域空间结构演化模式（孤立均衡阶段、单中心结构、双中心结构、多中心结构、沿交通线轴向结构和网络结构阶段）（图3-13）。该模式反映了海港城市空间演化的一般规律，对很多港口城市的空间发展具有普适性意义[5]。

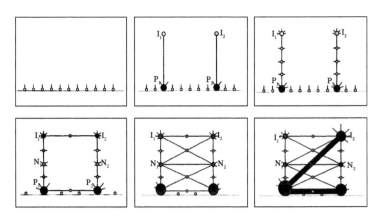

图3-13 海港地区空间结构的演化模式图

资料来源：丁仕堂. 港城关系对城市空间结构的影响研究[D]. 上海：同济大学，2008.

河口港城市在早期的发展中，往往一开始形成于河口上段水域、交通条件较好的地方，结构单一，功能简单；此后，随着航运技术的提升，原来的港口区发展受限，而且上游河道淤浅，大型船舶不能通行，不得不向水深条件更好的地区转移，往往在河流下游入海口方向，于是城市也会相应地向下游入海口方向推移。这已经成为河口港城市外部空间发展的一般规律。

海岸港城市的发展决定于海湾的避风条件,城市附近地区岸线的水深条件、冲淤平衡条件和工程地质条件。到 20 世纪初,海岸港城市多形成于天然掩护条件较好的内湾型和狭湾型海湾,如我国的青岛、厦门、大连和汕头等[117]。进入 20 世纪中叶,国外经济发达国家的海港城市,进一步向海上发展和开辟新的临海工业。如通过大规模的填海工程,进一步向已有码头外侧水域延伸,形成平面形状复杂、场地宽阔的大型凸堤组群和设施完善并具有城市机能的人工岛港。

目前,在海岸港城市岸线和陆域已处于饱和的状态下,在那些适于建深水泊位的外湾和平直海岸,出现了新型的海港城市。近年来,海岸港城市已经形成了群体发展的态势,一批新的独立的现代专业港口城镇正在形成[117]。总体看来,海岸港城市的空间发展规律,即为向水深无淤、建港条件好的岸段进而向海域发展,当海岸港发展基本形成,又跳跃到水深条件更好的地方。

3.6.2 内部空间结构演变规律

在港口城市发展的初期,港口作为城市核心区的商品物资集散地,无论是在经济上还是空间地域上,与城市空间是难以截然分开的(图 3-14)[134]。

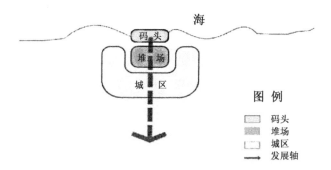

图 3-14 初始期港口城市内部空间布局示意图

资料来源:周文.北仑港口城市空间布局优化研究[D].杭州:浙江大学,2010.

在快速成长时期,港口功能不断升级,对港口设施、用地提出了更高的要求,港口空间不断向外扩展,与城市空间的发展产生了激烈的竞争。除了原来简单的居民点、配套服务区以及港口区,在城市内部出现了较为完善的住宅区、商业区等,城市的服务功能不断完善,已经从原来的生产、消费、交换、运输中心演变为社会的综合体。同时,港口生产功能区对城市的其他区域也开始有了一定的干扰,为了确保生活安全、清洁、无干扰,港口区有向城区外部迁移的趋势,从而出现了城区与港区相分离的态势(图 3-15)。

在港口城市的成熟期，新老港区和城区之间往往通过交通干线联系，形成分散式组团用地布局。新港区发展临港产业和与之相配套的商贸、金融、代理、咨询、海事等第三产业，对原来的老港区进行功能置换，通过旧城更新或城市化开发，重新焕发城市的活力，港口用地进一步退化，城市功能用地占据原来的港区，港口城市内部空间呈现"港退城进"的态势。

在后成熟期，除了原来的港口产业外，出现了附加和综合性的产业，

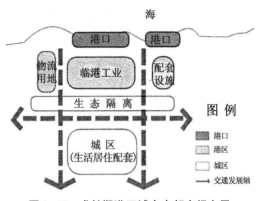

图 3-15　成长期港口城市内部空间布局

资料来源：周文. 北仑港口城市空间布局优化研究[D]. 杭州：浙江大学，2010.

作为港口城市新的经济增长点，城市进入了自增长阶段。在这个时候，可能分化为平稳和创新型两种类型的港口城市空间结构。前者是通过对港口传统功能的挖掘，完善其装卸功能，来实现城市经济的增长；后者则是通过港口产业的升级和转型，促进其他相关产业的发展，从而培育城市新的经济增长点。

3.6.3　外部空间结构特征

海岸港城市的外部空间结构演变表现为"突变性"的特征。从海岸港的深水岸基建设，到建设深水大港，配备仓库堆场、后方集疏运设施等港口配套设施，再到港口配套的居民生活及服务设施、工业布点的形成，港口城市在较短的时间内就初具规模了[1]。

河口港城市的外部空间结构演变表现为"渐变性"的特征。它往往要经历自然条件选择和长期的历史发展过程后，才可能成为区域性大型或特大型的港口城市。河口港城市的空间结构演变是一个渐变的发展过程。纵观河口港城市的发展，其外部空间结构演变有"一城一镇"或"一城多镇"的"蛙跳式"非连续发展和"蚯蚓式"连续发展两种特征[117]。

1. 非连续的带状分布

当河口港城市位于河口区，在岸线条件优越的地段集中成片发展，后随着航运业的发展，由于适合建设深水泊位的岸线距母城有一段距离，则在远离老城区和原港区处建立新港区，城市空间随着新港的建设，沿河道向下游方向发展成"一城一镇"形式。如国内城市天津、广州、福州、宁波，国外城市伦敦、汉堡等。随着工业化的发展和城市化的进程，城市具有相当规模后，空间结构可能进一步分化，河口港

城市形成"一城多镇"的带形组群式空间结构特征[117]。

2. 连续的片状和带状分布

当河口港城市位于入海口或距河口很近的时候,若港口下段的水深条件较好,则城市发展随着港口向下游的推移,呈现沿河口方向连续发展的分布结构;还有一种情况就是虽然河口港城市的老城距离入海河口较远,但随着社会经济的高速发展、对河口段两岸的连续开发,新老城区逐渐相连,也会呈现向下游入海口联系发展的带状空间结构。

总体看来,河口港城市外部空间结构一般有以下几种形态特征,如表 3-4 所示。

表 3-4 河口港城市外部空间结构特征类型

基本形态		图示	特征
单城			在发展初期阶段,形成单一的点状形态
带形组群	一城一镇	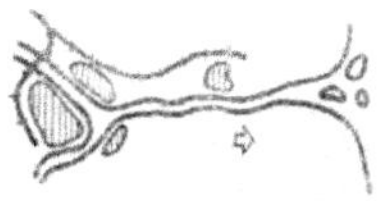	城市建设用地随着适于建设深水泊位港口向出海口方向的推移,开始呈一城一镇形态
	一城多镇		
带形城市群			在国民经济和技术水平高度发展的条件下,航道经整治后,城市呈带形连续发展形态
多核心片状			位于非三角洲型河口附近的港城在国民经济高度发展条件下,城市用地随着港口向口外海岸的推移,形成多核心片状发展形态

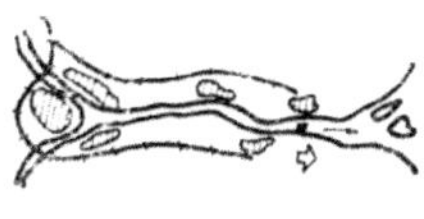

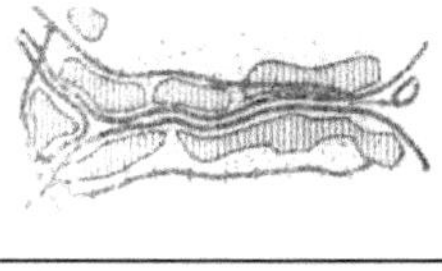

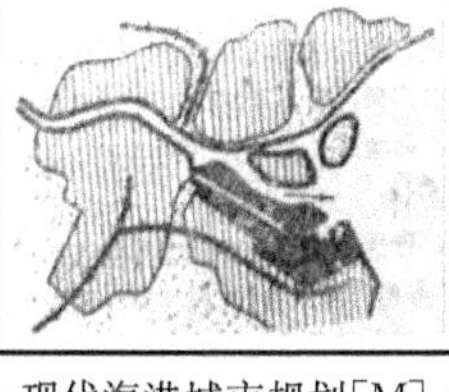

资料来源:科研成果汇编组. 现代海港城市规划[M]. 哈尔滨:黑龙江人民出版社,1985.

对海岸港城市来说,其外部空间结构的形态特征一般有单城、组团、组群和城市组群四种基本类型。当海岸带的开发尚未超出母城建设用地范围或连续向外发展时,一般呈单城—带形形态特征;当港口在进一步发展中,由于适合建港的岸线与母城有一定距离,在母城外围形成新的聚落时,则形成以母城为主体的沿海湾分散组团或组群形态特征。前者多出现于外湾、平直海岸或港口城市发展的初始阶段;后者多出现于内湾、狭湾、岛港等城市的进一步发展阶段。国外发达国家的海港城市多发展成为沿海湾连片的环状或半环状的城市组群,如东京湾和大阪湾。总体看来,海岸港城市外部空间结构的特征如表3-5所示。

表3-5　海岸港城市外部空间结构特征类型

基本形态	图示	特征
单城(带形)		城市形成和发展的初级阶段
组团		城市建设用地随着岸线的开发,呈蛙跳式沿不大的或狭长的海湾发展,形成天然分隔但相距不远的组团
半环状组群		城市建设用地在进一步发展中,在较大的内湾型海湾沿岸形成相距较远的组群
半环状城市群		在国家经济高度发展的前提下,海湾城镇群已连成一片,形成半环状现代海湾港口城市群

资料来源:科研成果汇编组.现代海港城市规划[M].哈尔滨:黑龙江人民出版社,1985.

综上所述,河口港城市向河口下游方向发展,并呈现带形或带形组群结构特征;海岸港城市沿海湾向适于建设深水泊位的方向发展,形成带形或半环状组群结构特征。

3.6.4　内部空间结构特征

港口城市内部空间结构特征主要反映城市内部用地空间相对于海岸线和相互间的平面关系[117]。一般来说,港口城市内部空间结构一般表现为毗邻式、层式和混合式三种类型特征。

1. 毗邻式

该内部空间结构特征表现为临海(河)生产用地与居住生活用地基本沿岸线相互毗邻,铁路线呈一角度或基本垂直于岸线引入港区,一般工业和仓库用地沿铁路线或对外公路分布,介于临海生产用地和生活居住用地之间。

这种空间结构的特征是用地布局紧凑,联系方便,各有发展余地,居住区与岸线毗邻且不受铁路干扰。一般多出现于港口城市的形成初期阶段和中小规模的港口城市,临海生产用地和生活居住用地之间有一定距离,生活区和港口工作区联系不便。

2. 层式

该结构的特征表现为城市用地布局按层次互相平行于港区岸线分布。港区和临海生产用地沿岸线布置,生活居住和一般工业用地分布于其后,铁路线平行于岸线引入港区,或从外围引入城市后部分平行岸线引入港区。它的布局较为紧凑,而且相互间联系方便,往往在港口城市发展初期出现较多。

在发展初期,城市用地可沿岸线向同一方向协调发展,逐渐形成沿岸线的带形布局,在城市进一步发展过程中,往往由于岸线的非连续性开发和工业选址等因素的影响,也有可能向其他空间结构特征转化。此外,这种空间布局结构特征使得生活居住用地不能直接面海,对于大城市在铁路线引入港区的方式上产生一定的困难。因此,它一般适用于中小规模的工业港城市。

3. 混合式

该空间结构特征兼有上述各种形式的特点或以某种形式的特点为主。一般多出现于大城市和某些河口港城市,现阶段的青岛、上海和广州等城市的用地布局,基本表现为此特征。

具有毗邻式和层式结构特征的港口城市,多为中小规模的海港城市,这类结构形态在进一步发展中,有可能向混合式演变;具有混合式特征的海港城市多为大中规模的港口城市,它可视为毗邻式、层式结构和不与水域相接的其他用地连续发展的结果。不过,港口城市的内部空间总是在不断变化发展之中,因此其结构特征也不是一成不变的,往往会是多种类型的结合。

4 港口城市空间结构优化的研究方法

4.1 城市空间结构分析方法

4.1.1 定性研究

目前,基于城市空间结构及其形态的不规则性,很难进行准确的定量分析,因此有些学者多采用文字描述方式来表达城市形状,或者较多地采取视觉区分的方法,这些方法比较直观,容易操作,但是测度结果不太准确[215]。此外,还有文献分析法,它是通过对城市的历史资料、文献记载等,对城市空间的演变作出分析,以此来判断未来的一个发展趋势。对于城市空间发展模式的识别一般采用定性的或通过目视的方法来确定[215]。对于众多因素影响下的城市空间发展方向选择问题一般采用层次分析法来分析确定。

国内学术界在研究方法上擅长以定性描述、理论概括和解释论证对城市空间现象进行研究[215],如武进博士[191]、王建国、相秉军等、顾朝林等的相关研究成果。但是,这些定性文字描述局限性较大,难以准确把握城市空间结构、功能之间的数量关系,很难全面把握城市形态在时间序列上的一个动态过程。

4.1.2 定量研究

随着多学科的渗透和各类方法的介入,国内外的城市研究者开始运用多个学科的技能展开对城市空间结构的研究,分析方法也由原来的定性式的对城市空间特征的概括式、图解式的描述走向对空间数据库信息的提取、空间关系的表达、空间模式的发现、空间机理的揭示等,从定性研究转入了定量研究[215]。

建立在空间分析方法论基础上,对城市空间结构与形态的演化过程及优化等进行实证分析,是定量研究分析城市空间结构的关键[215]。目前,比较突出的定量分析方法有空间句法、空间分形、密度分析法、网络拓扑分析、CA 模拟技术等空间分析量化手段。城市空间结构与形态计量的主要指标有形状率、圆形率、紧凑度、椭圆率指数、放射状指数、伸延率、标准面积指数、城市布局分散系数和城市布局紧凑度等。这些指标简单、实用,易于比较,所以也成为空间结构测度定量研究较为常用的方法。

4.2　区域空间结构优化模型与方法

4.2.1　优化模型分析

针对港口城市区域空间结构的研究,约翰·弗里德曼基于核心-边缘理论,假设了一个无定居的海岛,建立了空间演化的四阶段模型。这是在没有考虑外界影响下所建立的一种理论模型。第一阶段,小港口、零星小聚落;第二阶段,产生中心-边缘关系;第三阶段,核心-边缘的简单结构渐变为多核心结构;第四阶段,中心-边缘关系消除,都市与边缘都融进都市,合为一体。他还以美国为例进一步开展实证研究。

美国学者塔夫等人对殖民国家经过长期考察后,提出了港口城市地区的空间理想模型[208]。这是纯粹受到外力支配而建立的一种海港城市空间结构理论模型,它在很大程度上依靠交通走廊系统,并通过交通轴线带动港口、中心城市和干线节点的发展,最后形成不同规模等级的城市体系。它也可以看作是日后区域空间"双核"结构的雏形[158]。

我国著名经济地理学家陆大道先生于1984年基于中心地理论和增长极理论,融合了空间极化与扩散思想,充分吸收了德国发展轴方面的实践成果,在全国经济地理和国土规划学术讨论会上提出了"点-轴"系统理论模型,此后不断予以系统化和理论化,逐步形成了完整、系统的理论体系。

陆大道先生认为,空间扩散的根源是存在梯度和压力差。由势能作用的各种"流"由中心点向周围流动,沿着若干扩散通道在距中心不同方位和距离重新集聚,形成强度不同的新的集聚(生长点)[203];基于区域空间发展中不可能存在单一扩散源的事实,研究了"局部扩散"和"跳跃式扩散"的特点,提出了"点-轴"渐进式扩散模式,即点向轴扩散的阶段。随着区域开发程度的提高和经济实力的增强,开始出现不同等级的"点-轴"结构,如区域次中心的形成,并进一步向更低级的地区扩散,新的规模相对较小的集聚点和发展轴不断形成[203](图4-1)。区域内的"点-轴"渐进扩散不断被纳入到更大的

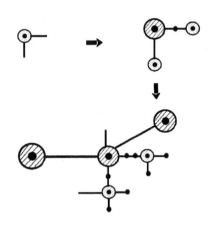

宏观上:纳入更高一级的"点-轴"结构
微观上:不断形成新的规模相对较小的集聚点与发展轴

图4-1　"点-轴"模式的渐进式扩散过程

范围,进化为"点-轴-次级点"的结构模式,形成中心城市与周围城镇(卫星城镇),或者更大城市区域间的多层级"点-轴"结构[207](图 4-2)。

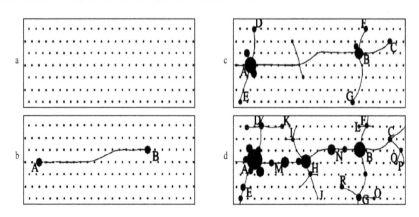

图 4-2 "点-轴"系统空间结构模型的形成过程

资料来源:陆大道.区域发展及其空间结构[M].北京:科学出版社,1995.

"点-轴"系统理论模型深刻反映了区域空间各要素组织的一般规律。其基本原理为:从生产力水平低下、生产力分布均匀、无组织、低效率的状态到工业化初期阶段,随着商品经济的发展,出现了重要的居民点或城镇节点,区域局部有组织发展,并出现了动态增长,彼此节点间有交通线联系;此后,资源和经济要素向区域内重要节点集中,并在它们的交通轴线上出现了新的集聚点,发展轴线规模扩大,区域空间基本框架形成;后来再进一步发展,区域内主要核心点集聚规模更大,它们之间的交通轴线发展成为人口和经济技术集中的产业密集发展轴线,并不断向外扩散,形成了新的集聚中心,新的区域节点和组团间相互联系,形成了多核心和不同级别的发展轴线,区域空间出现网络一体化的趋势;最终实现空间结构全面有组织、趋于分散化和均衡发展状态。这就是"点-轴"空间系统模型的基本内容[236]。

该理论模型的空间要素主要包括点(生长点)、发展轴(生长轴)以及它们彼此连接所形成的地域。空间生长点是某段时间相对其他区位增长最快的地区,是经济生长点、空间生长点、人口生长点以及资源生长点综合作用的结果[213]。如区域中心城市、次区域中心、重要城镇组团、建制镇等。

"生长轴"也称"空间发展轴线",连接区域中不同级别的城镇,从而形成了人口密集和产业发展迅速的地带。它不是单纯几个中心城镇之间的联络线,而是区域经济社会设施的集中地带,具有向心吸引力和集聚扩散作用,辐射周边地区的空间发展[203]。区域空间发展总是力图克服多种约束,选择最利于发展的轴线进行扩展,发展轴是区域沿交通干线发展的最优方向,是空间结构演变的重要因素[207]。

区域内发展轴的类型主要有海岸发展轴、大河河岸发展轴、铁路干线沿线发展轴和复合型发展轴四种。

海岸发展轴是指自潮间带深入陆上 50 km 的带状范围[203]。自从海洋运输和海洋资源有了商业性质之后,在世界沿海地区形成了商业活动地带;随着新资源的陆续进入,海上贸易和工业活动就集中在海岸的相应地域;海陆间联系地域的扩展,又吸引了各种基础设施的建设,集聚了大量的资源和人口,开展海岸带工业、能源、旅游服务等各项建设,形成了具有一定规模的海岸综合产业发展轴。世界著名的几大都市圈(带),大多是由海岸发展轴形成演变而来的。

海岸发展轴位于陆地和海洋的界面,作为枢纽和桥梁,直接影响到陆上腹地和沿海港口城市的空间联系。目前,海岸带发展轴思想开始逐步影响我国沿海地区,尤其是港口城市地区的发展。如何合理运用海岸发展轴思想,推动我国港口城市地区的空间发展,还有待下文实证研究的进一步探讨。

大河河岸发展轴的开发具有悠久的历史,如德国的莱茵河,俄罗斯的伏尔加河,埃及的尼罗河,印度的恒河,美国的密西西比河,我国的长江、黄河和大运河沿线地区。大河河岸发展轴往往得益于良好便捷的运输通道,形成大河河岸密集产业发展轴,从而带动整个发展轴和整个流域地区经济的发展。大河河岸发展轴产业链一般比较长,流域内干支流、上中下游地区大多建立起密切的空间经济联系,而成为流域经济综合体。

虽然在当地社会,河岸发展轴的地位开始逐步衰落,但仍可作为内河港城市、河口港城市地区空间发展依循的思想。基于沿海港口城市空间结构的研究范围,考虑到沿海港口城市中包含了部分河口港城市,这些地区在早期的发展演变过程中,也经历了大河河岸发展的阶段,因此,该发展轴模式在下文的实证研究中也有进一步探讨,但不作重点研究。

此外,铁路在现代各种运输方式中占有重要的地位,成为国家工业化建设的发展轴线——铁路干线沿线发展轴。除了海岸发展轴和长江发展轴外,该发展轴广泛分布于我国内陆地区和沿海与内陆间的地域之内,如哈大铁路、陇海铁路、京广铁路等。该发展轴由于身处内地,参与世界经济活动的难度大于海岸。对于沿海港口城市地区的空间发展,不适合大量运用该发展轴模式,只能在小范围地区间(50~100 km)以铁路、公路干线为轴线,带动附近地区的空间发展。该发展轴模式能否在沿海港口城市空间发展中合理运用,在下文中还有进一步的实证研究,但不作重点探讨。

以上均是以某一种运输方式(如水运、铁路、公路)为主干的发展轴模式。在实际的区域空间发展中,往往有两种或两种以上的运输通道结合在一起,或者存在多种不同类型的发展轴线,可称之为复合型发展轴,如铁路与公路结合、水运与铁路结合等,能将区域内更大的空间范围联系起来,很好地起到联系港口城市与其腹地的作用。总之，复合型发展轴线的形成可以大大提高区域间资源流动的速度和效率，带动区域空间的多元化发展。

在沿海港口城市地区，其区域空间发展不可能是单一的发展轴模式，尤其是经济发达的沿海地区，空间要素的多样性决定了其多种发展轴模式并存的局面。如何合理地选择沿海港口城市区域空间发展轴线类型，还有待下文进一步的实证研究。

此外，区域中点的扩散和轴的集聚最终导致了集聚区的形成。集聚区是扩大了的"点"或点的集合，往往由几条较高等级的发展轴线相交而成，是区域内最高程度的空间集聚形式。如大城市区域发展轴线上的卫星城镇，随着产业的不断集聚，彼此相连的发展轴线规模不断壮大，最终卫星城镇连同中心城区成为集聚区[203]。集聚区具有广阔的腹地和经济资源、密集的人口、发达的交通运输体系、完善的基础设施、高加工度的产业结构和高水平的科学技术水平，也会是区域空间发展的核心地区。关于区域空间集聚区在港口城市的运用，下文的实证研究中将进行探讨。

"点-轴"空间系统理论模型应用于国土开发和沿江、沿海的"T"字型战略之中，被写进了 1980 年代的《全国国土总体规划纲要》之中。它是区域发展的最佳空间结构，可以推动区域城市空间的集约发展，实现紧凑型"串珠式"的空间发展[207]，开放性和弹性好，且对未来的空间发展具有一定的适应性。但是，"点-轴"系统结构在实际运用与发展过程中，也会遇到一系列问题，诸如产业布局滞后于空间发展，生长点之间缺少分工协作，功能布局中心不突出，发展轴线过度集聚引发的一系列交通问题（图 4-3）；区域城镇、组团间"点-轴"空间填充式发展，破坏空间有机生长等[207]。

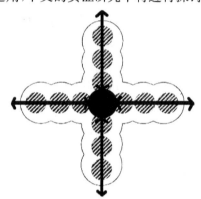

图 4-3 生长轴线过度集聚引发的交通问题

资料来源：翟伶俐. 城市空间拓展的点轴模式研究[D]. 武汉：华中科技大学，2008.

"点-轴"系统空间模型要求所在区域必须满足一定的基础条件，如地区的工业、人口、经济等要素处于快速发展的阶段，具备综合实力较强的区域中心城市来实现引导扩散，并具备充足的发展空间和一定的规模等。沿海港口城市地区空间发展符合运用"点-轴"系统空间理论的基本条件，该理论模型在沿海港口城市的空间发展中具有存在的可能性。从生长点、发展轴线等整体空间布局结构，区域中各生长点间的联系，产业布局结构与功能定位，多层次交通体系的架构等方面试图引入"点-轴"系统空间理论模型进行分析，并根据现实情况进行修正，构建适合沿海港口城市发展的区域空间结构模型,这些还有待实证研究进一步的探讨。

此后,国内学者陆玉麒在"点-轴"系统模型基础上,通过对皖赣沿江地区进行一系列实证研究后,提出了双核结构模型,可视为对"点-轴"系统模型的深化与拓展(图 4-4)[208]。

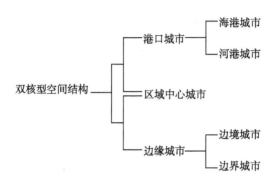

图 4-4 双核空间结构的构成要素及体系

资料来源:陆玉麒.区域发展中的空间结构研究[M].南京:南京师范大学出版社,1998.

根据空间结构演化的作用机制,将双核结构模型分为内源型和外生型两类。内源型双核结构的演化完全是自身作用的结果,其形成过程是从内陆到沿海,区域中心城市与港口城市的规模相当;而外生型双核结构的演化则完全是在外来力量的影响下形成的,其形成过程是从沿海到内陆,港口城市的规模明显大于区域中心城市[208]。目前港口城市地区的空间发展多数属于前者,故本书仅对内生型双核结构模型进行探讨。

目前,在世界港口城市地区存在不同等级的双核型空间结构模式,国外最典型的例子就是全球最大的港口城市鹿特丹与全球最大的内河港口城市杜伊斯堡,其构成全球最大的双核型空间结构,此外还有美国的芝加哥和纽约、巴西的巴西利亚和里约热内卢等。国内港口城市地区同样存在不同等级的双核型空间结构,如北京—天津、上海—南京、天津—塘沽、杭州—宁波、济南—青岛、沈阳—大连、石家庄—黄骅、徐州—连云港、广州—深圳、南昌—九江、合肥—芜湖等[241]。

在双核结构模型中,区域中心城市往往位于主要支流和干流的交汇处,而且并非位于所在区域的几何中心[208]。区域中心城市对所在区域充分发挥作用,并依赖于所依托的腹地基础,故尽可能在区域的几何中心;而港口城市作为区内外的交接点,其良好特殊的区位优势、强烈的边缘效应成为其生长发育的坚实基点,与区域中心城市在功能上构成极强的互补关系[241],构成双核型空间结构模型的主要内容,彼此间的空间联系成为主导区域空间发展最具影响力的发展轴线[208]。它们这种空间上的同构现象,也正是理论模型得以成立的基本标志(图 4-5)。

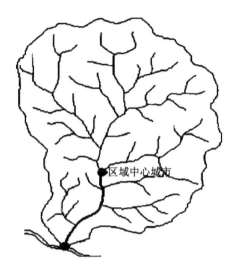

图 4-5 区域双核结构的理想图式

资料来源:陆玉麒.区域双核结构模式的形成机理[J].地理学报,2002,57(1):85-95.

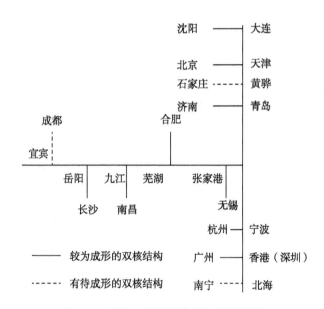

图 4-6 我国 T 型开发模式中的双核结构

资料来源:陆玉麒.区域发展中的空间结构研究[M].南京:南京师范大学出版社,1998.

    目前,双核型空间结构在国家的沿江、沿海"T"型开发战略中具有广泛的应用[241]。20 世纪 80 年代,随着沿海 14 个港口城市作为对外开放城市,以及经济技术开发区和对外开放地区的设立,逐步形成了南北相连的沿海对外开放地带。双核型空间结构模式起源于沿江内陆港口城市的实证研究,与此对应,该结构模型在沿海港口城市地区空间发展中有其存在的可能性[241](图 4-6)。

如历史上北京作为军事重镇、都城、政治中心,天津作为漕运枢纽、京畿重镇、经济商贸中心,大运河成为彼此联系的轴线;它们就是典型的双核型空间结构。它们的关系几经变化,始终息息相关,北京都城的政治文化地位影响着天津城市的发展,而天津是北京最主要的辅助城市、最强大的物质经济支撑,对北京起到拱卫作用。新中国成立后,随着国家政策的调整,京津空间关系发生了重大变化,尤其是天津滨海新区的开发开放、构建北京"世界城市"、京津冀协同发展等重大国家战略的实施,以北京、天津为双核的港口城市地区区域空间结构面临新的调整。

目前,双核结构模型的适用范围得到了进一步拓展,门户城市不一定是沿海或沿江的港口城市,也可以是区域的主要交通枢纽或物流中心,但一般情况下仍更多地适用于港口城市地区的空间发展。上文论述的"点-轴"空间系统模型倾向于轴的重要程度要高于点,而双核结构模型中点的重要性明显强于轴线。针对沿海港口城市地区空间结构的优化研究,正好为双核结构模型与"点-轴"系统理论的空间耦合创造了重要的现实条件。

20 世纪 90 年代,我国魏后凯等学者还提出了区域空间网络开发模型,这是在区域发展达到较高程度下的空间结构[272]。它是在"点-轴"系统开发导致过分集聚,出现的不同级别的增长中心和发展轴线所构成的轴线网络在区域空间内的重复覆盖[203],使得空间发展分散化而形成网络结构。它实际上是"点-轴"系统模型的进一步发展。

以上阐述的这些区域空间结构模型,在港口城市地区都有其存在发展的可能性;但是,从某一侧面来构建适合不同等级、不同类型区域的完整理论体系,显然是力不从心的。任何区域的空间发展都不可能简单地套用某一种模型。如何根据区域空间结构的现实发展情况,合理运用上述空间结构模型进行分析,建构沿海港口城市地区空间发展的理想模型,以引导地区未来空间结构的优化,还有待下文的研究进行深入探讨。

4.2.2 空间分析方法

分形可以看作是大自然的优化结构[223],而维数是描述空间结构的首要参数。运用分形思想对区域空间的"点-轴"结构的形成过程进行分析,发现其发展过程是一个从整数维到分数维的演化过程,证明"点-轴"空间结构具有分形几何特征[223]。因此,分维值可以作为区域"点-轴"系统空间分析的定量指标。

在对区域空间演化及优化分析中,把握其空间平面的投影变化,即复杂的多边形图形或图斑，是一种清晰有效的手段。其中，用得最多的是通过改变规模求维数，常用的是基于周长—面积关系的方法来估算分维数，还有一种通过纲量分析提出的基于尺度的图形分维值估算方法[217]。

而分维数的大小不仅反映了图形形状的复杂程度，更重要的是反映了图形形状的稳定性。区域空间生长，其分维值必然上升，但不会超过极限值(D)2。分维值小于1.5时，图形趋于简单，越接近1.5，其稳定性越差；分维值大于1.5时，图形越复杂，数值升高，则越趋向于稳定。由此，当分维值大于1.5时，数值不断降低向1.5靠近，不规则程度增加，则城市空间结构以外部扩展为主；当分维值大于1.5，数值不断上升，不规则程度下降，则城市空间结构以边缘间的填充为主，处于相对稳定的发展阶段[215]。我们可通过分维数估算来研究不同时期区域及城市外部空间结构形态，掌握其城市空间形态特征、空间生长情况等，为下一步的区域空间结构优化提供参考。

同时，基于图形边界测度，引入城市外围紧凑度指标来对城市外部空间结构进行分析，选取巴提(M. Batty)提出的公式进行计算，形状紧凑度计算公式是：

$$C = 2\sqrt{\pi A}/P \tag{4.1}$$

式中：C是指城市紧凑度；A是指城市建成区面积；P是指城市的整个轮廓周长。

从一般情况看，紧凑度与紧凑性成正比关系，它会随着城市不同的发展阶段而产生新的变化。在城市空间扩展过程中，紧凑度数值持续下降，表明城市空间结构变得不规则，城市处于快速扩张时期；紧凑度数值增加，则城市外部空间结构变化趋向稳定，城市趋向内部填充阶段。紧凑度的变化与城市空间扩展模式密切相关，城市空间相对集中发展，则紧凑度较高；若分散发展，则紧凑度降低。

由此，可以通过分阶段紧凑度分析对城市外部空间结构的发展进行判断，寻求理想的城市形态和可持续的城市空间结构，为未来的城市空间结构优化提供依据。分维数和紧凑度作为区域空间结构优化的两个重要量化指标，在下文的研究中将作为空间分析的重要手段，加以进一步的探讨。

4.3 内部空间结构优化模型与方法

目前，国内外各个研究流派对于城市内部空间结构分析使用的方法已经日渐成熟。解决城市内部空间结构形态计量问题的思路有特征值法、数理统计法和GIS空间分析法等[215]。

4.3.1 优化模型分析

城市内部空间发展在一定程度上也遵循"点-轴"空间系统理论的规律。不过，城市内部空间范围内的"点"不同于区域中的点。它一般是城市中最具吸引力的部分,如市中心广场、主要商业集中区、重要工业产业区、大型的公共服务设施等。连接各节点的交通干道及其他线状基础设施成为城市内部空间结构的发展轴线。城市主要的大中型公共设施集聚在主要发展轴沿线,并不断催生着城市其他功能用地的发展。

一般来说,城市会选择有利的方向布置它的发展主轴,而主要的城市设施会集中在其范围内,这样可以更好地发挥它们的职能,使得城市功能分区得以科学化。城市主轴方向一般延展距离较长,基础设施规模大、等级高;而次级发展轴的设施规模较小,等级较低。由此看来,城市内部空间发展轴决定了功能布局、主要用地扩展趋势和空间发展方向等。

"点-轴"结构模型在城市内部空间中可以分为多核式、单核式、城市或组团次级"点-轴"结构等。它可以充分发挥城市内各级中心的作用,引导城市功能的有机分工协作;确保城市空间的有机生长,构筑良好有序的空间结构形态[207]。关于如何合理运用"点-轴"系统空间理论,以支撑港口城市内部空间结构的优化,还有待下文实证研究的进一步探讨。

4.3.2 空间分析方法

叠置分析是空间信息系统中最常用的提取隐含信息的手段之一,可获得任意大小单元的多重属性的数据,避免空间信息的损失,同时适用于不同尺度的用地分异研究[215]。它可以定量化、定位化识别出各种土地利用类型在不同时期内的未变化部分、转移部分及其去向、新增部分及其来源。通过该方法可以把握城市内部空间的发展动态,如通过不同方向的扩展速度、空间扩展强度指数等进行分析,具体公式如下:

$$U_{\text{AGR}} = \frac{[A_{(n+i)} - A_i]}{nA_i} \times 100\% \qquad (4.2)$$

式中:U_{AGR} 是指城市扩展强度指数;$A_{(n+i)}$ 和 A_i 分别是指 $n+i$ 和 i 年的城市面积;n 是以年为单位的时间。以此来描述不同类型城市用地扩展的总体规模,比较不同方位上扩展的强弱差异,从而掌握未来的空间发展方向。

目前,该方面研究没有太好的定量分析方法,多采取目视或定性方法确定。通过建立城市空间的坐标八象限法,确定几何中心,通过不同发展时期的空间布局图,以此进行叠加比较,发现不同时期空间扩展的主导方位,并比较主导方位与其他方位扩展强度的差异,对未来城市内部空间结构的扩展方向作出预测。

此外,还可以通过等扇分析法来生成可以覆盖城市内部空间的环,各扇区的扩展强度指数以雷达图形式表现；对城市用地进行分割，分析城市内部空间扩展的各向异性，用圈层识别来确立城市主要功能用地类型的空间分布[215]。同样，还可以利用分维值来分析城市内部主要功能用地的形状变化。若分维值下降，则表明用地形态简单、分散，发展变化较快；若分维值上升，则表明用地集中开发，趋于稳定。由此，为下一步城市内部空间结构的优化调控提供参考依据。

5 港口城市空间演变的案例分析

5.1 国外港口城市空间发展

人们自古以来喜欢居住在河流附近,随着交换物资的开始,河流、海洋正好为其提供了良好的媒介。在河岸和人口物资集聚的地方,贸易往来频繁,便出现了形形色色的商业港口。而世界上最早的商业港口出现在拜占庭时期。

威尼斯是近代海运和贸易的发祥地。到 12 世纪初,威尼斯已经有了相当大的港口。此后,汉萨同盟的繁荣使欧洲海岸线上兴起了许多中转基地的港湾城市[174]。比较有影响力的港口城市里斯本、巴黎、安特卫普、伦敦、利物浦、马赛、热那亚、汉堡等都是从这一时期发展起来的。15 世纪的大航海和新大陆的发现,推动了全球范围内海运事业的高涨,尤其是大西洋沿岸出现了经济发达的大港口城市,如阿姆斯特丹[246],到 17 世纪,逐渐发展成为一个世界贸易、海运和金融的中心。工业革命时期迎来了现代港口城市发展的巅峰时期。从那时开始,港口城市的核心地位得到体现,成为区域性的物流中心,其中以伦敦和纽约的发展最为迅猛。

20 世纪 50 年代至 60 年代,出口加工工业、自由贸易工业在港区内建设起来,港口城市便开始向集贸易、金融于一体的综合性地区发展。世界港口城市的发展也步入了太平洋时代。主要有以横滨、神户为首的日本港口城市以及 70 年代开始崛起的新加坡、釜山等港口城市。自 20 世纪 80 年代开始,科学技术发展促成了港口城市功能的扩大,各种各样的新原材料、生产技术、能源资源以及生产和消费品范围的不断扩大,促进了国际贸易的发展,世界港口城市作为区域物流中心乃至全球物流中心的地位得到进一步加强。

进入 21 世纪,中国的港口城市发展迅猛,在国际上已经占有重要的地位,如上海、广州、天津等。此外,环太平洋地区的其他港口城市也有较快发展。目前,世界海港总数超过 1 万个,较大的贸易港口 2 000 多个,大型海港约 200 多个,分布于 140 个国家和地区。世界各国的港口建设开始向深水泊位建设方向发展,港口功能多元化,世界港口城市已经集多种功能于一身,成为多种运输方式的交通枢纽、货物的集疏运中心、商贸中心、金融中心等。

以下选取其中具有代表性的港口城市,对这些港口城市空间演变历程、规律和发展模式、经验进行分析和总结,以期为今后港口城市的发展提供依据,为下文的研究提供经验和借鉴。作为工业革命前世界最早和生命力持续最久的港口城市，鹿特丹的空间发展值得研究；作为海岸港城市的典型代表、世界港口城市的新贵力量，新加坡也有很多值得学习的地方；而汉堡则是世界河口港城市的典型代表，其空间演变和港口发展方面的经验和模式也备受推崇。

5.1.1　鹿特丹

鹿特丹位于荷兰的南荷兰省，荷兰莱茵河与马斯河汇合处。它是欧洲大陆在大西洋的重要出海口，素有"欧洲门户"之称，也是欧洲最早的港口城市之一，长期位居世界港口城市的龙头地位。

1. 空间发展历程

鹿特丹城市始建于 13 世纪末，一开始只是一个大规模移民潮中的小渔村，1328 年才发展成为渔业港镇。1600—1620 年，鹿特丹完成了首次港口的建设。随着西欧海上运输和对外贸易的开辟，鹿特丹在泥沼地上挖掘出了许多港口。到了 18 世纪，尤其是鲁尔工业区的建设，推动了港口城市的快速发展。20 世纪初，鹿特丹的腹地范围不断扩大，成为荷兰的第一大港口城市。

后来为满足港口货物吞吐的要求，鹿特丹开始在马斯河南岸修建码头。1930 年代完成瓦尔港区的建设；1947—1955 年完成博特莱克港区和石油化工区的建设；1960—1970 年代应集装箱及船舶大型化发展要求，修建欧罗波特港区和马斯莱可迪港区（图 5-1）。

图 5-1　鹿特丹空间拓展历程图

此后，依托鹿特丹港口发展石油化工、炼化工业等相关产业，并在世界最先进的 ECT 集装箱码头的带动下，推动了港口服务业的发展。

进入 20 世纪 90 年代，鹿特丹开始不断实施新的扩能计划。目前，鹿特丹港口城市的发展已进入"城进港退"阶段，港口城市界面区域开始了功能更新的改造。土地资源的稀缺将是未来鹿特丹港口城市空间发展的战略性威胁。港口城市的进一步拓展需要在河流下游或其他地区寻找新的发展空间。2008年,政府在马斯河出海口继续填海建设马斯莱可迪二期,以巩固世界港口城市的地位,为其港口发展和城市空间发展谋求新的空间(图5-2、图5-3)。

图5-2 马斯莱可迪港区二期平面图

图5-3 马斯莱可迪港区二期平面鸟瞰图

2. 空间演变规律及特征

从整体空间结构上看,鹿特丹港口城市的空间发展以现有的城市中心,即港口最早的起源地为起点。随着新港区沿新马斯河下游发展，由城市中心不断向北海连续拓展，形成老市区至新港区连绵 40 km 的带状组群空间格局（图 5-4）。由于鹿特丹新港区在向河流入海口拓展的同时，并没有放弃或空置老港区，因此其港口城市的空间发展没有出现断裂、跳跃或港城分离的局面。同时，内部空间的老城区位于瓦尔-埃姆港区周边，向外呈同心圆扩展，并与港口区域存在重合。

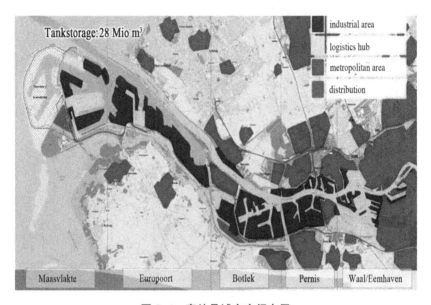

图 5-4　鹿特丹城市空间布局

3. 经验及借鉴

20 世纪以来，鹿特丹因地制宜、合理有序地发展港口工业，发展形成了诸多港口相关的产业，如造船、石化、机械制造等，实现了港口产业链的延伸，并进一步构筑了较为完善的临港工业体系，尤其是打造出世界重要的炼油和化工工业基地。同时，还形成了金融、保险、法律咨询等贸易服务机构体系，实现了城市的产业资源与港口工业延伸和聚合[199]。

鹿特丹把大部分资金投向了物流板块，重点完善了港口物流和集疏运系统；利用先进的技术手段，构建了发达的物流网络，使得鹿特丹具有一半以上海外国家的货物吞吐量，对港口城市及所在区域的相关产业和经济起到了积极的带动作用。

鹿特丹 2020 年远景规划中，提出了"多功能港口、可持续港口"等五项目标，促进城市向集港口活动、住房、就业、休闲娱乐和商务为一体的都市活力区域方向转变，有利于实现港口城市的一体化发展。

挖掘港口城市特色文化，发展旅游业等高层次的第三产业，实现文化与产业的结合,给城市带来巨大的经济和社会收益,从而使得鹿特丹成为世界级的港口文化名城。

5.1.2 新加坡

新加坡四面环海,北望马来西亚,南临新加坡海峡,西临马六甲海峡,扼太平洋和印度洋间的航运要道,是东南亚最大的港口城市,也是国际金融中心和重要的航空中心(图5-5)[199]。

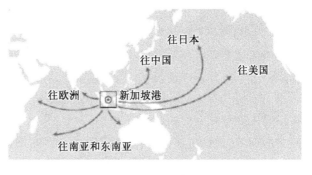

图5-5 新加坡区位及海向腹地图

1. 空间发展历程

最早,新加坡是人烟稀少的荒芜地带。从16世纪开始,欧洲殖民者入侵,1819年新加坡被英国人占领,他们首先在新加坡河两岸地区发展港口,由此在港口区周边发展了相应的街道,泰克·艾尔街成为新加坡最早发展的地区。后来,随着苏伊士运河的开通,新加坡的交通地位进一步提升,逐渐发展成为重要的港口枢纽和商品交换基地。

此后,随着航运技术的发展,出现了船舶的机动化和大型化,新加坡城市空间发展开始沿新加坡河向下游克佩耳(Keppel)地区转移。后来由于二战的影响,新加坡城市遭到了很大的破坏。战后,在海运和其他附属品工业推动下,转口贸易得到了发展;从60年代直至70年代,随着集装箱泊位码头的建设,新加坡开始利用其航运优势发展外向型经济。此后短短的数十年间,新加坡借助港口发展临港产业,城市进入了全面发展阶段。近年来,随着制造业、金融业和旅游业的迅猛发展,新加坡形成了以制造业为中心的多元化经济结构(图5-6、图5-7)。

图5-6 新加坡总体规划及主要功能区

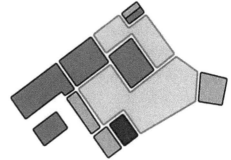

图5-7 新加坡港城空间布局示意图

目前,新加坡以新加坡河入海口为城市中心,形成"V"字型总体空间结构,中心主要为居住用地、绿地和公共服务设施用地,西侧布置海港,东侧布置空港。城市产业功能区集中在裕廊、森巴旺和樟宜三个地区。

2. 空间演变规律及特征

新加坡港口城市的空间演化总体反映出这样一个趋势,即港口区由原来的新加坡河沿岸向下游推进,于1845年左右位移到新加坡海峡,由河口港向海岸港的转化,完全是海岸港发展模式;但由于迁移距离较短,且基本位于城市的中心,因此并没有出现港城分离的局面。

新加坡的城市空间结构总体表现为这样的特征,即港区与城市中心区紧密相连。城市内部空间的中心区位于新加坡河两岸地区,其发展演变一直没有发生太大变化,只是城市内部用地的功能得到强化(图5-8)。城市中心区的空间发展和其他一般大城市的规律基本相同,呈同心圆式圈层扩展。

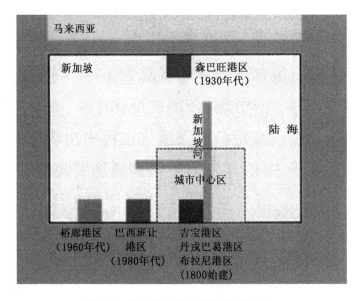

图5-8 新加坡港城空间演变示意图

3. 经验及借鉴

利用天然有利的区位优势,发展港口主业,尤其是集装箱的转口贸易,使其成为东南亚的集装箱国际中转中心。同时,利用其港口中转的强大优势,衍生了丰富的配套服务功能,快速成长为国际航运中心,从而在广泛和长远意义上为新加坡港口城市带来了丰厚的回报,扩大了港口城市的区域影响力。

实行了自由港政策,进一步地顺畅了港口城市的对外沟通,全面带动了城市的综合服务功能,如国际贸易、金融、中转等,扩大了港口城市的空间腹地。

通过各类高科技信息化技术手段在城市管理中的运用,有效地提高了港口城市的运转效率和空间联系的可达性;建立了全球先进的国际航运中心信息平台,实现了与世界港口城市间的无缝联接。

5.1.3 汉堡

汉堡位于德国易北河下游、阿尔斯特河和比勒河汇合处,是德国的第二大城市,素有"德国迈向世界的门户"之称(图 5-9)。

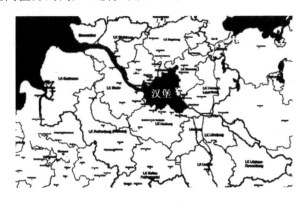

图 5-9　汉堡区位图

1. 空间发展历程

12 世纪以前,汉堡只是一个具有宗教职能的小镇;12 世纪时,才逐渐发展成为北海和波罗的海地区的贸易中心;之后发展成为德国最大的港口城市(图 5-10 至图 5-11)。

图 5-10　16 世纪汉堡城市空间结构

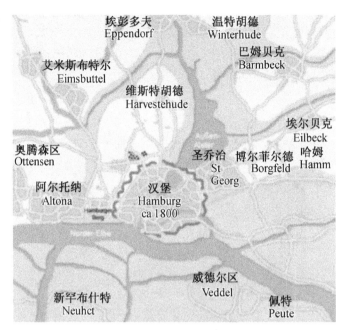

图 5-11　18 世纪汉堡城市空间结构

20 世纪后,汉堡的港口贸易和港口工业迅速发展,承担着全国绝大部分海外贸易和转口贸易。二战期间,汉堡受到重创,失去了大部分的转口贸易。

战后,汉堡又迅速发展成为以商品贸易为主的港口城市。20 世纪 60 年代后期,随着港口沿着易北河向北海水道的进一步拓展,汉堡的近郊老港岸地区开始衰落和荒废。此后,政府开展了一系列城市更新改造的计划。如哈尔堡内河港的复兴计划,实现了从港口工业为主导的港口功能区向现代科技企业中心的重量级结构改变(图 5-12)。

图 5-12　汉堡哈尔堡港口复兴项目

1997 年,政府决定对汉堡内城传统的港口设施和码头仓库区域进行重新规划和改造,建设哈芬新城(图 5-13)。这加强了原港口用地与内城的空间联系,提升了内城的其他城市功能,以各种服务业和文化休闲设施来改变内城港区的用地结构,突出了港口城市的特色,使其发展成为集居住、文化和旅游休闲为一体的新兴城市副中心。随着极具雄心的"跨越易北河"远景目标的实施,汉堡已经进入了城市、农村和港口、水域过渡的空间发展新阶段[110]。

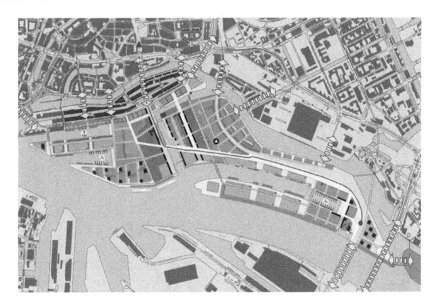

图 5-13   汉堡哈芬新城规划

资料来源:根据《基于可持续理念的汉堡港口新城更新研究》改绘

2. 空间演变规律及特征

汉堡城市外部空间结构演变规律,即沿易北河向北海方向推进(未达易北河入海口);内部空间结构的演变规律,即以中世纪的城堡为中心,沿易北河东西两侧及城堡北侧向外扩展。为避免港口对中心区的干扰,城区布置在易北河北部地区,呈半圆形,与老港区的更新和空间扩张同步,实现内部空间中心放射—圈层发展(图5-14)。

港口区域以铁路货运枢纽为纽带,并通过铁路货运枢纽将不同功能的瓦尔特斯豪夫港区、哈芬城南侧多功能码头港区、南易北河汽车滚装码头、石油码头的港区联系起来。它们彼此互为分工,和城市中心区互为照应,互不干扰。

总体来看,汉堡城市空间结构特征表现为由易北河分隔为南北两个相对独立的区块,城市和港口在空间上不会互相交织,港城矛盾不是很突出(图5-15、图5-16)。但是,交通联系的长度过大,不利于对外交通,尤其是当经济腹地位于城市北部地区时,加大了交通组织的难度。但是,随着船舶深水化的发展趋势,受到水深

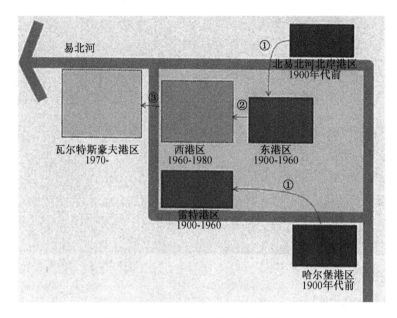

图 5-14 汉堡港口空间演变示意图

条件的限制,船舶制造业和石油化工工业已面临严重威胁。未来,汉堡的城市空间发展一方面会通过滨水区复兴,恢复老城区的经济活力,优化城市内部的空间结构;另一方面城市空间发展也许会向易北河入海口方向发展,搭建海上货物中转平台,由此把大型船舶转换为吨位较小的船舶,向内陆腹地各大城市辐射。

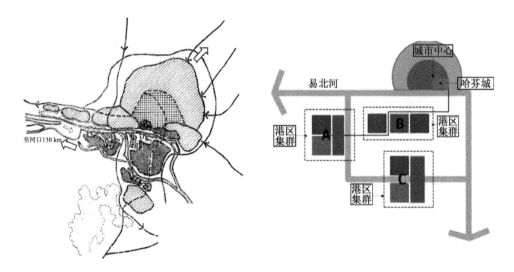

图 5-15 汉堡城市空间结构示意图   图 5-16 汉堡港口城市空间发展示意图

资料来源:周枝荣. 港口与城市的空间关系研究[D]. 天津:天津大学,2007.

3. 经验及借鉴

港口内城改造和新城建设试图建造不同功能的混合使用区,提高城市空间的效率,堪称欧洲港口城市空间发展和改造的典范。

"跨越易北河"项目,使得城市空间向下游入海口拓展,形成了城市、乡村、港口、水域开放的空间格局。

结合易北河形成合理的城市功能分区:海岸区和位于易北河之间的河流分泄区在西部主要被港口和企业占据;东部地区为城市中心区,以商业、金融、居住等城市功能为主;易北河岛则发挥交通运输的功能,承担整个城市与紧邻港区之间沟通联系的作用。

5.2 我国港口城市空间发展

我国是一个海岸线很长的国家,历史上海上交通十分发达(图 5-17)。据史料记载,自吴王夫差十一年到汉元封六年(公元前 485—公元前 111 年)的 374 年间,北起辽东,南起广东,其间分布有诸多军事职能为主的港口集散地点[1]。

秦汉时,岭南的开发和盆地的经济繁荣促进了西南、华南经济对外贸易的发展,形成了我国最早的海港城市——广州[251]。隋唐时,我国封建经济进入鼎盛时期,航海贸易的发展以及南北大运河的开通,刺激了位居长江、运河要冲的扬州的兴起。此外,还出现了楚州(今江苏淮安)、登州(今山东蓬莱)、平州(今河北卢龙)、都里镇(今旅顺附近)、广州、泉州、福州、杭州、明州(宁波)等重要的港口城镇。

宋代,东南沿海的港口城市进入了大发展时期。北宋时有杭州、明州、泉州、广州等重要的海港城市。南宋经济重心偏于江南一隅,东南沿海港口城市发展迅猛,广州、泉州和明州成为三大贸易港口城市。

① 番禺(广州)② 扬州 ③ 徐闻 ④ 合浦 ⑤ 登州 ⑥ 明州 ⑦ 楚州 ⑧ 温州 ⑨ 杭州 ⑩ 福州 ⑪ 泉州 ⑫ 上海 ⑬ 刘家港 ⑭ 天津 ⑮ 板桥镇 ⑯ 厦门 ⑰ 汕头

图 5-17 中国历代港口城市分布图

资料来源:杨葆亭. 我国中古海港城市历史发展阶段及其规律探讨[J]. 城市规划,1983,7(4):52-59.

元时,长江以南的广州、泉州、明州、温州、庆元(今宁波)、杭州、上海为主要港口城市;长江以北的海上交通运输,加之北方漕运的兴起,促进了新的港口城市天津的形成和发展(明永乐年间筑城置天津卫),填补了北方沿海的空白。

明永乐、宣德年间郑和七下西洋,为沟通中西文明、促进沿海港口城市的发展起到了积极的作用。后明中叶至鸦片战争年间,由于实行重农抑商、闭关自守的政策,海港城市的发展陷入了停滞和衰落的境地。唯独居于海河入口、作为海上联结点的天津和江河之交的上海,在这一时期成为港口城市中的典范。

鸦片战争后,帝国主义叩关而入,先后强行开辟18处沿海通商口岸,沿海港口城市具有明显的半殖民性质[2]。经济发展偏集沿海、沿江一岸,形成了以上海为枢纽的近代港口城市群;在北方,烟台成为19世纪山东沿海最早也是唯一的对外贸易通商港口,与天津、牛庄形成我国北方沿海三足鼎立之势。后来随着胶济铁路的全线通车和大连开辟新港,大连、青岛取代了牛庄、烟台的地位。天津也跃居全国第二大港,主宰华北的海运命脉。

新中国成立后,人民当家做主,改变了沿海港口城市的社会性质,在改造和利用其原有物质技术力量的基础上,城市经济有了较大的发展[2]。到了70年代,港口建设进入大发展时期,逐步向深水化、大型化方向发展,开始在上海、天津、黄浦、大连、青岛等港新建集装箱码头。

改革开放后,随着深圳、珠海、汕头、厦门和海南岛5个经济特区的设立,1984年党中央国务院开放了上海、天津、大连等14个沿海港口城市。它们从北往南,形成了我国沿海经济开放的一条沿海走廊,以外向型的经济向内地辐射。1985年1月,长江三角洲、闽南厦漳泉三角地区和珠江三角洲也被开辟为沿海经济开放地带。近年来,沿海经济开放地带的地域范围在不断扩大,现已扩大到广东、福建两省的大部分沿海地带,以及山东半岛、辽东半岛等沿海地区。对外开放政策为沿海港口城市的空间发展提供了不竭动力[2]。

目前,我国的沿海港口城市主要分布于环渤海、长三角、东南沿海、珠三角和西南沿海地区,主要城市有25个,从港口类型上看,河口港城市和海岸港城市差不多各占一半(表5-1)。

表5-1　中国沿海港口城市类型表

港口类型	数量	所在城市
河口型	11	营口、天津、南通、上海、宁波、温州、福州、深圳、广州、珠海、三亚
海岸内湾型	2	大连、青岛
海岸外湾型	6	秦皇岛、烟台、日照、连云港、海口、威海
海岸狭湾型	5	湛江、汕头、泉州、北海、香港
海岸岛港型	1	厦门

从北至南基本形成了五大港口城市群的布局：以天津为核心，大连、青岛为两翼的环渤海沿岸港口城市群；以上海为中心的单核集中长三角港口城市群；以福州、厦门为中心的东南港口城市群；香港、广州的双心组合型珠三角港口城市群；以湛江、北海和海口为主的西南沿海港口城市群(图5-18)。

从港口城市的宏观布局看，全国沿海地区所有省份和两个直辖市均有沿海港口城市。从布局的疏密程度看，从南到北差异明显，在长江和珠江河口地区港口城市分布密集，渤海湾沿岸也比较集中，其他地带则比较分散[118]。

通过近40年的建设发展，尤其是近几年国家沿海开放战略的逐步推进，经济全球化及国际贸易的飞速发展，自贸区政策的实施和"一带一路"发展战略的提出，国

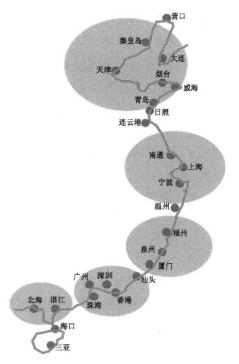

图5-18　我国沿海港口城市布局图

家经济重心仍将集中在长江三角洲、珠江三角洲、辽河流域和京津唐地区，与此对应的上海、广州、大连、天津4个港口城市将作为我国沿海港口城市发展的四大核心，形成环渤海港口城市组群、长江金三角沿海城市密集区和东南沿海港口城市群带。未来，我国的沿海港口城市将呈现南北方各具特色、优势互补、互为分工的大格局、大体系，将构筑起我国重要的沿海综合经济发展带。

沿海港口城市形成于不同的历史时期，它们的空间演变具有各自不同的特点。选取在不同时期、具有自身发展特点和不同层次的港口城市进行研究，对其发展历程、空间演变规律及特点、发展经验进行总结，以期为港口城市的未来发展提供有益的借鉴，为下文的研究提供翔实的资料。

上海作为最高层次的城市，明清时期兴起，成为我国最大的港口城市、综合性经济中心和著名的国际性港口城市；广州作为第二层次的城市，是我国最早的港口城市和华南地区的区域性经济中心；宁波尽管属于第四层次的城市，但作为我国港口城市发展的后起之秀、河口港城市的典型代表，海港城市发展条件优越，近年来发展迅猛。

5.2.1　上海

上海地处太平洋西岸，亚欧大陆东沿，我国长江东西运输通道与海上南北运输

通道"T"字型结合部的入海口,是我国最大的沿海港口城市和联系世界的门户。

1. 空间发展历程

上海因港设县、以商兴市。魏晋南北朝时期,随着经济重心的南移,长江流域逐步得到开发。上海最早发源于唐代吴淞江入海口的青龙镇,是整个太湖流域的海上贸易集镇。公元751年时属华亭县(现今的松江区),范围北至今虹口一带,南至海边,东到下沙[83]。后因吴淞江河道淤浅转移到黄姚港。公元1267年,在上海浦西岸设置市镇,定名为上海镇(图5-19)。公元1292年,元朝将上海镇从华亭县划出,批准上海设立上海县,标志着上海建城的开始。

到了明朝永乐年间,经大规模的发展,上海城区在黄浦江西侧逐步发展起来(图5-20)。在近代之前,由于中国北强南弱的区域发展格局和闭关锁国政策的限制,上海城市空间发展缓慢,上海主城区范围主要在原南市旧城区大小东门和大小南门外沿黄浦江的弧形圈内。

1843年上海开埠成为城市近现代化的起点。自1853年起,上海随着租界区的扩展以及外轮的骤增,原来沿外滩发展的空间局促,港口开始向外滩以北黄浦江岸发展,城市空间也沿黄浦江和苏州河向北、向西推移(图5-21)。

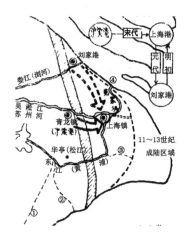

图5-19 从青龙镇到上海镇发展示意图

资料来源:柴旭原.上海市近代教会建筑历史初探[D].上海:同济大学,2006.

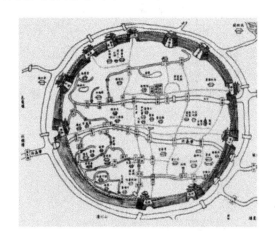

图5-20 清同治年间上海县城

资料来源:杨葆亭.我国中古海港城市历史发展阶段及其规律探讨[J].城市规划,1983,7(4):52-59.

新中国成立后,受到"消费中心"转变为"生产中心"思想的影响,城市外围出现了众多的工业区和工业点,它们大多沿黄浦江、苏州河和沪宁线呈轴线扩展,呈单中心极核发展(图5-22);改革开放后至90年代初,形成了单一核心的高密度发展格局。城市中心区沿黄浦江上下游和向西呈同心圆式扩张。整体空间结构表现为组合群体布局(图5-23)。

随着浦东的开发开放,建设上海国际航运中心战略的实施,城市的功能及空间结构发生了根本性变化。东西向轴线被大大强化了,形成了四面出击的局面,城市空间结构进入了高速圈层扩张阶段。进入 21 世纪,上海城市空间发展确定了以中心城区为主体,"多轴、多层、多核"的空间结构(图 5-24)。

图 5-21 大上海都市计划总图(1946—1949)

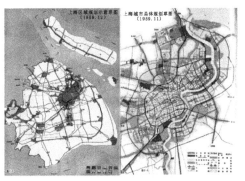
图 5-22 1959 年上海城市总体规划方案

图 5-23 1986 年上海市城市总体规划方案

图 5-24 2001 年上海市城市总体规划方案

近年来,随着周边新城的启动、诸多产业功能区的崛起,如世博园区、洋山港区、外高桥、嘉定等,以及区域网络化交通向周边长三角地区的延伸,市域范围内若干重要城镇进入快速发展阶段。未来,上海城市空间结构"多中心、多层次、网络化"格局将逐步形成。

2. 空间演变规律及特征

在近代之前,上海城市空间发展缓慢,仅仅为县城级别的河港城镇,随着港口的推移,城镇空间分布于黄浦江西岸地带(今小南门)。近代,随着港口从南码头至虹口上海港中心区的形成,城市空间开始由老城区沿黄浦江向南北呈带状扩展。新中国成立后,出现了沿黄浦江、苏州河等轴线扩展,形成沿黄浦江向西单核心同心圆式空间扩展。直到20世纪90年代,上海城市空间发展一直是沿黄浦江、苏州河向西圈层发展;同时,随着黄浦江下游和长江口南岸港区的建设,港口扩展至黄浦江口(吴淞口),城市空间也进一步向下游扩展,空间发展演变呈"半圆＋带状"结构形态(图5-25、图5-26)。

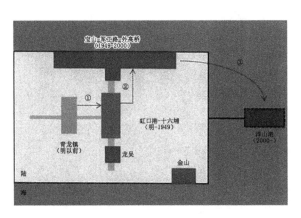

图 5-25　上海港口空间演变示意图　　　　图 5-26　20世纪90年代前城市结构

20世纪90年代后,随着浦东新区的对外开放,上海中心城区空间结构由半圆向圆形方向转变,提出了"多轴、多核、多心"的都市圈空间布局结构。即3 km² CBD圈、70 km²内环以内圈、700 km²中心城区、都市新城县城圈、外围城镇网络等五个圈层(图5-27、图5-28)。

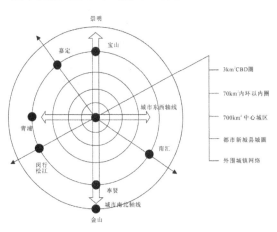
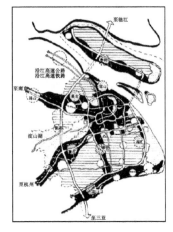

图 5-27　20世纪90年代后城市结构　　　　图 5-28　20世纪90年代后城市结构

资料来源:饶利林. 城镇密集区空间组织与优化研究[D]. 武汉:华中科技大学,2005.

随着上海港口航运功能的日益升级,城市空间发展已经沿着黄浦江到了吴淞口、外高桥地区。近年来,与浙江省嵊泗县联合发展建设大小洋山港区,中心城区宝山、嘉定、青浦、松江、闵行、奉贤南桥、金山等新城的发展,使得城市空间结构逐步向多中心结构转变,并将出现"多核心网络化"的发展趋势。

3. 经验及借鉴

随着城市化进程的推进,原有在黄浦江沿岸的港口用地出现了功能更新或置换。如原陆家嘴和外滩一带的老港口、码头转型为城市商业、居住、文化、娱乐、景观等城市功能用地;民生、汇山、高阳、新华和东昌港区从原来的交通运输、仓储码头、工厂企业为主逐渐被金融贸易、旅游文化和生态居住等用地功能所替代(图5-29)。

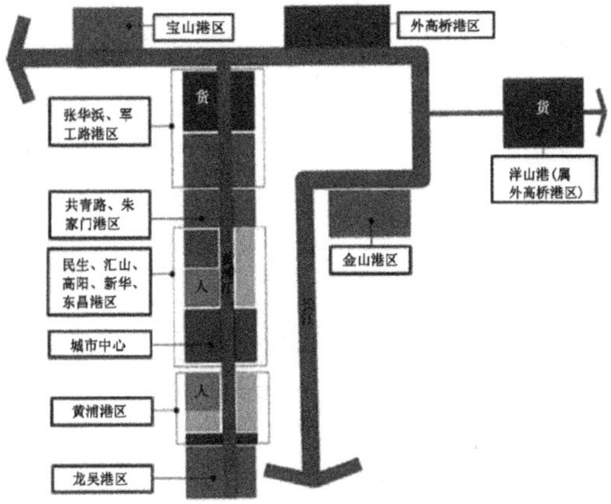

图 5-29 上海港城空间发展示意图

港口功能区呈散点分布。以陆家嘴、外滩为中心,逐步往外扩散,以黄浦江为轴,环绕长江出海口,沿东海黄金岸线呈散点式布局。

5.2.2 宁波

宁波地处我国海岸线中部、长三角南翼,北临杭州湾、东望舟山群岛,余姚江、奉化江、甬江三江交汇的河网平原。它是我国 14 个沿海开放城市之一,也是长三角南翼重要的中心城市(图5-30)。

1. 空间发展历程

宁波地区最早起源于河姆渡时期。最早的城址追溯自东晋(公元 400年),刘牢之筑城三江口[83]。唐中期,在宁波三江口的江海联运码头一带形成了较大的商业集市区,宁波自此成为经济兴旺、交通畅达、人口众多的商港重镇。

图 5-30 宁波区位示意图

公元 821 年,在今中山公园一带修筑"子城",拉开了宁波建城的序幕,这个时期的子城规模比较小[132]。公元 898 年,开始建造新城(罗城),空间结构较简单,以点状分布为主,商品交换集中在东门港口一带[132]。北宋时期,东大路、南大路、东渡门与灵桥门所构成的地块成为最忙碌的商业区。围绕商贸港所形成的集市区和商业区,构成了这个时期宁波城市空间发展的主体。

明清时期,由于长期的海禁政策,宁波一度衰落。1841 年,宁波被辟为通商口岸,由于当时城墙和护城河的制约,只在沿江地带出现了少数的居民点,城镇空间开始向外拓展,在三江口岸从原来的点状向块状分布转变(图 5-31)。

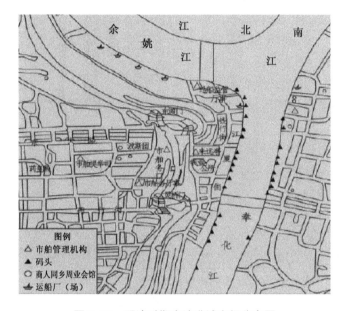

图 5-31 明清时期宁波港城空间分布图

资料来源:林艳君.宁波城市空间形态演变过程及优化研究[J].现代城市研究,2004,19(12):53-57.

民国时期,港口开始向江北地区迁移,城市空间跨过奉化江和余姚江,向东和向北发展,形成了近代工商业集中的西式中心商务区和近代城市社区的功能布局,和以三江汇合处为中心,江东、江北、海曙三区依江拓展的块状单一集中布局;随着老城墙的拆除,城市空间沿三江岸线进一步蔓延扩展,由块状演变为星状结构(图 5-32)。

新中国成立后至上世纪 70 年代,宁波地区受到上海经济发展的制约,曾经一度衰落,空间结构变化不大。自 20 世纪 70 年代后,基于区域港口城市的扩大效益以及港口的深水化要求,宁波于 1974 年在甬江口建设万吨级的镇海港区,但镇海港片区未与宁波城区形成一体化发展的格局(图 5-33)。

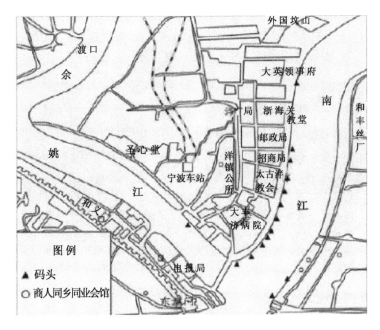

图 5-32　民国时期宁波港城空间分布图

资料来源:林艳君.宁波城市空间形态演变过程及优化研究[J].现代城市研究,2004,19(12):53-57.

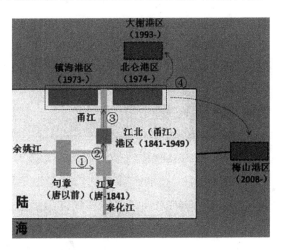

图 5-33　宁波港口空间演变示意图

　　从 80 年代开始,随着镇海港区逐步发展成为相对独立、功能完善的城市组团,宁波城市空间发展开始向甬江下游沿海地区跨越,呈现轴向生长的发展态势。90年代,以北仑港的进一步开发为标志,宁波城市空间发展已经突破了原有的城市空间结构,进入了区域化发展时期,形成了老市区、镇海区和北仑区的"一城二镇"不连续带状群组结构(图5-34)。但事实上,由于镇海、北仑两片区的生产性功能偏重,自身城市的功能并不完善,未能承担相应职能的城市副中心作用。目前,宁波的空间发展仍然表现为较强的单中心结构(图5-35)。

图5-34　90年代宁波城市空间发展图

资料来源:段进,比尔·希列尔(Bill Hillier),史蒂文·瑞德(Stephen Read),等.空间句法与城市规划[M].南京:东南大学出版社,2007.

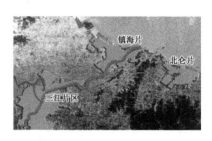

图5-35　2000年后宁波城市空间发展图

资料来源:段进,比尔·希列尔(Bill Hillier),史蒂文·瑞德(Stephen Read),等.空间句法与城市规划[M].南京:东南大学出版社,2007.

2. 空间演变规律及特征

宁波城市空间发展一开始,其城镇空间布局沿郏江小溪呈点状分布,后利用便利的内河交通,迁至三江口,沿江、沿交通线轴向延伸,发展为块状单一集中型内河港城市特征,并进一步演变为星状结构特征。从1980年代开始,城市空间结构发展为"一城一镇"跳跃式群组结构特征,近年来进一步发展为以老市区、镇海区和北仑区的"一城二镇"不连续带状群组结构特征(图5-36)。

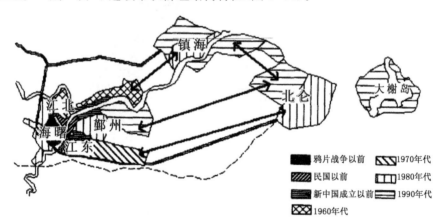

图5-36　宁波城市空间形态演变示意图

资料来源:林艳君.宁波城市空间形态演变过程及优化研究[J].现代城市研究,2004(12):53-57.

随着港口的迁移,整体空间从原来的三江汇合处逐步沿甬江下游向镇海,再沿海岸向滨海地区和北仑拓展,这是宁波城市空间结构的演变规律。

未来,随着甬江下游、东海入海口方向诸多产业功能区的兴起,宁波传统以老市区为核心的圈层式扩张模式将被沿甬江轴向扩展的模式所替代。老城区向海口拓展,下游的北仑、镇海向老城区发展,它们之间的空间逐步实现填充,镇海和北仑沿海岸线以填充的方式相向发展并且连成一片。各个组团间形成相向生长模式,并不断向海岛和杭州湾地区拓展,从而呈现"一城多镇"连续带状群组式发展趋势,并最终向"T"型带状群组海湾都市格局转变,走向真正的"海湾时代"(图 5-37、图 5-38)。

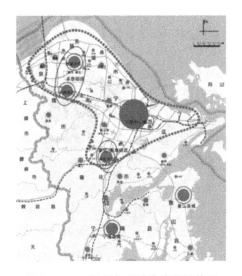

图 5-37 21 世纪初宁波市空间结构图

资料来源:沈磊.可持续的天津城市中心结构[J].时代建筑,2010(5):10-15.

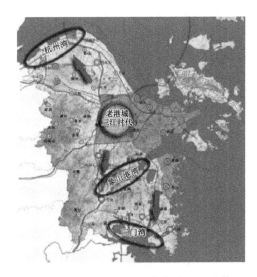

图 5-38 宁波城市空间结构变化新趋势

资料来源:邓星月.港口城市空间结构与布局研究[D].宁波:宁波大学,2012.

3. 经验及借鉴

对待原有老港区的发展问题,在不影响城市正常运转的前提下,将其中局部的功能进行适当保留,如客运和内贸运输等,而将其他的运输服务功能向外围地区,包括下游海口方向的镇海、北仑,以及海港区转移;对老港区的富余空间进行更新再利用,由工业岸线转变为生活景观岸线,延续城市中心区的金融、

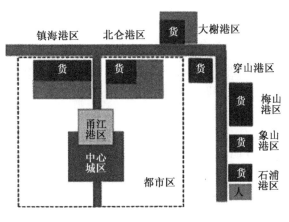

图 5-39 宁波港城空间发展示意图

商贸功能,使得城市文脉得以延续,文化品位得以提升[88](图5-39)。

在城市空间结构上,充分考虑老城区与海岸线之间的对应关系,一方面通过大的交通联系下游地区、海港地区,使得它们之间能实现良好的对接;另一方面各个功能区与老城区之间实现功能互补,协调分工的组团式格局,形成合理有序的滨海城市空间框架,彰显了独有的滨海地域特色。

5.2.3 广州

广州地处珠江三角洲的中心位置,扼居珠江入海口,濒临南海,水运条件优越,与香港和澳门邻近,是一个因港口贸易而发展起来的城市,也是我国华南地区主要的国际贸易港口城市(图5-40)。

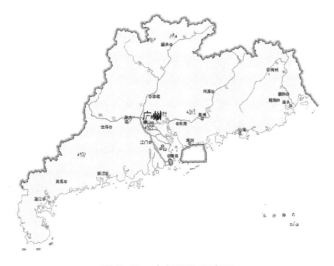

图 5-40 广州区位示意图

1. 空间发展历程

广州最早可追溯至战国时期的早期聚落——楚亭。秦时,在今中山四路旧仓巷和登峰南路一带建子城(任嚣城),这是广州最早的城池,面积约 0.2 km²,为古代戍边军镇。

秦亡后,赵佗自立为南越王,在广州建都,在子城基础上进行扩建,周长 10 里,面积约 1.5 km²,为"赵佗城"。公元 216 年,又改称番禺城。此后广州一直在原城址(战国时的楚亭)基础上不断向外发展(图5-41)。

直至隋唐,城市空间开始突破城墙的限制,周边已经有了简单的功能分区,包括商业区和外侨居住区。到了宋代,以北部中间地区为政治中心,西部及沿江的商业区得到巩固,形成东城、中城、西城三城连环的空间格局,面积增加到 5 km²。

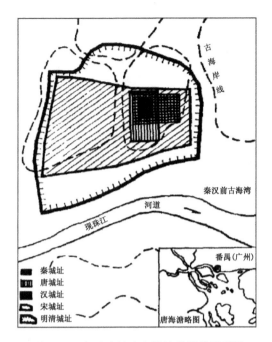

图 5-41   在原址基础上持续发展的番禺城

资料来源:杨葆亭.我国中古海港城市历史发展阶段及其规律探讨[J].城市规划,1983,7(4):52-59.

明初,在充分利用自然环境的情况下,形成了独有的特色空间格局,如"六脉皆通海,青山半入城"和"三塔三关",并向东、北扩展,城垣北至越秀山镇海楼,南近珠江,面积达 10 km²,初步奠定了广州旧城的空间结构。

清朝初期,广州基本沿袭了之前的空间格局。清中叶,随着对外贸易的发展,城市空间发展速度加快。至 1840 年,城市空间不断拓展,已经延伸至荔湾、越秀、东山、海珠地区,总面积约 20 km²。鸦片战争后,广州城市空间发展一度向内河地区转移,出现了暂时性向西发展的趋势。

辛亥革命后,随着城墙的拆除,城市空间开始向东、西、南、北全方位扩展。这一时期随着租界区的开辟,城市布局沿珠江两岸分布;此后,逐步形成了较为明确的功能分区,如中心商务区、居住区、工业区、文教科研区等,形成轮形团块状结构,同时呈现出地域性、多样化的拼贴特征[211]。

新中国成立初期,广州城市空间结构以旧城区为中心,沿珠江北岸向东发展。50 年代中后期,随着黄埔港的建设,珠江下游航道先后出现了大批工业区,城市空间不断向东和向北延伸,逐步形成分散组团式的空间结构。70 年代后,城市空间沿珠江水系发展的趋势更加明显。

改革开放后，随着对外开放和国家一系列优惠政策的实施，对城市用地的需求不断增加，广州也开始自城市边缘区大规模地开辟新区。进入 90 年代，广州城市空间发展以旧城区为中心区、以天河体育中心和黄埔地区为另两个组团，沿着珠江北岸向东，呈现带状组团结构特征。此后相当长一段时期内，城市空间发展通过"卫星城"和"组团中心"构筑多核分散组团和轴向发展的空间结构（图 5-42）。

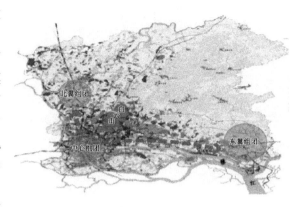

图 5-42 90 年代广州城市空间发展示意图

资料来源：周枝荣. 港口与城市的空间关系研究[D]. 天津：天津大学，2007.

　　2000 年 6 月，番禺、花都撤市设区后，大大拓展了广州城市的发展空间，实现了由"L"型带状空间结构向"多中心、多组团、开放式、网络型"城市空间结构的转变[83]。2004 年黄埔港区和新沙港区建立，以及近年来南沙新区的兴起和发展，使得广州城市空间结构逐渐从"沿珠江带状"拓展，发展成为以旧城区为核心，沿珠江及城市干道轴线拓展（图 5-43）。《广州市城市总体规划（2011—2020）》明确提出了广州将形成"一个都会区、两个新城区、三个副中心"的"多中心网络型"城市空间结构（图 5-44、图 5-45）。

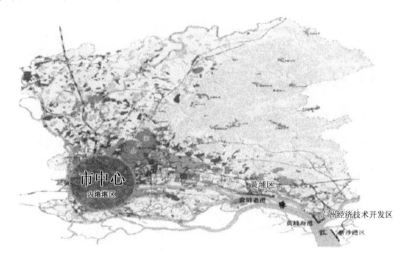

图 5-43 2000 年后广州城市空间发展示意图

资料来源：周枝荣. 港口与城市的空间关系研究[D]. 天津：天津大学，2007.

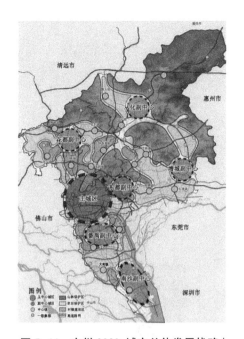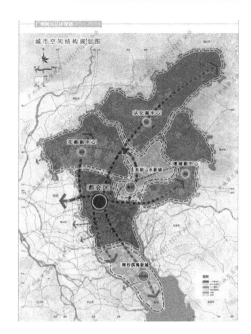

图 5-44 广州 2020:城市总体发展战略/
城市空间结构规划图

图 5-45 广州城市总体规划(2011—2020)/
城市空间结构规划图

2. 空间演变规律及特征

两千多年来,古代广州的城市空间结构一直在秦代番禺城限定的框架下稳定、自然地扩张,随着不断形成的海积平原和珠江岸线的南迁,城市空间发展主要沿海口西南方向拓展[83]。

近代,广州城市空间发展在内河港的带动下出现了短暂性的向西扩张。当代,广州城市空间结构在向四周扩展的同时,由于珠江下游新港区的开辟,城市空间主要向东发展,沿珠江狭长地域形成带状组团式空间布局。

总体来看,广州城市空间发展的规律为早期由内港区形成了老城区团块集聚,后随着珠江下游黄埔港的兴起,城市空间扩展逐步由黄埔地区转移;近年来已经拓展至珠江入海口的南沙新区;未来,将形成沿珠江下游东南方向发展、非连续"多核心、网络式"空间格局(图 5-46、图 5-47)。

3. 经验及借鉴

老港区的功能实现了转移。通过对岸线进行城市化和滨水改造,以居住、商业、办公等城市用地进行置换,将老城区原有的行政职能调整至新城区。

沿珠江下游实现跳跃式发展,构建以临港工业、金融、信息等产业的功能组团,与中心区实现分工协作,互为支撑,共同发展。

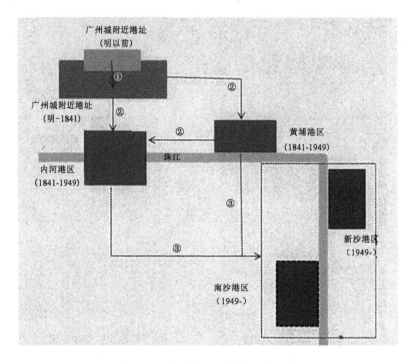

图5-46 广州港口空间演变示意图

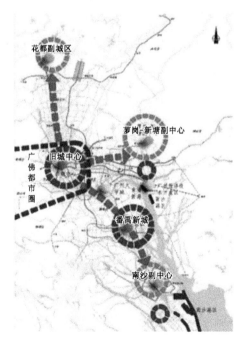

图5-47 广州未来城市空间发展示意图

5.3 典型沿海港口城市空间发展小结

上文对国内外六大代表港口城市的空间发展进行梳理,经过空间发展规律、特征的研究,对照港口城市空间发展的一般规律及特征,总结它们在各自发展中的经验,为今后的港口城市发展,尤其是天津港口城市的重点研究提供有益的借鉴。不同港口城市空间发展规律、特征及经验如表 5-2 所示。

表 5-2 典型港口城市空间发展系统表

典型港口城市	类型	空间演变规律	空间特征	发展经验
鹿特丹	河口港城市	城市中心沿新马斯河下游向北海连续拓展;内部空间港城一体化发展	整体结构连续带状组群空间特征;内部空间向外呈同心圆扩展	临港产业体系,城市功能与港口产业结合,发达的物流网络,港城一体化,港口特色文化
新加坡	海岸港城市	整体空间沿新加坡河向下游推进;内部空间港城一体化发展	整体结构带形组群空间特征;内部空间呈同心圆式圈层扩展	集装箱转口贸易的综合服务功能,自由港,国际航运中心信息平台
汉堡	河口港城市	整体空间沿易北河向北海方向推进(未达易北河入海口);内部空间港退城进发展	整体结构带形群组非连续空间特征;内部空间呈中心放射—圈层扩展	港口内城改造和新城建设,"跨越易北河"项目,利用港口、河流合理规划城市功能分区
上海	河口+海岸港城市	整体空间沿黄浦江下游扩展;内部空间港退城进发展	整体结构呈"圆形+带状"空间特征,并出现"多核心网络化"趋势	老港区功能更新与置换,港口功能区散点分布,向外海迈进
宁波	河口港城市	整体空间从三江汇合处逐步沿甬江下游向镇海,再沿海岸向滨海地区和北仑拓展;内部空间港城分离和港退城进发展	整体空间由块状单一集中型,到星状结构,再到"一城一镇(二镇)"不连续带状群组结构特征,并出现"一城多镇"连续带状群组式空间结构特征;内部空间呈现由圈层向轴向扩展结构特征	老港区功能更新,整体功能结构的衔接,滨海地域特色挖掘
广州	河口港城市	整体空间随着不断形成的海积平原和珠江岸线沿海,在向四周扩展的同时,向东发展,沿珠江下游狭长地域扩展;内部空间港城分离和港退城进发展	整体空间由团块状结构特征,到沿珠江下游带状组团式结构特征,并呈现沿珠江下游东南方向非连续"多核心、网络式"结构特征;内部空间呈现"圈层+轴向"结构特征	老港区功能置换,沿珠江跳跃式功能组团分布

6 天津城市空间格局演变与动力机制分析

6.1 天津空间结构演变的影响因素分析

天津是中国北方最大的沿海港口城市和环渤海地区的经济中心,华北重要的通商口岸,也是首都北京的重要海上门户。它地理位置优越,水陆交通便利,对内腹地辽阔,辐射华北、东北、西北13个省,对外面向东北亚。

在天津城市空间结构的演变历程中,除了港口的作用机制外,自然地理条件、产业经济、人口社会、交通、政治等各种因素,都发挥了巨大的作用。下面,对这几个方面因素进行简要的阐述,港口的作用机制在下一节中再作探讨。

6.1.1 自然地理因素

"任何一个城市都是坐落在具有一定自然地理特征的地表上,其形成、建设和发展都与自然地理因素有密切的关系。"[255] 自然地理因素是城市空间发展的重要基础条件。其中,河流和水系作为主要的交通载体,推动着聚落和城市的发展,在城市的产生和空间结构的演变过程中发挥着重要的作用。

在天津城市空间结构演变历程中,海河水系就是一个重要的影响因素。它的发展变迁、分布形态等对天津早期聚落的形成、明清时期城市的建设、近代城市中心的转移,乃至现代城市空间的发展都产生了重要的影响。

宋代之前,黄河的多次改道和泛滥,所携带的大量泥沙,使得天津地区"沧海变桑田",逐步形成了这一地区的海河水系框架。天津作为"九河下梢""河海要冲",是海河水系几大支流的汇合地,四通八达的内河航运网,决定了天津城市形成的区域环境。海河水系促进了漕运和对外贸易的发展,天津城区的规模不断扩大,这是一个良性循环。到了近代,海河河道的弯曲和不断淤塞,以及后来的裁弯取直,对近代天津城市空间结构的演变产生了重要的影响。

除此之外,天津位于海河的下游地区,且距滨海不远,因此河道众多,地势低洼,洼淀遍布,导致城市空间分布不均,这历来是阻碍天津城区扩展的主要因素。直至后来通过不断改造和治理,如疏浚海河挖掘的大量泥土,运用"吹泥填地"技术,才慢慢解决了这个制约因素。后来的南市地区、五大道地区都是通过地形改造发展起来的。另外,历史上不断扩展水道的容量,使得众多河流的出水排泄口只有海河,超越了自然条件许可的范围,从而导致了频繁的水灾,对城市环境产生了很大影响,这也成为长久以来制约天津城市空间发展的重要因素。此外,区域关系因素作为一个宏观因素,它的变化和提升,促进了天津城市空间的空前发展,从古至今,决定了天津城市的历史地位,职能、空间结构的演变历程,乃至未来的发展方向,对城市空间结构的发展起着关键的引导作用。

6.1.2 产业经济因素

产业经济因素是推动城市空间结构演变的基本动力。天津漕运、盐业等商贸集输产业,促成了早期聚落的形成。明清时期,航运业和商业贸易的发展,促使天津城市空间中商业区等城市功能区的形成,如估衣街、宫南和宫北大街等,经济产业的发展使天津成为北方最繁荣的贸易口岸和商业中心。到了近代,转口贸易和商业经济进一步繁荣,近代工业和民族工业兴起,天津向近代开放型工商业城市转变,城市功能日臻完善,城市空间结构不断扩展。新中国成立后至改革开放时期,由于限制商业和金融业发展,大力发展工业,天津城市空间出现了工业包围城市的形态。改革开放后,天津工业东移、相关功能区建设,由此产业布局产生重要变化,直接促成了天津空间发展重心的转移,空间结构发生了重要的变化。总体看来,天津产业经济因素促使产业结构不断调整,对城市地域空间结构产生了巨大影响。

6.1.3 人口社会因素

人口是城市社会形成的基础。人口的流动、变迁以及结构的变化,对城市空间结构演变也产生了巨大的作用。天津地区的人口早期以自发性的集聚为主,主要分布在河流地区,散点分布,这也在一定程度上决定了天津早期聚落的空间分布形态。到了金朝,三岔河口一带出现了市区最早的人口聚落,非农业居民聚落在城外沿河一带,形成了繁华的集市区,奠定了天津“先有市、后有城”的空间格局。明清时期,由于环境制约,人口主要集聚在北门和东门沿河一带,促进了沿河商业、娱乐业、对外贸易的发展和功能分区的形成,推动着空间结构的不断发展。

到了近代,人口和社会资源的转移,尤其是人口逐步向河北新区转移,形成了新的政治、文化中心,大批的军阀、官僚和清朝贵族等聚居各国租界,从而推动了租界区的发展,实现了商业中心的转移,改变了天津传统的城市空间结构。新中国成立后,尤其是改革开放以来,城市近郊区大型住宅区的出现,人口出现了外迁,开始向滨海地区和周围组团转移,天津城市空间结构发生了深刻的变化。总之,天津人口的不断壮大、迁移和多元化发展,如从单一的军事人口及其眷属,到漕运水手、商人、灾民等外来移民,再到外国商人、居民等,对城市功能的多元化以及城市空间的发展也产生了深远的影响。

6.1.4 交通因素

交通之于城市就如血管之于身体,交通运输是人类生产活动和城市发展得以正常进行的必要条件。尤其是交通方式的改善和变革,是决定城市空间结构演变的一个最主要的技术因素。

19世纪中期之前,天津作为"步行城市",城市空间结构发展缓慢。随着商业贸易的飞速发展,电车和人力车构成了近代天津城市主要的交通工具。20世纪后,出现了有轨电车等公共交通方式,形成了连接华界中心和租界区的交通干线,并开始全面规划修筑城市道路系统,城市发展的重心由旧城周围及河流沿岸向电车沿线转移,加快了天津城市的空间扩展和功能分区。

在水路交通方面,19世纪中叶之前,天津的传统运输系统以水路为主,水上的桥梁也产生了摆渡到浮桥再到铁桥的变化,它们把老城区和包括各国租界在内的各个城区连接在一起,对天津城市空间的整合起了至关重要的作用。

同时,对外交通因素对城市空间结构的发展也产生了重要的引导。清朝末年,津唐铁路的修建使得天津成为中国第一个使用国际标准轨距铁路的大城市。此后,津榆铁路、津芦铁路相继通车,老龙头火车站、京汉铁路、正太铁路、京张铁路和津浦铁路修建,1925年京津大道、津保公路的建成,更加打通了天津的对外交通网络,使天津成为北方近代交通运输中心,这对天津城市空间结构的发展产生了极为重要的推动作用。新中国成立后,内河航运的优势逐步消退,北方铁路交通格局变迁,在很长一段时期内制约了天津城市空间结构的发展。改革开放以来,尤其是近年来,随着京津城际及延长线、京秦高铁和城市轨道交通方式的发展,京津塘高速等对外城市道路骨架的完善,立体化的交通体系初步形成,这些都将对天津城市空间的发展产生重要的影响。

6.1.5 政治因素

除了上述因素,外来力量以及政府相关规划等政治因素,某种程度上也会影响城市空间结构演变的进程。天津是一座因水运交通而兴起的城市,由于水运主要为满足政府的需要,因此早期的天津几乎是政府造就的城市。明清时期,朝廷在此驻屯军队,守卫京师,行政力量决定了天津卫城明显的军事职能,也在很大程度上影响了早期的城市空间结构。此外,天津从最初的卫所制到州县制、府县制,行政建制的调整对城市空间结构的演变也产生了重要的影响。

近代西方殖民主义的侵略,导致了天津大量租界区的出现,从而打破了天津传统的城市空间结构;老城的中心地位动摇了,城市空间不可逆转地沿着海河向东南方向扩展。相关历史事件的发生对其空间结构也产生了重要的影响,如1870年的天津教案、1900年的庚子事变,都推动了租界区的空间发展,改变了老城的空间结构。

此外,政府行为及战争等因素对城市空间结构演变的作用也很大。如19世纪末的洋务运动,20世纪初袁世凯推行"新政"倡导河北新区的建设,天津特别市的设立,日伪政府制订的《大天津都市计划大纲图》和《天津市都市计划大纲》等城市规划方案,抗日战争和解放战争等,都在很大程度上对天津城市空间结构的演变产生了影响。新中国成立后,数次行政区划的调整,城市级别的变化,工业战略的实施,80年代后国家区域优厚的政策,相关几版规划的探索,尤其是近年来滨海新区纳入国家发展战略,新一轮《京津冀协调发展规划纲要》的出台,无不影响着天津城市空间结构的演变。

6.2 港口变迁对天津城市空间结构的作用

6.2.1 港口的发展演变历程

1. 海河水系及天津航运网的形成

天津所在的华北平原经历了包括黄河在内的数次变迁后,才形成了海岸后退、平原东进的局面。在4000年前,天津除张贵庄以东地区,大致已经成陆,但地势低洼,不适宜人类生活[256]。入海处摆动所形成的三角洲与滹沱河、漳水以及永定河所形成的冲积扇连接起来,为天津港的形成创造了陆域条件[257]。

三商时期(夏商周),天津地区舟船经黄河入冀州的水运活动已经开始了[150]。两汉时期,渤海湾曾经发生过一次大海侵,形成了大片陆地。直至东汉后期,基于军事上运送兵员、转运漕粮的需要,征集民夫,开凿河渠,使诸河相通,合流入海,为开展水运活动提供了方便的条件。

公元206年,曹操征集军民,先后开凿平房渠、泉州渠和新河渠,把偏居北方的滦河水系和以黄河为中心的中原水系联结起来,使华北地区第一次出现了纵贯南北的水路运输线,初步形成了海河水系和以天津为中心、海河为主体的天津古代内河航运网[142]。

魏晋时期,在泉州渠和派水汇合处曾兴起过一座港口城镇——漂榆邑[256],根据《中国历史地图集》记载,位置大概在今军粮城一带,这是天津地区最早的沿河城镇,但以当时的水运条件还谈不上是一个完善的港口。

2. 隋代大运河的通航

隋朝,中国实现了南北统一,"户口滋盛,中外仓库,无不盈积",经济繁荣,海河流域的水运事业再次得到发展。公元 608 年，隋炀帝为东征高丽，命令开凿永济渠，"自洛口开渠，达于涿州郡，以通漕运"，实现了南北大运河的贯通，天津作为大运河的北端，河海交汇之地，水路转运功能得到提升，就此成为重要的水路咽喉，天津在隋朝政治、经济中发挥着重要作用[157]。海河水系各大河流汇集天津入海的基本格局得以巩固，也奠定了古代天津港口兴起和发展的基础。

3. 军粮城港与宋辽界河港口

唐代，为了抵御北方游牧民族的侵扰，除了沿用大运河外，朝廷开始利用海运从南方运送粮食等物资进入天津，并由此向北部幽燕地区转运粮饷。公元 643 年，唐太宗为囤积、转运征辽的军粮，在永济渠、滹沱河和潞河等河流下游 70 华里的地方建造了军粮城，在唐代《通典》中被称为"三会海口"[142]。它位于江淮到渔阳之间，是连接海河水系、渤海沿岸与蓟运航道的纽带[151]，具有船舶装卸、仓储、中转的功能，每年转运量 50 万石以上。三会海口地区的发展，促进了军粮城发展成为唐代著名的漕运和屯粮的港口重镇、河海的交通枢纽。

"安史之乱"后，北方陷于藩镇割据和战乱，江南海运逐渐减少，军粮城作为运输军需的港口也就渐渐没落了[256]。北宋，随着以大清河、海河为界的宋辽对峙局面的形成，军粮城三会海口南北转运的功能逐步消失。军粮城虽失去了港口转运的作用，但在界河两岸都设有榷场，两国间的贸易往来不断，一时间成为宋辽文化经济的窗口[256]。后来，由于黄河的改道，入海口迁到了大沽一带，军粮城作为海港的历史正式结束了。

4. 三岔河口直沽港的兴起

公元 1153 年，海陵王迁都燕京，朝廷特别重视转运供应燕京的物资，今三岔河口直沽骑河临海，适宜靠船装卸，成了京城漕粮的转运口岸。为了加强漕运管理，朝廷在此设立直沽寨，派兵把守。直沽由于地处北运河和南运河交汇处，河道周围又有御河、潞水等数条河流，故水运交通也随之兴起[151]；直沽港经黄河、淮水可通江南，经海河到军粮城与海路相连，连接了金朝的广大地区，逐步发展成为供应燕京物资最核心的转运港口和军事交通要地。由此，港口重心也实现了从三会海口至直沽港的第一次迁移。

公元 1214 年，随着金朝南迁开封，直沽港口的漕粮转运功能随之衰落。元朝，直沽成为大都之门户，由于南北大运河的淤塞和海运的兴起，大都所需的江南物资和赋税自渤海入海河，无不到直沽港接卸转运，直沽港作为国家南北交通命脉的关键点，在沟通南北经济、繁荣大都商业中发挥了积极的作用[157]。如"晓月三岔口，连樯集万艘"等诗句，即是对直沽港码头繁忙景象的生动写照。无论河运和海运，直沽港始终是最重要的漕运枢纽[153]。

元末明初,直沽由单纯的漕运枢纽开始发展为漕运与军事相结合的畿南重镇。此外,虽然元朝河海运的交汇处在直沽,但是直沽地区主要负责海运,而上游的河西务地区负责河运,并且还有仓储区和陆路交通直通大都,从而形成了双中心港口的空间布局[153](图6-1)。

5. 明清漕运枢纽与商业中心

明朝,北京再次成为全国的政治中心。朝廷多次疏浚大运河,将漕粮与物资的运输改为以运河为主,辅之以"三岁两运"的海运[142]。"里河运粮"逐渐兴盛起来,直沽港成了漕粮转运最繁忙的港口[151]。1528年,明政府正式罢海运而改里河运。港口运输力增加的同时,还在直沽港周边及上游地区建立仓廒。此后,运军的出现,使得港口开始兼有商业贸易的功能,直沽港由此成为北方重要港口和商品集散地,商业中心地位不断提升[142]。

从港口空间布局来看,上游河道淤塞,进入北运河的漕船不断减少,原来的河西务地区不断衰落;而三岔口直沽地区,主要负责装卸转运,地位由此上升;河西务港区仍为管理中心,直沽港拥有转运码头、仓储区和军事驻扎区,港口空间依然呈现双港布局[153](图6-2)。

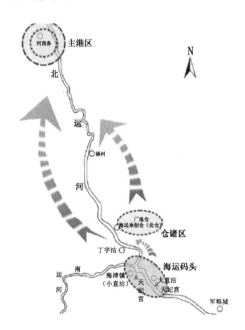

图6-1 元代港口空间布局图

资料来源:王长松.近代海河河道治理与天津港口空间转移的过程研究[D].北京:北京大学,2011.

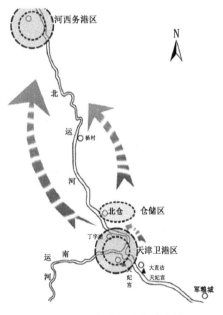

图6-2 明朝港口空间布局图

资料来源:王长松.近代海河河道治理与天津港口空间转移的过程研究[D].北京:北京大学,2011.

到了清朝，政府极为重视对运河水道的疏浚和改造，维护了大运河的畅通，直沽港一直保持着漕粮运输与商品集散的枢纽地位。后来随着"海禁"的开放，航运业大力发展，海运开始逐步取代河运，直沽港地区形成了以港口为中心的商业区，成为联系南北交通的贸易枢纽、北方著名的内河港城镇[157]。清《畿辅通志》中的"天津地当九河津要，路通七省舟车"，是直沽港水陆要津的真实写照。此后，直沽港的兴盛一直延续到清道光年间，在近代中国南北大交通中扮演着重要的角色。

同时，随着仓廒范围的扩大，港口空间得以进一步扩展，相关的港口管理机构也纷纷迁至天津，北门外南运河岸成为直沽港核心码头。天津港口的管理职能和转运职能合一，港口呈现单中心布局结构（图6-3）。

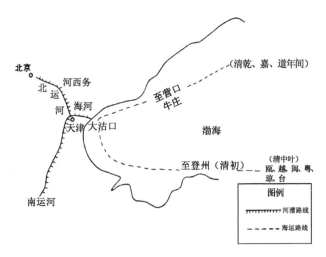

图6-3　清朝漕运示意图

资料来源：张树明.天津土地开发历史图说[M].天津：天津人民出版社，1998.

6. 紫竹林租界码头的兴建

鸦片战争后，随着五口通商的开放，直沽港受到了帝国主义国家的觊觎。1860年天津被迫辟为通商口岸后，各国来津船只多停泊在紫竹林庙前。紫竹林这里水深条件优良，能承载大型船舶，且沿河地带空间广阔，有利于兴建各种建筑，更具有建设码头、仓栈，发展港口的优越条件[151]。各国洋行、航商争先在此建造仓库、码头，英、法、美三国在紫竹林租界一带沿河筑港。后发展为紫竹林码头。

随着紫竹林码头的兴建和外国航运业的入侵，各国列强不断通过租界控制港口和海关，中国传统的河运也遭到了外强的侵占和排挤，天津的港口由封建性的内贸港迅速沦为殖民地性质的外贸港。

同时，紫竹林码头的发展，使得原来直沽港口的漕运功能开始衰落，《天津新海关章程》显示,这一时期到港的大型轮船多在紫竹林码头停靠,较小的帆船仍上溯至直沽港区装卸[151]。天津港的航运中心开始东移至紫竹林港区,从而实现了天津港口重心的第二次迁移。

1901 年,清廷下令停止漕运,接卸漕船的直沽港区失去了主要的业务,加之河窄淤浅,大型轮船不能上溯,直沽港很快失去了港口功能。1905 年后,再无一艘漕运帆船进入直沽港区。兴盛了 700 多年的漕运枢纽彻底退出了航运的历史[142]。至 20 世纪初,随着租界地的不断扩张,各国在紫竹林港区以及下游海河河段上建设活动频繁,紫竹林港区又有了较大的发展,填平工程 1.8 万 m²,新建码头 4 100 多 m,是开埠初期的 7 倍(图 6-4)。

图 6-4 1926 年天津租界码头情形

资料来源:王长松. 近代海河河道治理与天津港口空间转移的过程研究[D]. 北京:北京大学,2011.

至 1930 年代,沿海河两岸租界码头林立。左岸有太古洋行河东栈、开滦东码头,法租界万国桥西边是中西货栈和大陆货栈,万国桥东更是货栈遍布,向南直至天津海关大楼。英租界码头内有浙江兴业银行、中国银行两货栈,开滦矿务局西码头、日清码头等。至 1937 年,紫竹林一带建成码头总长约 9 000 m,其中英租界码头长约 1 200 m。紫竹林码头岸线的加长,奠定了近代天津港区的基本轮廓。

此外,海河工程局通过整理河道、裁弯取直、加宽河面、修正堤岸和建设仓库,推动了航运事业的发展[258]。共对海河航道进行了 6 次裁弯取直疏导,扩大了港口的航运和吞吐能力,使得紫竹林港区成为当时国内能通航吃水最深的港口之一。同时,各国列强占据天津港口及其海关将近 80 年,使得天津港一举跃居中国第二大商港,成为北方重要的内河贸易港口和近代北方经济中心。

7. 塘沽新港建设

19 世纪 80 年代后,海河逐渐淤塞,给进出紫竹林港的海轮带来了极大困难,大部分海轮已经不能驶抵天津租界的紫竹林码头。中外航商纷纷在塘沽抢占地盘，设立机构。各国人员及华人企业均在塘沽建造了码头[151]。19世纪末，大沽口驳运成为天津港驳运的主体和核心[150]。

尤其是1900年八国联军占领天津后，大规模的码头开发拉开了序幕。中国航商及英、美、法、德、日、意、奥等国在塘沽地区共建有泊位56个，岸线总长6 000余m。不过这一时期，主要船只仍停靠紫竹林码头，塘沽码头的船只较少。天津港口空间形成了紫竹林港和塘沽码头区的双中心布局结构，但港口重心依然在紫竹林港区。

此后，虽然实施了裁弯取直、海河放淤等工程手段，但是淤塞并没有根本改变，因此必须考虑在环境较好的地区开辟新码头。孙中山在《建国方略》中提出了建造北方大港的计划，认为北方大港的选址在大沽口、秦皇岛两地中途，将大清河与滦河远引他处入海，成为深水不冻大港。后来北方大港计划由于建设耗资巨大，再加上时局不稳、筹资艰难、日军入侵，遂成为泡影。

民国期间，塘沽码头已经开始由各国公司经营建设，初步具备了建设新港的基础[153]。1937年，侵华日军大肆掠夺华北资源，原有港口吞吐能力不能满足掠运大批煤、盐、铁、棉和粮食等物资的需要，亟待在华北修筑一个海港。1939年，日本"兴亚院"制订了"北中国新港计划案"，对塘沽、秦皇岛和大清河的自然条件和经济价值进行了详细比较，最终选择在海河口北岸距离岸线5 km的海面处建设码头、开挖航道，修建塘沽新港[142]。

日本人的建港计划后由于太平洋战争，以及技术上的种种困难，工程进展受阻，不断缩小计划，仅完成原计划的30%。1945年后，塘沽新港工程局因袭日本人的规划，拟定"三年筑港计划"，完成了部分仓库、船闸、船坞等工程，后因解放战争，经济贫困，塘沽新港建设基本停滞，终究成了千疮百孔、不能通航的死港。

8.从河港迈向海港

新中国成立后，我国最大的人工港——天津新港于1952年10月17日正式开港。此后，先后进行了三次建港工程，扩建了码头泊位、库场，完善了其他配套设施，港口的功能不断提升。1973年，天津港成功开辟了中国第一条国际集装箱航线。随着海河的缺水断航，天津港的主体由内河转向了新港地区，紫竹林港区日渐衰落。光华桥、大光明桥和二道闸的修建，彻底阻断了海河的航运能力，天津港从历史上的河港时代逐步向海港时代迈进，港口重心完全移到了下游的塘沽新港地区，实现了港口重心的第三次迁移[259]。

1980年，天津港建成中国第一个集装箱码头。1984年，中央对天津港实行"双重领导，地方为主"的领导体制和"以收抵支，以港养港"的财政政策，扩大了港口生产建设自主权,增强了港口建设力度[258]。同年 12 月 6 日,经国务院批准,在港口西侧原塘沽盐场三分场地界上辟建了天津经济技术开发区。1991 年 5 月 12 日,经国务院批准,在港区内建立天津港保税区。此外,改革开放后天津港口发展规划逐步被纳入城市建设总体规划。1986 年的《天津市城市总体规划》提出"天津港要逐步向多种功能综合性的国际贸易港口迈进";1987 年《天津港口布局规划》提出天津港是以外贸和杂货为主的重要性综合港口之一;1997 年版《天津港总体规划》提出了"南散北集"的发展战略格局。

2006 年,国务院确定天津港为北方国际航运中心和国际物流中心,批准滨海新区为国家综合配套改革试验区,此后随着东疆保税港区成立,一系列的政策倾斜,都为天津港建设成为世界综合性大港提供了良好的机遇。近年来,《天津市城市总体规划(2005—2020)》《天津滨海新区总体规划 2005—2020 年》和《天津市空间发展战略规划》对天津港发展未来的定位作了重要的指示,即发挥北方国际航运核心区和国际物流中心的作用,这为港口未来发展指明了道路。

新一轮的天津港总体规划(2011—2030 年)对天津港的港口性质作了明确的定位,即"我国沿海主要港口和国家综合交通运输体系的重要枢纽,是集装箱干线港和能源、原材料运输的主要中转港,实施天津滨海新区开发开放战略的重要支撑"。

目前,天津港的范围已经扩大至 336 km²,包括东疆、北疆、南疆港区,临港经济区和南港工业区等区域,拥有各类泊位总数 162 个,其中万吨级以上泊位103 个。

天津港口发展历经两千多年的时代变迁,由小小的河运码头发展成为我国沿海重要的港口和北方重要的水路交通枢纽,从河港时代走向了海港时代。如今,在各种国家区域发展政策的支撑下,尤其是随着天津自贸园区的成立,京津冀协同发展战略和"一带一路"倡议的实施,未来天津港在滨海新区着力打造北方国际航运中心核心区和国际物流中心时将发挥核心载体功能,在天津自贸区、京津冀、环渤海地区乃至全国经济发展格局中发挥举足轻重的带动作用。

6.2.2　港口对城市空间结构演变的分阶段作用机制

港口城市空间成长最主要的动力来源于港口。港口的发展变迁以及它所产生的物流、人流、资金流和信息流等,在不同的历史阶段对城市的空间结构演变产生了巨大的作用。

天津是河与海对中国历史的联手奉献,是一座由航船载来的城市。天津市的空间发展与港口的发展息息相关,它是我国"依港兴市、港因市兴"的典型港口城市之一[65]。在天津城市空间结构发展的不同阶段,其港口的作用力也有显著的变化。对港口作用与天津城市空间结构的演变关系进行分析，可以进一步明确港口对城市空间结构发展的重要性，有利于把握未来天津城市空间结构的发展走向。

1. 明清之前

据考古部门测定，大约在距今4000年，在全新世海侵的作用之下，孕育了最早的天津平原地区。此后，逐步形成的海河水系对早期天津地区的区域空间结构产生了重要的作用。三商时代以及春秋战国、西汉时期，黄河流经海河平原入海，天津地区成为千里运输线上的大门，形成了最早的城址聚落；但由于河流频繁的变迁，自然环境的不确定因素，天津平原地区的空间结构一直处在不稳定发展的状态。

直至公元206年，曹操打通了华北平原各干流，初步形成了今天的海河水系，奠定了四通八达的内河航运网，为天津日后区域空间结构的发展奠定了地理基础。至两晋、南北朝期间，在天津的海河口、马棚口等港口及河流交汇处也出现过散点聚落和短暂性城镇，海河水系的不断完善及沿河码头的出现对空间结构的作用开始显现。

后来隋朝大运河的开凿、水运码头的发展促进了天津地区的对外联系，奠定了南北水路枢纽的基本地位，区域空间结构进一步扩展。唐代，新平虏渠（今蓟运河）的开凿，连通了天津与北部渔阳的水路交通联系，三会海口交汇处出现了天津最早比较完善的港口，并随着港口转运功能的发挥，进而发展为专门为转输、仓储而设的军城——军粮城，迅速成长为南北枢纽和天津地区的区域中心。港口的作用第一次如此显著地表现在区域城镇的形成与发展上，军粮城的发展完全得益于其有利的区位和港口转输的动力作用。但由于水运交通及港口运输时兴时废，军粮城并未形成长时间稳定的聚落和城市。宋辽时期，由于界河南北对峙局面的形成、港口功能的衰退，以及黄河入海河的地理变迁，以军粮城为区域中心的空间结构逐步走向瓦解。界河以北的辽开辟了天津通往辽东的海运路线，一定程度上推动了天津北部区域空间结构的发展。

金朝后期，三岔河口的直沽地区成为支撑燕京南北供给和漕粮运输的必经之地，军事政治地位上升，促进了直沽港口码头的发展；朝廷在此成军把守，设立了"直沽寨"，后发展成为著名的军事和漕运部落（图6-5）。由此，天津地区的区域空间结构出现了重组，由原来的军粮城地区开始向直沽地区转移。三岔河口漕运及港口码头规模的不断扩大，成为直沽寨地区空间发展的初始动力。

元朝，随着通惠河的改道，京杭大运河的贯通，直沽地区的港口码头兼有河、海两用的性质，港口规模不断扩张，开始出现储存粮食的仓廒（今北仓、南仓），港口空间不断扩大。后建制规模提升，出现了一系列的港口漕运机构，直沽地区成为附近一系列聚落的空间中心、名副其实的河海航运枢纽和京畿门户。同时，由于沿河漕

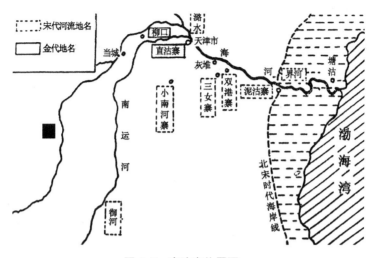

图 6-5　直沽寨位置图

资料来源:天津市档案馆

运港口的作用,天津地区出现了许多卫星城镇,如军粮城、大直沽、杨村、河西务等,区域空间结构得到了进一步发展。

总体看来,无论是海河水系所引发的原始河运码头发展,还是后来的南北漕运、港口码头规模的扩张,由于当时生产力水平的限制,现代交通工具尚未出现,天津区域空间结构的发展尚处在一个缓慢的发展时期。港口还处在发展初期,只是通过最直接的运输装卸手段来促进港口地区空间的发展,进而围绕港口形成了居住聚落、商业服务配套等最基本的功能区;港口周边的空间结构还在不断生长,港口对于其空间结构的影响作用相对较弱,或者说表现得还不够全面(图 6-6)。

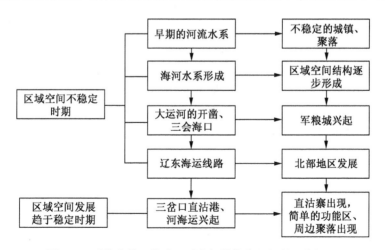

图 6-6　明清之前天津港口对空间结构作用机制示意图

2. 明清时期

明清时期，随着港口规模的扩大、生产力水平的提高、港口自身以及所带来的相关产业的发展，港口对城市空间结构的作用机制越来越显著，城市空间结构逐步走向综合，港口在这一历史时期对天津城市空间发展的效应达到了鼎盛。在古代，科学技术水平有限，内河航运就成为港口城市重要的发展动力。天津依靠便利的水运区位条件，以及港口及其商贸的推动，空间结构得到了全面的发展，由封建军事性质的城市发展为封建工商业河口港城市。

明朝初年，由于天津北调南粮的特殊地位，朝廷极为重视其军事职能，1404年在三岔河口西南设卫建城。作为军事建制的城池，天津发展初期城市内部的空间发展相对缓慢，港口对其的影响较小。城市空间外的东门及北门沿河地段受到港口的作用，商埠码头发展快于城内地区，卫城北侧的南运河至三岔口段为码头和仓储区[155]。明朝中叶，由于里河运粮的实施和海运航线的开通、漕运量的增加，出现了一大批撑驾船舶、搬运粮米、治水浚河的居民，还有为漕运服务的造船、修舶、制器的手工工匠，以及为居民提供日用生活物品的摊商、小贩，城市人口规模不断扩大；港口漕运储存与备输设施的出现，使港口周边聚集了大量的资源和人流，三岔河口地区自发形成了供货物转运的露天仓储空间和从事贸易的商业空间，促进了港口空间的扩展，规模不断扩大，天津的贸易腹地范围拓展，从而加速了区域空间结构的发展。

到了清代，随着河西务钞关、长芦盐运使、总督河道都察院等机构纷纷迁至天津，天津的港口规模不断扩大，城市空间进一步扩展[153]。同时，港口贸易、货物的往来运输，促进了天津海河沿岸码头地区的商业发展，并逐步由外到内影响到城区空间结构的发展。在港口商货的刺激下，在东门和北门地区出现了早期自然形态的贸易集市，后逐步发展为以天后宫为中心的航运商业区和以北大关地区为中心的早期商业区[138]。

清末，随着运河漕运被逐步废弃，沿线的诸多城镇一蹶不振，独有天津，由于海运漕粮及海港的作用，日益繁荣，空间不断扩展，逐步步入港口大商埠行列；至开埠前，天津依靠发达的内河航运功能，腹地辐射范围不断扩大，已经成为华北最大的商业中心和港口城市。

这一历史时期，港口运输尤其是漕运及其引发的产业、商贸业的繁荣，对天津城市空间结构的演变产生了深远的影响。明代，天津由于港口漕运的作用和影响，从旧日的聚落市镇发展成为军事城堡；漕艘往来、商船栖泊，港口水运交通的发达，商贾的汇聚，使得天津城市内部空间及区域空间得以扩展；清代，河、海漕运并举，官运和商贩兼行，港口空间和规模得到空前发展，天津由军事城堡向商业经济城市演变，空间结构逐步走向开放，成为联结北方区域性经济网络的中心和重要的贸易口岸，为近代城市空间结构的发展奠定了良好的基础（图6-7）。

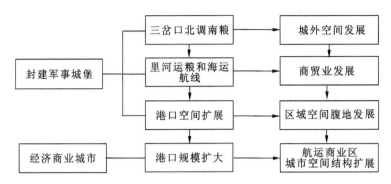

图 6-7 明清时期天津港口对空间结构作用机制示意图

3. 近代时期(1840—1949 年)

1860 年,天津被迫开埠后,列强入侵,他们首先在马家口沿河地区修建码头、仓库和货栈,租界地区也由此开辟。此后,依托紫竹林租界不断发展起来的码头航运业,导致港口空间逐步向紫竹林海河下游转移;各国租界紧邻码头地区发展,改变了天津的交通地理格局,直接促进了城市空间重心向东南租界区转移,沿河两岸成为仓储、货栈等批发商业的集中区。老城区内的空间结构虽然依靠内河航运的力量发展着,但影响力逐渐减弱。

港口和漕运贸易的推动,使得天津在区域发展中一直担负着经济职能,同时也拱卫着京师;近代天津港口发展综合了以木帆为主的内河水运、大型轮船进出的近代化码头,远洋航线的开辟以及天津港进出口贸易的蓬勃发展,推动了天津腹地范围的扩展和区域空间结构的发展。

进入 20 世纪后,随着海河上游淤塞严重,各国开始在海河入海口的大沽口修建塘沽码头,塘沽渐渐成为外港区,港口用地及其相关配套设施、依附的相关产业得到发展,如大沽船坞、久大精盐厂和永利碱厂等港口工业。尤其是日本侵占天津期间,对塘沽新港码头大规模扩建,并将塘沽纳入城市版图,港口重心转移,有力地推动了天津滨海地区的空间发展,城市空间逐步向海河下游发展,天津城市空间结构由封闭逐步走向开放(图 6-8)。

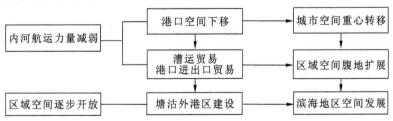

图 6-8 近代天津港口对空间结构作用机制示意图

4. 1950—1978 年

新中国成立后,随着新一轮的塘沽新港开发建设,天津港港口功能不断丰富和强化,逐步带动了天津滨海地区空间的发展。在港口机制的带动下,天津工业依托港口工业,逐步完善了其工业体系,并开始向综合性工业基地转变。

此后,随着集装箱航线的开辟,对外辐射能力不断增强,天津的区域空间结构也在显著变化。但由于一度对外封锁的局面,国内与世界经济系统封闭,对振兴中的塘沽新港建设产生了消极影响,导致港口发展缓慢,天津区域空间结构发展受到了很大的限制(图 6-9)。

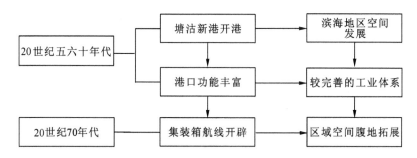

图 6-9 新中国成立初期天津港口对空间结构作用机制示意图

5. 1979—2006 年

改革开放后,海河上游航运功能的衰退,以及二道闸和低孔桥的修建,使原内河港区的仓储和航运设施被逐渐废弃或被其他功能替代,城市内部空间结构沿海河带状分布的格局被打破。

80 年代后,塘沽新港的进一步发展,吸引了城市工业的逐步东移,滨海地区形成的港口优势,促进了新的城市生长极核——滨海新区的发展,整个区域空间也实现了跨越发展。90 年代后,随着港口向深水化趋势发展,以及由此产生的产业规模效应,在港口周边地区形成了依托港口发展的港口产业功能区和城市功能区(图 6-10)。

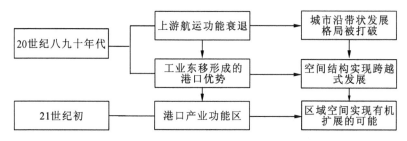

图 6-10 改革开放后天津港口对空间结构作用机制示意图

在塘沽新港的不断牵引下,天津经济技术开发区、天津港保税区、海河下游港口配套工业区、东疆港保税区等功能区逐步形成,带动了城市空间发展的重点向滨海地区快速转移;港口的演变发展给天津的空间结构提供了有机扩展的空间发展可能,逐步由单核心扩张,向中心城区和滨海地区"双中心、多组团"的结构发展,"一条扁担挑两头"的独特格局基本形成。

6. 2006 年至今

近年来,港口对天津城市空间结构的作用已经从原来的直接影响转变为间接影响。在京津冀宏观层面上,天津港作为地区枢纽港,是京津冀的经济核心区,其港口机制带动了大滨海地区的发展,成为京津冀产业一体化发展和国家沿海开发战略的重要力量;在区域空间结构方面,在港口资源优势带动下形成的集聚扩散机制下,滨海新区和中心城区之间区域出现了诸如开发区西区、空港物流园区、海河下游现代冶金产业区等新兴的工业新区或城镇组团,形成串珠状的港口产业发展带(图 6-11)。

在城市内部空间结构方面,随着天津港口空间及其临港产业的发展,将直接影响到滨海新区的空间发展。通过聚集港口先进的生产要素,充分挖掘和利用天津港的核心资源优势,发挥港口航运业的龙头带动作用,依托海洋运输、海洋资源的临港工业,发展现代物流业、对外贸易及高端产业等高附加值产业,起到了良好的辐射带动效应,进一步强化了滨海新区作为天津城市空间结构发展核心区的地位。

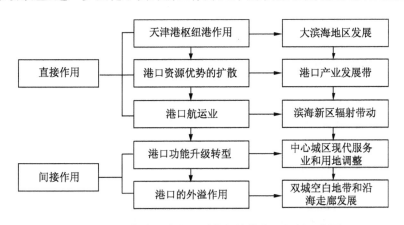

图 6-11 近年来天津港口对空间结构作用机制示意图

此外,港口对中心城区的直接影响减弱,但其规模效应对其空间发展产生间接影响;港口功能的升级和转型,促进了中心城区现代服务业的发展,推动了其优化用地组织、进行产业和空间结构的调整;港口的扩散外溢作用不断对双城间地区产生影响,以及滨海通道间临港空间转移,形成了相关的产业城镇发展走廊;港口功能的升级和空间的扩展使得天津空间结构发展有了双中心甚至多中心发展的空间选择。

总体看来，在不同时期天津城市空间发展历程中的港口作用力来看，从明清之前的河流水系、大运河、港口装卸等最原始的作用力，到近年来的临港产业和港口资源动力，作用力的类型得到了提升；港口对天津城市空间的作用效果也由形成最初的城镇功能区，到促进大滨海地区的空间发展，由直接作用力到直接和间接作用相结合，港口对城市空间发展的力量由开始的较弱到明清、近代时期的高峰，直至改革开放后的相对平稳状态。具体的港口分阶段动力机制如表 6-1 所示。

表 6-1　天津港口分阶段动力机制示意表

时期	港口作用力	空间作用效果	作用力类型
明清之前	海河水系、大运河、港口装卸运输	最早的城镇功能区	直接作用力
明清时期	内河航运功能	商贸业发展、腹地拓展	直接作用力
近代时期	港口重心转移、塘沽新港	区域空间拓展、腹地范围扩大	直接作用力
1950—1978 年	港口功能拓展、集装箱航运	较完整的工业体系、滨海地区空间发展、腹地扩大	直接作用力
1979—2006 年	上游航运功能衰退、港口深水化、塘沽新港	工业东移、空间跨越式发展	直接作用力
2006 年—	临港产业、港口功能外溢	大滨海地区发展、港口产业发展带、中心城区现代服务业发展	直接作用力间接作用力

6.3　天津港口城市空间结构分阶段演变的动力机制

6.3.1　区域空间结构演变动力机制

1. 远古—两晋时期

大约在距今 6000 年，在全新世海侵的作用之下，海相沉积和黄河入海时所夹带的大量泥沙冲积，形成了最早的天津平原地区的地理空间。自然地理环境的变迁成为这一时期区域空间发展的最大动力。

到了夏商时期，斥卤为沃壤，地理环境大为改观，在天津平原的西部地区出现了最早的居民。战国时期，随着铁制工具的广泛使用，天津平原地区进入了全面开发时期；西汉时期，随着渔业和盐业的兴起，形成了一些早期的聚落，政府先后在渤海西岸设置了章武、东平舒、文安、泉州和雍奴五个县治，天津平原出现了最早的城址，它们发展最大动力来源于政府对天津平原开发的重视，后来由于东汉初年的水灾和黄河入侵，天津平原区域空间格局很快就被打破了。

到了东汉末年,海河水系的贯通推动了天津平原区域空间格局的形成。此后,在海河水系和早期航运力量的作用下,在河海交汇处和港口附近形成了不少要冲之地,如在沽河尾入海口的泉州渠南端,出现了漂榆邑、角飞城等海口港城镇;同时,这一时期制盐业的兴盛,也极大地推动了天津平原区域空间的发展。

在这一段相对漫长的历史时期内,由于原始的生产方式、缓慢的自然经济发展速度以及频繁不稳定的自然环境变迁,天津平原区域空间结构的发展,主要依靠自然地理的变迁、封建政府的行政力量;后期主要通过海河水系的作用,形成沿河发展的初始聚落,其渔业和盐业、农业发展缓慢,对区域空间结构的形成推动力还不足(图 6-12)。

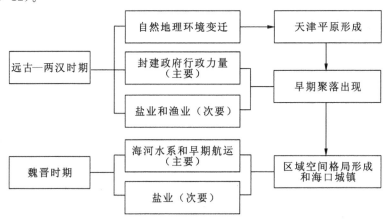

图 6-12 远古—两晋时期天津区域空间结构动力机制示意图

2. 隋唐时期

公元 608 年,隋炀帝开凿永济渠,开通大运河,天津地区逐步成为运河北端的航运枢纽,沿河道出现了一些故城,如雍奴(今宝坻)、柳口(今杨柳青),推动了天津地区区域空间结构的发展。

到了唐朝,平虏渠的重新开挖,沟通了沽河水与渔阳间的联系,有力地推动了区域空间结构的发展。地处平虏渠与沽河交汇的三会海口地区,由于南北海运物资的转输和屯储,对海口转输基地修建城垣,从而出现了天津平原上较早和完善的港口城镇——军粮城,港口转输的作用及往来的贸易推动,使其很快成为天津平原地区的中心。随着盐业的发展,天津沿海地区出现了诸多小的聚落,以制盐为生,如芦台等。后由于战乱不断,江南漕运废止,区域空间结构的发展又进入一个缓慢的时期。

这一历史时期内,在港口和水运作用、军事战略和贸易的推动下,军粮城三会海口地区成为整个地区的区域中心;同时,在河道水系和盐业的综合作用下,天津平原开始出现散点的聚落,但由于时兴时废,存在时间并不长久,可见地理环境对于这个时期天津区域空间结构的发展也产生了很大的作用（图6-13）。

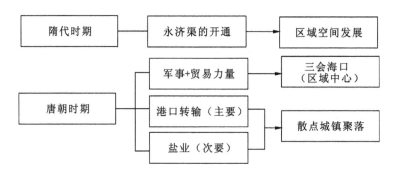

图6-13　隋唐时期天津区域空间结构动力机制示意图

3. 宋辽时期

北宋时期，宋辽两国隔界河南北对峙，区域空间格局发生了很大变化。宋政府在界河沿线设置了塘泊防线，并在防线上设置了一系列的"寨""铺"等军事据点，由此形成了一些小的聚落点。原来的军粮城失去了港口运输功能，成为军事防御的重镇，不过两国民间的贸易来往推动着边界城镇的发展，如界河南岸泥沽海口。北部辽地的盐业发展迅猛，促进了市集的繁荣。后由于黄河改道由海河入海，形成了军粮城至近代海边的陆地，天津平原地区的区域空间格局发生了巨变。

在这一历史时期，军事作用、贸易往来以及政治斗争等对天津平原地区的区域空间发展产生了重要影响。南北对峙局面造成了界河两岸不同的景象，南岸军事寨铺林立，北岸则发展兴旺；军粮城作为军事重地，在区域发展格局中的地位发生了变化，最终随着黄河的改道而逐步衰落；天津平原地区的区域空间结构在两国民间往来贸易的推动下缓慢发展着（图6-14）。

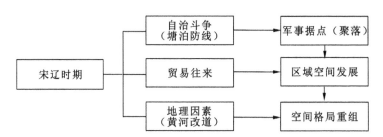

图6-14　宋辽时期天津区域空间结构动力机制示意图

4. 金元时期

金王朝统一了淮河以北的大片地区，结束了宋辽以海河为界、天津被分割的局面，对区域空间结构的发展产生了重要影响。公元1153年，随着金迁都燕京，天津区域空间结构随着这种政治、经济地位的提升而急速发展。1180年,大运河南北漕运的推动力,使得地处卫河与海河交汇处的旧三岔河口西南一带,由于相对地势较高(海拔8米),成为理想的天然码头;由于地理及军事地位的重要性,公元1214年金朝在三岔河口驻兵戍守,设立了"直沽寨",形成了以仓储为主要职能的全新聚落。同时,金朝开始实行盐引销盐制度,划定盐场销售的地区范围,使直沽成为渤海盐的集散地;市区和近郊遍布盐场,形成了繁华的聚落,从而在一定程度上影响着区域空间结构的演变。

在这一历史时期,政治军事力量以及漕运、滨海渔盐的推动力,对天津地区的区域空间结构产生了主要的作用。金中都的建立、漕粮往来的运输,把天津直沽地区逐步推向了历史发展的舞台,成为这一地区重要的空间枢纽;运输业和盐业的发展,也在一定程度上促进了区域间的往来,出现了沿河城邑和寨铺的散点聚落。

到了元代,直沽地区的政治地位日益提升,河、海运兼顾,漕运规模有了很大的扩展,直沽地区成为当时河海航运枢纽和漕粮的集中、转运要地。此后,一系列管理漕粮接运事务的机构及负责暂时存储仓廒的出现、行政建制的升级,以及漕运引发的商业集市贸易,使得直沽地区的空间规模不断壮大,形成了以直沽为区域中心,从军粮城、大直沽、三岔口、南仓、北仓直到杨村的带状河港城市布局。此外,政府先后在渤海西岸设置了22个盐场,在很大程度上推动了区域聚落的发展;屯田制度使直沽成为重要的屯田场所,也同样推动了区域中心及其周边的发展。

在这一历史时期,军事作用以及漕运经济发展的作用,使得直沽地区的空间得到了进一步的发展,初步发展为天津平原地区的政治经济中心,但主要还是以军事职能为主。商业贸易、盐业及屯田制度也在一定程度上对区域空间结构的形成与发展产生了影响,但由于当时封建生产关系的束缚,生产力水平不高,对天津区域空间发展的演变作用相对较弱(图6-15)。

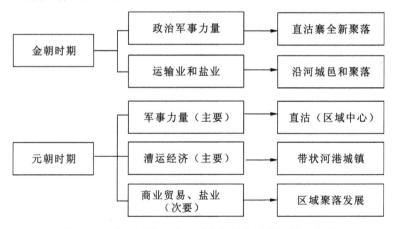

图6-15　金元时期天津区域空间结构动力机制示意图

5. 明清时期

到了明代,迁都北京,天津的政治、经济地位空前重要。随着由海漕到里河运粮的转变,朝廷成立了专门运粮的部队——运军,漕运的规模不断扩大,加之仓廒的建设,港口的范围不断扩大,也促进了城市外部空间结构的扩张。明中叶后,漕船往来捎带的各地商货涌入天津市场,从而加强了天津与各地的空间联系;商业交易活动的开展和商业市场的扩大成为这一时期天津区域空间结构发展的主要动力,为其成为南北经济的贸易港口与商业经济中心奠定了基础。

随着长芦盐生产技术的发展,由于盐产质高价低,各地商人均乐于行销,天津成为长芦盐的重要产地和销售中心,并形成了三汊沽、丰财、芦台等聚落,有力地促进了区域空间结构的发展。此外,明代的屯田制度对天津地区的土地进行改造,尤其是徐光启南稻北植、左光斗的农田水利建设等,很大程度上促进了天津农业和城镇的发展;传统渔业的发展也带动了人口的增长,出现了沿水道两岸分布的聚落点,如咸水沽、葛沽等。

在明朝这一历史时期,军事力量、漕运发展以及商贸往来的作用,对区域空间结构的发展产生了主要的影响。军事设卫的力量促使天津城市空间开始发展,漕运规模的扩大和商贸流通的频繁,成为天津对外影响力及地位不断提升的动力。此外,盐业技术的发展、屯田制度、农业、手工业发展和后期的战争等因素作用,也在一定时期内对区域空间结构的演变产生了作用,但并不是主要的动力。

清代,天津作为首都门户,经济辅助城市的作用和地位日益突出。首先,由于漕粮储存和转运中心地位不断上升,天津城市规模不断扩大;此后建制的数次调整,三卫合一到州,由直隶州到天津府,天津开始成为畿辅一带的"首邑",区域空间结构逐步走向合理;此外,里河运粮极大地推动了漕运事业的发展,奉天海运线路,加强了天津同关北地区的经济联系,促进了对外贸易及商业的发展,对航运、交通运输业,以及区域腹地的扩展和空间结构的发展发挥了重要的作用;还有由于北运河的淤浅,改用红驳船进行输运,并采取"以船养船"的办法,加强了天津与运河沿岸及海河流域各地进行物资交流和商业往来,从而促进了运河沿岸的城镇、乡村和天津地区区域空间结构的发展。清朝后期,由于内河淤浅,改为海运,漕运对天津城市经济的影响开始减弱,并逐渐退出区域空间结构动力机制的历史舞台。

同时,随着长芦盐的管理中心移到了天津,河道沿岸遍布盐坨,从而形成了邓沽、塘沽、新河庄、东沽等城镇聚落;钞关和河道总督署等机构进驻天津,增强了区域的腹地影响力,促进了区域聚落的进一步发展。随着海禁开放,沿海的渔业开始飞速发展,促进了天津地区沿海地区经济的发展,形成了咸水沽、小南河、曹家庄、南仓、北仓等城市外围聚落,以及外围地区的如北塘、东西大沽、蛏头沽、葛沽、新河、于家堡、高沙岭等村庄。屯垦、水利建设和蓝田、水田制度等农业发展,也在一定程度上对区域土地质量进行改造,为天津区域空间结构的合理发展奠定了物质基础。

　　清朝这一历史时期,政治行政力量、河海漕运、商业贸易,是推动区域空间发展的主要动力。天津城市建制规模的提升,客观上促进了其城市空间的扩展。河海漕运规模的扩大、港口贸易的发展、江海通津的地理区位优势,促进了南北商贸的往来和天津商业贸易的繁荣,区域间的经济联系不断增强。此外,制盐业和渔业、造船业等手工业的稳步发展,屯田等制度的实施,完善了天津地区周边聚落的发展,但由于封建统治的遏制,对区域空间结构发展作用较弱(图 6-16)。

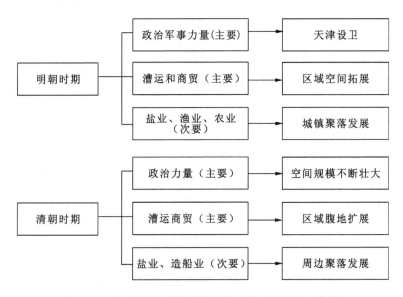

图 6-16　明清时期天津区域空间结构动力机制示意图

6. 近代时期(1840—1949 年)

　　清朝末期,天津已经成为北方的交通枢纽,漕、盐基地,以及商贸集散中心,区域空间结构已经日趋完善。1860 年后,天津被迫辟为通商口岸,政治经济地位骤然提升。

　　首先是英国人在老城区东南,今海河以西紫竹林至下园地一带,开辟了最早的英租界地区;法国和美国紧随其后,先后划定租界区;之后德、日继续扩张租界范围,俄、意、比、奥在海河东岸与京山铁路间的地段上也先后划定各自的租界。此后,租界区商业、金融、各项市政建设,推动了老城区东南新功能区的出现,并通过沿河石路的建设逐步将其同旧城区联系起来,从而推动了城市外部空间结构整体规模的扩展。

　　1870 年天津教案的发生,迫使洋人逐步搬离老城厢,开始向租界区转移,人口的加速流动也在很大程度上促进了新城市区域的形成。海河上桥梁方式的改革，对于城市内外部空间结构的联系产生了重要的作用；发达的对外交通网络的建立，如中国第一条铁路运输线唐胥铁路的修筑以及津沽、京津、京山、津浦、京张等以天津为中心的铁路干线的修建，扩展了天津的腹地范围，促进了天津区域空间结构的快速发展；此外，天津中国最早电报通信网的设立，中国近代最早邮政设施和有线电话的架设，也成为推动区域空间结构发展的强大动力。

至 1902 年，天津在老城区东南区域，形成了沿海河两岸绵延数公里的九国租界区，天津城市外部空间结构发生了重大的变化。在老城区东南地区，一个新的城市中心开始悄然形成，城市空间重心向海河东南下游转移，上游也沿白河向北扩展。1903 年，随着袁世凯将直隶总督府迁至天津，在老城区东北、海河东岸地区建设起了河北新区，与城东南海河两岸的租界区抗衡。随着金钢桥、北站和大经路的建设，与旧城的联系加强；各类行政机构和教育文化机构等大型公共建筑的迁入，推动河北新区成为清末民初天津地区的政治中心；还有旧市区北部的开发建设，如西沽地区、西站等；这些都在很大程度上影响着天津城市外部空间结构的发展，成为促进和引导城市空间发展的重要动力机制。

同时，袁世凯还着手创办了直隶工艺总局、北洋铜元局等实业，促进了天津地区的工业发展。近代民族资本主义和商业资产阶级势力夹杂于帝国主义和封建主义的压迫之中，尽管力量相对薄弱，但在一定时期内对区域空间结构的发展也起到了积极的调节作用。

此后，各行各业的从业者和江湖艺人开始在华界与日租界之间的过渡地带——南市地区落脚谋生，一些下野的军阀、官僚、封建遗老在此收买土地，筑路建房，开始了南市地区大规模的自由松散、缺乏规律性的开发建设（图 6-17）；在城市外围区域，如城西南的广开、靶裆一带，小王庄以西，金家窑、狮子林、小树林，河西的谦德庄，河东的李公楼，地道外一带的开发，这些自发性、无规划的开发建设以及市区边缘窝铺简房的蔓延，导致了城市外部空间的拼凑畸形发展，对日后区域空间

图 6-17　南市地区自发性建设

资料来源：天津市档案馆

结构的形成也产生了一定的作用。同时,城市基础设施的建设,如大马路(今建国道)的修建,大红桥、金华桥的建设,以及京津大道、津保公路、津沽公路、津德公路、津白路的修建,对城市内外部空间的联系和区域空间结构的发展产生了重要的作用。

辛亥革命后,天津民族资本主义工业的发展,如纺织业和面粉业,大量工业投资创造的就业机会使得人口大量向天津迁移,从而促使了海河沿岸地区和三条石大街等外围地区的空间发展;利用海盐资源化学工业得到发展,近代工业体系初步形成,促进了下游塘沽地区的近代城市建设,提升了天津地区的区域影响力和竞争力,对天津城市外部空间结构的演变起到积极的作用。1928年,随着天津特别市的设立,天津的区域行政划进行调整,区域空间结构也由此发生了较大变化。新万国桥(今解放桥)等几座海河铁桥的落成,加强了城市与外部空间结构的联系;一些大工厂、企业在四郊兴建,疏浚海河吹泥填垫了西南和东南墙子河以外地区,从而扩大了整个城区的外部空间范围。

1939年,日本将塘沽划入天津市,并开始扩建塘沽新港,对塘沽地区进行规划建设,如华北日伪当局绘制的《大天津都市计划大纲图》,提出了以天津特别市区为中心,包括至塘沽海河沿岸一带,开挖运河,沿运河形成工业地带;《天津都市计划大纲》对区域的人口规模和空间发展作了初步判断,并对城市性质作了定位,对区域空间结构的发展作了明确的指示;《塘沽街市计划大纲》对天津区域空间结构中塘沽地区的人口规模和空间发展作了判断,明确了塘沽新港的空间布局,对海河地区的南北交通、区域铁路、水运、飞机场进行了系统规划,这些尽管没有最终实现,但对日后天津城市区域空间结构的发展产生了深远的影响。国民党接管天津期间,所作的天津扩大市区规划设想,采用疏散计划,设立若干卫星城市的思路,提出利用主要河流分段建设带形都市,海河下游分段辟为工业区,外绕绿地,其间增辟小都市工业住宅等设想,尽管没有付诸实践,却对日后天津区域空间结构的发展产生了巨大的启示和影响。

在近代这一历史时期,外来侵略、行政力量以及规划行为,在天津区域空间结构的演变过程中起主导作用。首先,帝国主义侵略的外力作用,租界的设立以及海河下游港口码头的辟建,导致了天津原来区域空间结构的瓦解,在老城区东南形成了新的城市功能区,从而根本上改变了城市外部空间结构的发展走向;其次,政府行政力量的作用导致了河北新区新政治中心的形成,在城市外部空间结构的演变中发挥着自身的作用;南市地区自发性的城市建设,虽然支离破碎,各自为政,但对日后城市空间结构的发展也产生了一定的影响;最后,进入20世纪30年代后,几任统治者都在为合理发展区域空间结构而不懈努力,这些规划设想尽管没有最终实现,但也在一定程度上影响着城市外部空间结构的发展(图6-18)。

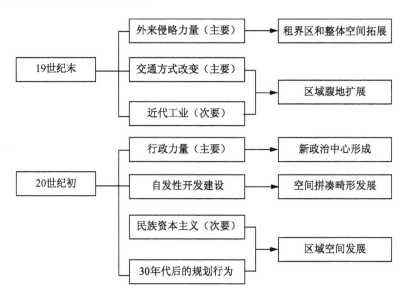

图6-18　近代时期天津区域空间结构动力机制示意图

7.　1950—1978年

新中国成立初期，随着行政区划的调整（将天津县划分为4个郊区）和计划经济管理体制的构筑，由于受旧市区用地限制，工业区逐步向外围转移，出现了工业区空间布局规划和外围居住区，对天津区域空间结构的发展产生了重要的影响。如1952年在旧区边缘地区建设东南郊、铁路桥东新开河两岸、白庙、灰堆等4个工业区和中山门、王串场、丁字沽等工人新村；1959年建设南郊、东南郊、西营门、北仓、引北河、铁东、程林庄、新开河、白庙、屈家店、津霸公路和京津运河沿岸等12个工业区，以及军粮城、咸水沽、杨柳青、良王庄和杨村近郊等5个工业点；1966年后，逐步发展了9个比较集中的独立工业地段。这一时期工业用地扩张成为城市外部空间结构扩展的动力之一（图6-19）。

图6-19　新中国成立初工业区及工业街坊位置图

资料来源：赵友华，天津市地方志编修委员会办公室，天津市规划局. 天津通志·规划志[M]. 天津：天津科学技术出版社，2009.

　　这一时期编制的几版城市总体规划和相关的政策方针,对日后区域空间结构的发展产生了重要的影响,可见行政规划力量的重要作用。1954 年《天津市城市规划要点》和《规划草案》对工业城市的定位以及城市外围 3 个工业区布局的规划,对日后区域空间结构的发展产生了一定的作用(图 6-20);此后在变"消费城市为生产城市"方针、"沿海城市不发展"和充分利用"沿海工业城市"方针影响下,天津由原来工商业并举的大城市转变为综合性工业基地,工业成为城市经济和空间发展的主体,后规划多次修改,对城市区域空间结构的发展产生了消极影响;"二五"时期,在中心城区外围新辟了 10 个工业区,并配置了生活居住区,这些对日后城市外部空间结构的发展产生了一定的影响。

图 6-20　1954 年天津市城市规划示意图

　　1960 年的《天津城市规划初步方案》提出了市区、塘沽、近郊卫星城、远郊县镇组成的组合性城市布局结构,突出了平行海河的西北—东南向联系,以旧市区为核心,在近郊区开辟了军粮城、杨柳青、咸水沽 3 个专业性工业卫星城和塘大、汉沽远郊卫星城镇,由此区域空间结构形成了一些此后重要的空间节点,对调整城市的区域空间结构也起到了一定的作用。50 年代末至 70 年代,天津的行政隶属关系几经变化,对区域空间结构的发展产生了重要的影响;"文革"期间,为数不多的城市建设,如大南河近郊工业点开发,大港石油化工基地建设等,逐步形成了石化和海洋化工体系,对日后区域空间结构的发展产生了一定影响;北京由于"由消费城市向生产城市转变"思想的作用,在产业分工上缺乏统筹安排,从而很大程度上制约了天津区域空间结构的合理发展。

这一历史时期,政治行政因素成为区域空间结构发展的主要动力机制,港口的力量作为辅助。60年代之前,在国家"变消费城市为生产城市"指导思想和沿海城市不发展思想的影响下,工业用地扩张成为区域空间结构发展的主要力量。几版城市总体规划由于"大跃进"和"文革"时期的影响,虽并未真正实施,但也对日后城市区域空间结构的发展有很强的导向作用,如外围工业区及工人新村的规划,近郊卫星城和远郊工业城镇的建设(图6-21)。

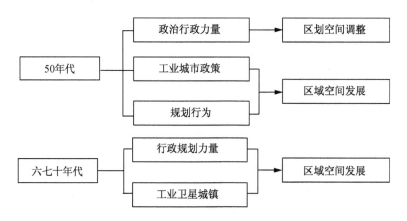

图6-21 新中国成立初天津区域空间结构动力机制示意图

8. 1979—2006年

改革开放后,随着14个沿海开放城市的开发、"城市工业发展东移"战略的实施,及大沽沙航道和海河航道通行能力的减弱,区域空间结构失去了沿海河连续带状发展的可能,天津区域空间结构发生了剧变。

此后,天津经济技术开发区的成立、塘沽新港的不断发展,及港口工业区的兴起,使区域空间结构逐步向塘沽地区转移,也影响了日后"以海河为轴线,市区为中心,市区和滨海新地区为主体"的区域空间结构的发展。同时,在"工业东移"的作用机制下,还出现了咸水沽、军粮城等工业配套的卫星城镇,中心城区的产业东移,形成了自下而上的产业集聚区,促成了后来津滨走廊的形成与扩张,为日后天津区域多中心、组团式结构发展奠定了基础。

1986年,天津历史上第一个具有法律效力的规划方案——《天津市城市总体规划方案(1986—2000)》出台,其中对天津的定位、"内外环线+18条放射线"的交通系统、"一条扁担挑两头"的多层次城镇网络体系、三大城市群设想等,塑造了一个具有巨大发展容量的空间框架,并奠定了天津区域空间格局快速发展的空间基础[127]。1990年代开始的海河两岸综合开发工程,拓展了海河中下游的发展空间,有效地呼应了城市东移战略,为区域空间结构的发展奠定了良好的基础。

1996年总体规划深化和完善了"一条扁担挑两头"的区域空间结构,其中"极轴—组团"多中心布局的设想,为天津区域空间结构提供了多核心城镇体系格局的可能,促进了日后天津区域空间结构的发展。

同时,随着港口的对外开放程度不断增强,其腹地空间的扩大,促进了区域空间结构的扩展;港口功能区形成,如临港化学工业区、海河下游工业区、天津港保税区和散货物流区等;港口后方的生产职能不断发育,临港的产业空间开始逐步向腹地转移,受到其空间扩散机制的影响,出现了塘沽地区的产业外扩、主城区产业东移,先后开辟了新技术产业园区、空港物流园区等,形成了交通产业轴集聚和区域空间结构的城镇产业发展连绵带,为日后津滨走廊的形成奠定了基础。

进入21世纪后,天津区域空间中两条高速路和一条轻轨配合原有的疏港公路、机场和铁路,构成了高度通达的交通走廊,对区域空间发展轴线、节点的生长产生了积极的作用。对内外现代大交通体系作为空间发展的基本框架,成为天津区域空间结构发展的重要动力之一。此后,天津市将4个近郊区调整为市区后,又将武清、宝坻转为市区,行政区划的调整、市区范围的扩大,也对区域空间结构的重组产生了一定的影响。

另外,吴良镛院士领衔的学术团队从2002年开始先后对大北京地区城市空间发展战略进行深入研究,一期报告提出"三地带、三轴、两绿心"的区域空间发展骨架,"交通轴+城镇组团+生态绿地"的发展模式;"重点发展以京津两大城市为核心的京津走廊";"积极发挥天津港口和滨海城区的作用,区域结构由单中心星状方式向双中心网络式转变"。

二期报告提出"一轴三带"的区域空间发展格局,"从线性区域结构拓展向多中心网络化结构转变","推进环渤海海港合作和沿海大通道建设,带动临港产业的集聚和港城的发展",对天津尤其是滨海新区的区域空间发展作了宏观层面的分析。这些京津冀层面空间发展的理论构想,对天津区域空间结构的发展起到了很好的指导作用。

《天津市城市总体规划(2005—2020年)》对天津城市空间发展的方向作了明确的导向,其提出的"一轴两带三区"为的区域空间布局,以"中心城区"和"滨海新区核心区"为主副中心,以及多极增长的空间格局设想,对区域空间结构的进一步发展产生了积极的影响。2006年,国务院确立了大滨海地区的概念,天津沿海地区作为大滨海地区的重要组成部分,明确了滨海新区的发展目标和定位,对日后天津区域空间结构的发展起到了积极的引导作用。

在这一历史时期,政治和经济力量成为区域空间结构发展的主要动力机制。对外开放步伐的加快,使得沿海开放城市工商业迅速发展,城市规模不断扩大,天津也由此受益,综合性开发职能逐步发挥;此外,"工业东移"战略,加快滨海新区的开发开放政策,几版重要的规划设想,港口工业区的兴起,相关产业的扩散机制及区域内对外交通体系的快速发展,使天津成为沿海重要的工业基地之一、华北水陆交通枢纽和首都的海上门户。这些对天津区域空间结构的进一步发展都产生了重要的影响(图 6-22)。

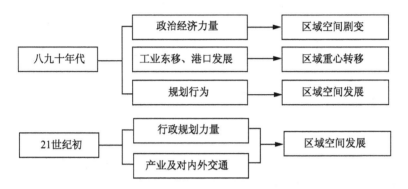

图 6-22　改革开放后天津区域空间结构动力机制示意图

9. 2006 年至今

2006 年后,海河中下游地区的开发建设蓄势待发,开始对这个相对空白区域实行内部填充,如建设海河教育园区等功能区,成为天津区域空间结构发展的新动力。近年来,港口与产业的紧密结合,如东疆保税港区、北疆保税区、南疆物流园区、临港化工区、响螺湾商务区、于家堡地区等重要的功能区,成为天津区域空间结构发展的重要动力机制。2009 年,天津将原来的塘沽、汉沽和大港合并成立滨海新区,强化了滨海新区成为一级政府的协调和调控能力,有力地推动着区域空间结构的发展(图 6-23)。

此外,国家及天津地方层面的规划、政策及相关重要战略,对区域空间结构的发展也产生了巨大的影响。如 2008 年《滨海新区空间发展战

设立天津市滨海新区,以原塘沽区、汉沽区、大港区的行政区域为滨海新区的行政区域

天津市

滨海新区

图 6-23　滨海新区区划调整图

略规划》提出滨海新区形成"一心、一带、两翼"的核心提升、"轴向集聚、南北并举"的区域空间结构,为天津区域空间结构的发展提供了积极的启示和指导。此后,北京发展定位的调整,河北空间发展格局由原来的"一线两厢"的平衡发展转向打造沿海经济隆起带的沿海优先战略,为天津区域空间结构的发展提供了更强的外部支持和腹地支撑。

2008年《天津市空间发展战略规划》提出"双城双港,相向拓展;一轴两带,南北生态"的空间结构,空间主体由"主副"变为"双城",重点发展海河中游地带,形成轴向组团式多极增长的新格局,外围区县实施"新城集聚、多点布局、特色发展",为天津区域空间结构的发展提供了重要的引导(图6-24)。

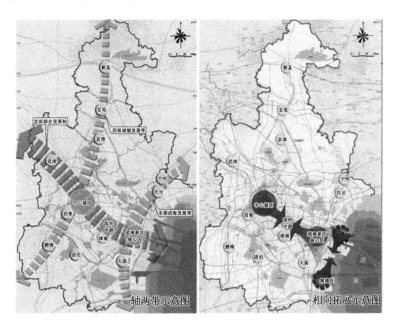

图6-24 天津城市空间发展战略规划

资料来源:天津市城市规划设计研究院. 天津市空间发展战略规划[Z],2008.

此后,泰达、大港区和天津港合作开始启动填海计划,中俄能源建设项目、蓝星石化、LNG等项目选址南港工业区;2010年散货物流中心正式搬迁到南港区。南港工业区的开发有力地推动了双港战略的实施,也对天津区域空间结构的发展产生了积极的作用。

2011年的国家沿海开发战略,提出以带发展的形式对沿海地区进行空间布局,对天津滨海新区"中国北方国际航运中心,北方高水平的现代制造业和研发转化基地"的定位,对天津区域空间结构,尤其是滨海地区的空间发展具有积极的指导作用。

2013年,《京津冀地区城乡空间发展规划研究》三期报告中对于京津冀地区空间发展提出了"共建多中心的城镇网络,疏解北京多中心的政治文化功能,强化京津走廊","以天津滨海新区为龙头,京津冀共建沿海经济区",并对天津及滨海新区的功能定位、产业发展,以及对首都功能的疏解作出了初步的判断,对天津区域空间结构的发展产生了重要的影响(图6-25)。

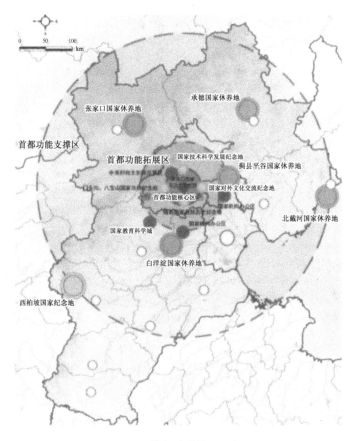

图6-25 首都功能核心疏解图

资料来源:吴良镛.京津冀地区城乡空间发展规划研究三期报告[M].北京:清华大学出版社,2013.

2013年,进一步提出了"新丝绸之路经济带"和"21世纪海上丝绸之路"的战略构想,充分发挥国内各地区的比较优势推进"一带一路"建设。天津作为北方最大的沿海港口城市,以"一带一路"倡议为契机和动力,对区域空间结构必将产生重要的作用。

2015年4月21日,中国(天津)自由贸易试验区正式挂牌。天津自贸区作为北方的首个自贸区,将寻求自身的特色,努力建设成为京津冀协同发展高水平对外开放平台、全国改革开放先行区和面向世界的高水平自由贸易园区。可以预见,自贸园区所发挥的对外开放综合优势,对增强天津的区域辐射力将发挥巨大的作用,将成为天津乃至京津冀区域空间结构发展的新动力。

2015 年 8 月,《京津冀协同发展规划纲要》提出了有序疏解非首都功能,强化京津双城联动,提升区域性中心城市功能。明确了京津冀三地的功能定位,以及对天津的定位,即全国先进制造研发基地、北方国际航运核心区、金融创新运营示范区和改革先行示范区;提出了"一核、双城、三轴、四区、多节点"的京津冀网络型区域空间结构,对加快天津滨海高新区国家自主创新示范区发展、做好研发转化功能的衔接、实现对周边地区的高端引领和辐射带动作用、培育一批集聚能力较强的重要节点城市等作出了明确要求。在京津冀协同发展空间策略的指引下,天津的区域空间结构将不断调整和变化。该纲要也是日后天津区域空间结构发展的重要指导和新动力之一(图 6-26)。

图 6-26 京津冀协同发展空间布局图

在这一时期,国家政策支持、区域战略、地方规划动员等层面的力量,成为天津区域空间结构发展的主要动力机制。未来,天津在京津冀协同发展中地位的变化与调整,"一带一路"倡议下自贸园区的发展建设,海河中游地区、北部新区,滨海新区等空间的新发展,京沪高铁、京秦高铁、京津城际延长线、津保高铁、京津唐高速、津石高速、塘承高速等区域性交通干线的修建,中新天津生态城、海河教育园区、南港区等重大项目的启动,这些因素都将成为影响天津区域空间结构发展的新动力(图 6-27)。

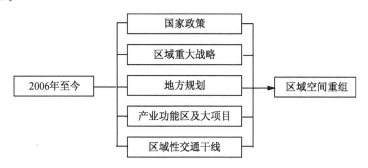

图 6-27　近年来天津区域空间结构动力机制示意图

　　总体看来,天津区域空间结构演变的动力从早期的自然地理环境、海河水系到金元之后的军事作用、漕运经济、商业贸易,再到近代之后的外来侵略、行政规划力量,直至改革开放以来规划行为和经济力量成为主导动力,在整个发展过程中,早期自然环境的作用因素较多,金元、明清时期港口、军事、商贸成为主要的作用因素,近代的外来侵略成为特殊的也是极为重要的作用因素,新中国成立后政治、经济逐步成为重要的作用因素,港口则融入到产业经济因素中,依然是空间发展重要的动力。这些主要和次要的动力因素,在每一个不同阶段交替影响着天津区域空间结构的发展,它们的空间影响效果也始终牵动着空间结构的扩展与重组的过程。具体各阶段区域空间发展的动力机制系统如表 6-2 所示。

表 6-2　天津区域空间结构演变动力机制系统表

不同时期	主要动力	次要动力	空间动力效果
远古—两晋	自然地理、行政力量	渔业、盐业	早期聚落、海口城镇
隋唐时期	港口运输、军事	盐业	三会海口、散点聚落城镇
宋辽时期	军事、地理	贸易	军事据点
金元时期	军事、漕运	商贸、盐业	直沽寨、沿河城镇、聚落
明清时期	军事、漕运、商贸	盐业、渔业、农业	天津卫城、区域空间拓展
近代时期	外来侵略、行政力量	近代工业、交通	区域腹地拓展、城区带状发展
1950—1978 年	政治、工业	港口	区域空间扩展
1979—2006 年	政治、经济、规划行为	港口工业、交通	区域重心转移
2006 年至今	政策、规划行为、经济	大项目、交通	区域空间重组

6.3.2　城市内部空间结构演变动力机制

1. 明清之前

金元之前,由于天津还未出现稳定的城镇聚落,因此不存在城市内部空间发展的动力机制,在此不作探讨。天津城区附近最早的聚落是形成于金元时期的直沽寨。自金朝设立漕运码头后,由于漕运和初级航运的力量,开始出现从事漕运和简单贸易的人口的集聚,形成了沿河发展的聚落,如小直沽、侯家后地区。

此后,直至明清之前,天津市区附近的城镇空间主要受军事力量和航运枢纽机制的作用,以聚落形式为主,捎带简单的商贸集市、港口码头空间;随着军事驻扎和广通仓、接运厅等仓储机构、仓厫机构的设立,市镇内部空间不断扩展,由直沽寨到海津镇,发展成为稳定繁荣的海口重镇(图6-28)。

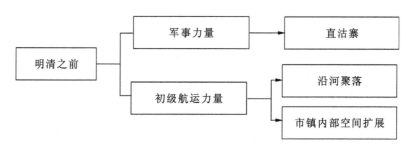

图6-28　明清之前天津内部空间结构动力机制示意图

2. 明清时期

明代,随着漕运规模的扩大,三岔河口在整个漕粮运输体系的地位上升,出于军事和政治需要,朝廷选择在三岔河口西南地形较高的小直沽地区设卫筑城,这标志着天津真正城市空间发展的开始。军士从外地迁徙而来,推动了最早城市内部空间结构的发展。受到城内西南部地形条件的限制,城市政治和文化机构集中在城北或接近中心位置,对古代天津内部空间结构的发展产生了很大的引导作用。

明中叶后,涌入天津的各地商品种类繁多,商品交易场所——集市开始出现,在商业贸易的作用机制下,城市内部空间发生着重要的变化。各地商贾的涌入,漕运相关人员的往来,还有从事搬运粮米、治水浚河的居民,造船、修舶、制器的手工工匠等的增多,天津城的人口结构发生了重要变化,城市人口规模不断增大。东门外为河、海漕船及商舶停靠之所,粮米、商货多在此接卸,形成了以天后宫为中心的商业区;北门外为南、北运河相汇之区,多有粮船、商舟停泊,形成了沿河商业区。这些城市功能分区的出现,有力地推动了天津城市内部空间结构的扩张。

这一历史时期,军事力量、漕运贸易、商业功能区的出现对城市内部空间结构的演变产生了重大的影响。天津卫城的建立和城市空间的形成，完全得益于朝廷军事力量的作用，由于军事性质的限制，城市空间结构单一；但是随着漕运和商业的不断推动，出现了自发性的集市和商业区，甚至出现了功能分区的雏形，开始向以商品集散为基础的封建性商业城市方向转变。但是，当时落后的军事城堡式城市建制难以吸引和借助外界力量，这阻碍了天津内部城市空间结构的进一步发展。

清朝，随着漕运规模的进一步扩大，为漕运转输服务的各行各业人员在此定居，各地客商来往于天津城厢内外，人口不断增长，使得天津的内部城市空间结构发生了重要的变化：城内及城厢附近，出现了比较集中的交易场所，北门外地区出现了各种专门性的街道和市场，城东和城北的沿河地区扩展为天津市区的一部分。

清朝中后期，随着西欧的船舶商品进入天津市场，东门和北门外出现了洋货街专营区，新兴的商业中心区开始崛起。随着商业贸易的繁荣，在东门外的宫北大街出现了票号、钱市、洋行，早期的银钱业和金融机构开始兴起与发展，天津成为商品货物集散的重要商埠，城市内部的空间结构出现了分化，功能分区越来越明显。此外，盐业成为城市发展的动力之一，从事盐业的商人逐渐增多，他们在天津城内及周边建造了豪宅和园林，如"水西庄"。他们还出资举办了一些地方性的水利或公益、慈善事业，如水会、书院和育婴堂等，在很大程度推动了天津城市内部空间结构的演变。

这一历史时期，漕运规模的扩大，以及由此所引发的商业贸易推动力，成为内部空间演变的主要动力；各地商人的涌入以及富商们的城市开发活动等，也在一定程度上影响着城市内部空间结构的发展（图6-29）。

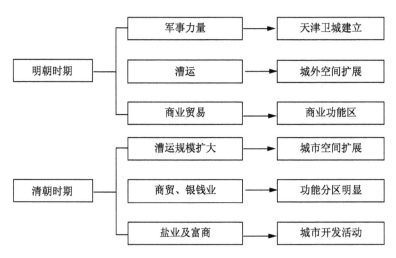

图6-29 明清时期天津内部空间结构动力机制示意图

128

3. 近代时期(1840—1949 年)

至清朝末年,政治军事力量、三岔河口的港口码头区和商业贸易一直推动着天津城市内部空间结构的发展;建城 500 年来,空间发展除最初由规划力量左右,一直处于无规划的自发性生长阶段。天津开埠初期,尽管受到外来资本贸易的冲击和租界区发展的影响,但由于传统的封建制度和自然经济的制约,天津城市内部空间结构一直保持相对稳定的封闭状态。

直到 1900 年,八国联军强令拆除了天津的城墙,填平了护城河,辟为东、西、南、北四条马路,传统的城市内部空间结构开始瓦解。上世纪二三十年代,军阀、政客和巨商等各界人士大量向租界区迁移,导致城市内部空间结构由老城厢地区转移至东南海河西岸的租界区,但由于各租界自行规划建设,城市内部空间结构相互独立,畸形发展。此后,随着工商资本纷纷涌入日、英、法租界,综合性百货商场和批发货栈纷纷建立,在中街、旭街(今劝业场)一带形成了新的繁华金融中心和商业中心,开始出现了 CBD 雏形;但由于工业沿河(南运河、海河、墙子河)和沿铁路(火车站)分布,工厂和手工业作坊混杂于居民区和商业区中,对城市内部空间结构发展产生了巨大的消极影响。

此外,对河道的整治工程对天津城市内部空间结构的发展也产生了积极的作用。如利用裁弯工程所挖出的淤泥,填平了租界区的大片洼地,城市内部空间得到了扩展。近代城市公共交通和机械化交通工具的出现,如有轨电车、汽车等交通方式的变革,对内部空间重心的转移产生了重要的影响。

进入 30 年代后,先后有过几版规划设想,尽管由于种种历史原因没有最终付诸实施,但都对城市内部空间结构的发展产生了一定的指导作用。如 1930 年梁思成、张锐的《天津特别市物质建设方案》,对"缺乏全盘设计,各自为政,不相贯属"的内部空间结构进行改造,提出恢复旧城中心结构及城市南北轴线、分级道路系统规划,对城市用地功能分区、海河沿岸规划的设想等。

日伪时期,《大天津都市计划大纲图》对天津特别市、塘沽和海河沿岸等地域的港口建设、开凿运河、城市发展、布局安排等进行规划,《天津都市计划大纲》对城市内部用地布局、功能分区等进行规划,这些为天津城市内部空间结构的发展提供了积极的引导和启示。国民党接管时期也有过扩大城市区的规划设想,如城市中心散射出交通干线,旧城区内部尽量利用并扩充,拟订了新市区规划等。后因战乱,上述规划设想均未实施,但影响了其后城市内部空间结构发展的一些思想。

这一历史时期,外力军事侵略、租界的开辟以及行政规划力量成为近代天津城市内部空间结构发展的主要动力机制。租界开发的各自为政,无序的自发性建设,导致近代城市内部空间结构的畸形发展;停留于纸面、并未实施的规划构想,为城市内部空间结构的发展提供了重要的引导和启示;此外,交通工具和城市基础设施水平的改进、提高,海河填垫的开发作用,对城市内部空间的联系与扩展也产生了一定的作用,但由于总体发展水平的限制,其动力机制的力量不强,只是起到辅助的作用(图 6-30)。

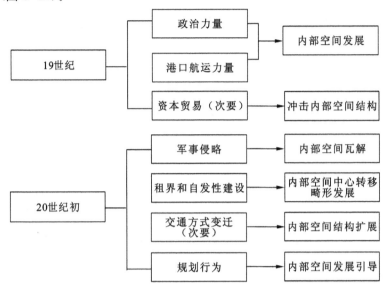

图 6-30　近代天津内部空间结构动力机制示意图

4. 1950—1978 年

新中国成立后,"环线与放射线相结合"的道路骨架设想,为城市内部空间结构同心圆状扩张奠定了一定的基础。西北部地区由于受到对外交通站线的作用,与北京这个物资调配、信息控制中心相呼应,城市内部空间结构得到了拓展。

同时,几版重要的规划总体方案在这期间也产生了重要的引导。如 1951 年的《天津市道路系统计划图》、1952 年的《扩大建成区建成计划草案》对城市内部道路网及其用地布局的规划;1953 年《天津城市建设初步规划方案》,确定了以一宫为城市中心和 10 个地区中心;1954 年总体规划对城市主轴、构造中心的追求,"三环十八射"放射路网规划,城市用地功能分区与生活服务的分设,改变了支离破碎的畸形内部空间结构状态。

1957 年《天津市城市初步规划方案》规划两个环路,南北两个辅助半环,16 条放射线的道路系统;1959 年《天津市城市规划简要说明》提出了生产与生活结合的内部空间结构组织,以简单、明确的树状结构代替了原来复杂、精细的网状结构,在此后十多年间影响着天津城市内部空间结构的走向(图 6-31)。

此后,天津行政区划的频繁调整,使得其城市性质一直没有确定,对城市内部空间结构的发展产生了不利的影响。"文革"期间,城市内部迁入大量工厂,工业与居住混杂现象日益严重,对城市内部空间结构的发展产生了消极的影响;70年代,内环线以外划定了20处工业街坊,对天津城市内部空间结构的同心圆扩张起到了催化作用(图6-32);1976年唐山大地震,作为旧区空间结构变迁的外力,对城市内部空间的破坏也是巨大的。此后的震后恢复重建工程,一时间未出现大规模成片、沿街再开发的现象,城市内部空间结构发展缓慢。

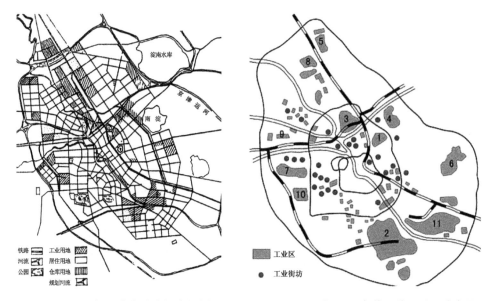

图6-31　1959年天津市城市初步规划图　　　图6-32　20世纪70年代天津工业区分布图

资料来源:天津市城市规划志编纂委员会.天津市城市规划志[M].天津:天津科学技术出版社,1994.

这一历史时期,政治行政力量和几版重要规划成为天津城市内部空间结构发展的主要动力机制。规划确定的"三环十八射"道路系统骨架,对旧城区及外围新区的功能分区,为城市内部空间结构的同心圆扩张奠定了基础;此外,"大跃进""文革"和唐山大地震等事件,对城市内部空间结构产生过消极的影响,但由于时间短暂,后来及时调整,其作用力相对较弱(图6-33)。

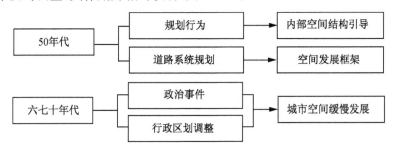

图6-33　新中国成立初期天津内部空间结构动力机制示意图

5. 1979—2006 年

80 年代初,随着海河下游二道闸的建设,低孔桥的出现,原来沿海河发展的城市内部空间格局出现了变化。纺织、食品等轻工业逐步向外围搬迁,工业企业向新市区转移,"三环十四射"环状加放射形道路网的形成,有力地推动了城市内部空间结构的发展;同时,古文化街、食品街、旅馆街、服装街、滨江道、天津站综合改造等城市的更新与再开发项目的建设,这些行政力量的介入,对天津城市内部空间结构的发展也产生了重要的作用。

1986 年《天津城市总体规划方案》对中心城区工业布局进行调整,工业逐步向外围近郊卫星城镇转移,城市内部空间确立了 1 个商业中心、2 个副中心和 11 个生产生活区,进一步促进了城市内部空间结构的集聚和扩张。

80 年代后期,为疏散旧区人口,实施了居住区的改造和新建计划,沿着中环线内外新建了密云路、体院北、小海地、王顶堤、天拖南、长江道、丁字沽、北仓、建昌道、万新村、新立村等 14 个居住区,居住代替工业成为城市内部空间结构扩展的主要动力机制。进入 90 年代后,城市外围开发区的建设和旧城再开发促使大量普通住宅从城市内部向外围分散;海河两岸综合开发工程兴起,海河段天津城市内部空间进行了功能分区,对城市内部空间结构的扩展产生了重要的作用。

1996 年天津城市总体规划提出了"进一步优化和调整中心城区用地布局,谋求新的城市中心,在外围区域大规模建设新区"的要求;新区开发与旧区再开发的大规模进行,如 90 年代开始的西南部文体科教园区与东部卫国道两侧的开发、海河东岸大规模新区开发等,有力地推动了城市内部空间结构圈层化发展。

2005 年《天津市城市总体规划》提出了中心城区依托海河主轴线,采用多中心组织形式,有选择地集中发展条件好的外围城镇组团;中心城市内部形成以"双城"(中心城区、滨海新区核心区)为中心,以"双高"(高速铁路、高速公路)、"双快"(快速轨道、快速路)为骨架的综合交通体系。该规划作为距今较近的一版总规,对城市内部空间结构的发展起到了积极的指导作用。2006 年《天津滨海新区总体规划》提出了"一轴、一带、三城区"的城市空间结构,以塘沽城区为核心,沿"一轴、一带"布局航空城、东丽湖休闲度假区、TEDA 西区及滨海高新技术产业园区、(海河下游)现代冶金工业区和海滨休闲旅游区的设想;重点开发建设于家堡商务区、开发区商务区和中心商业区,并划分了七大产业功能区,这些对滨海新区城市内部空间结构发展起到了积极的引导作用。

这一历史时期,城市再开发和政府规划的行政力量成为城市内部空间结构发展的主导力量。80 年代前中期,城市再开发活动处于分散状态,新区开发与旧区再开发并重,只是对城市内部空间的外围地区结构产生了影响;进入 90 年代之后,才逐步渗透到城区内部,将新区内部的空间结构特征大规模地引入到旧区城市内

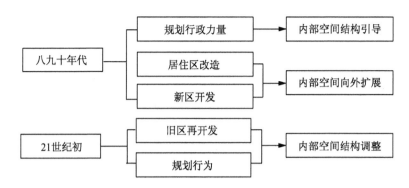

图 6-34 改革开放后天津内部空间结构动力机制示意图

部,旧区原有结构解体,从而对城市内部空间结构的同质化发展产生了重要的影响。此外,几版重要的天津市和滨海新区总规对城市内部空间结构的发展也具有很强的引导作用(图 6-34)。

6. 2006 年至今

2008 年《滨海新区空间战略规划》提出了"一主三辅,两港三区"的网络型城市空间结构,对滨海新区城市内部空间结构的发展起到了积极的引导作用。2008 年《天津市空间发展战略规划》提出中心城区空间结构由"圈层发展"向"轴向拓展"转变,打造"一主两副,沿河拓展"的内部空间结构(图 6-35),滨海新区形成"一核双

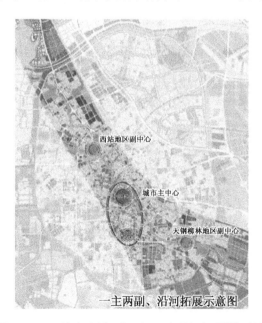

图 6-35 天津中心城区"一主两副、沿河拓展"战略图

133

港、九区支撑、龙头带动"的空间布局(图6-36),为近年来城市内部空间结构的发展提供了重要的引导。此外,港口和沿海通道的建设,区域交通网络的构建,海河中游地区建设的蓄势待发等,也对天津城市内部空间结构的发展产生了积极的影响。

图6-36 滨海新区"一核双港、九区支撑"战略图

近年来,天津市"十二五"规划、《天津市空间发展战略规划》和《天津市中心城区一主两副规划设计方案》等规划行政力量,成为影响天津城市内部空间结构发展的主要动力。未来,新兴产业和现代服务业等产业结构的升级、人口的迁移、中心城市功能布局的调整、轨道交通等交通体系的不断完善等,都将成为天津城市内部空间结构发展的新动力(图6-37)。

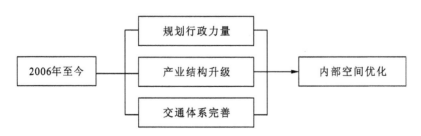

图6-37 近年来天津内部空间结构动力机制示意图

　　总体看来,天津内部空间结构演变的动力是从早期的漕运、初级航运力量到明清时期的军事力量和商业贸易,再到近代以后的外来侵略、租界开辟以及行政规划力量,直至改革开放以来的经济和行政规划力量占主导,在整个发展过程中,明清之前港口航运力量的作用因素较多;明清时期军事、漕运和商贸成为主要的作用因素;近代的外来侵略成为特殊的也是极为重要的作用因素,其促使租界区发展、城市空间重心转移;新中国成立后规划行为(路网规划和旧城再开发)、经济逐步成为重要的作用因素。这些主要和次要的动力因素,在每一个不同阶段交替影响着天津城市内部空间结构的发展,它们的空间影响效果也始终牵动着空间结构的扩展与优化。具体各阶段天津城市内部空间发展的动力机制系统如表 6-3 所示。

表 6-3　天津城市内部空间结构演变动力机制系统表

不同时期	主要动力	次要动力	空间动力效果
明清之前	初级航运力量	军事、人口	直沽寨空间扩展
明清时期	军事、漕运、商贸	盐业	城镇功能分区、城外空间扩展
近代时期	外来侵略、港口漕运、规划行为	资本贸易、交通	租界区发展、空间重心转移、内部空间畸形发展
1950—1978 年	政治、规划行为	工业、居住	内部空间框架形成
1979—2006 年	规划行为、旧区再开发、新区开发	居住区改造	内部空间向外扩展
2006 年至今	政治、经济	交通	内部空间优化

6.4　天津港口城市空间结构特征及演变规律

6.4.1　空间结构特征

1. 明清之前

　　远古时代,经过多次地质变化,退海成陆,天津地区整体空间结构呈现散点聚落分布特征,主要在北部山区和河流交汇的地方[163]。西汉年间,朝廷在天津地区设立了行政县制,但由于时间不长,区域空间结构一直表现为游离、不稳定和散点分布特征。

　　东汉末年,随着天津地区水运枢纽形势的改变、海河水系的形成,区域空间中开始出现沿河分布的小的集镇和聚落点。后虽然有过漂榆邑和角飞城这样的短暂城池,但都未对区域空间结构的总体特征产生重大影响。天津区域空间结构在一直处在不断变迁之中,呈现沿河散点分布特征(图 6-38)。

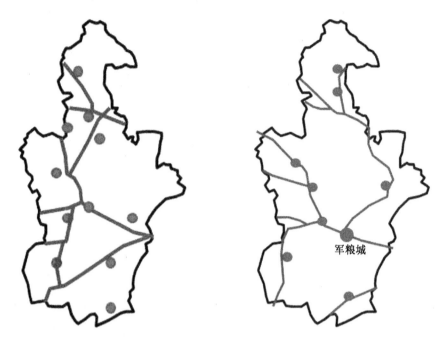

图 6-38 三国时期天津区域空间结构特征图　图 6-39 隋唐时期天津区域空间结构特征图

　　隋朝大运河的开通,使得区域空间结构呈现出沿河聚落带状分布的雏形,但总体规模还较小;唐朝江南通渤海海运事业的不断发展[264],在三会海口出现的天津地区最早较完善的港口城镇——军粮城,一时间成为区域空间结构的中心,但区域空间结构的特征未发生太大变化,只是沿河聚落的规模在不断扩大。北宋,宋辽界河的形成以及黄河再次北迁入海河等事件,使兴盛了几百年的军粮城由此衰落,一时间在界河两岸出现了诸多戍守的军寨,并发展成早期的聚落,区域空间结构呈现沿海河两岸带状分布的散点聚落特征(图 6-39)。

　　在金朝之前的几千年间,天津的区域空间结构一直处在不稳定发展时期。地理环境的变迁,水运的开发利用,相关政治军事活动断断续续,使其没有形成相对稳定的聚落和城市;唐代的军粮城算是功能比较完善的港口城镇,但也只不过是临时囤积军粮的地方,并没有形成长期稳定的城市发展脉络。

　　公元 1153 年,金迁都燕京,内河漕运和海上运输的发展,三岔河口的直沽地区出现了天津市区附近早期的人口聚落。此后,直沽寨的建立,拉开了天津最早的稳定聚落、城镇的序幕;直沽寨附近沿南北运河、海河沿岸形成了一系列聚落,区域空间结构呈现带状散点聚落分布的特征(图 6-40)。元代,随着大运河的改道,海运的兴起,直沽地区逐步发展成为区域的中心;内河漕船多停泊在三岔口上游地区,如今南仓、北仓、丁字沽一带,形成了沿河分布的人口聚落,区域空间结构初步呈现带状城镇聚落的分布特征。公元1316年,元朝改直沽寨为海津镇[163]。至元末,三岔河口地区的商业街市逐步形成,至此一个稳定的城镇空间基本形成,由港口码头区、集市贸易区以及简单的居民点组成[167](图6-41、图6-42)。

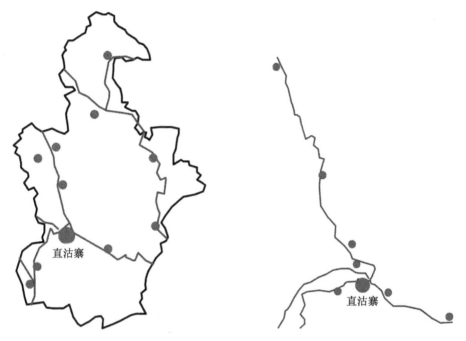

图 6-40　金朝时期天津区域空间结构特征图　　图 6-41　元朝时期天津区域空间结构特征图

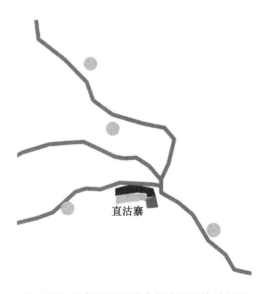

图 6-42　元朝时期天津内部空间结构特征图

2. 明清时期

至明朝前夕，现三岔河口地区出现了稳定的城镇——海津镇，初步形成了早期港口集镇内部空间，连同周边河流上下游地区沿岸，呈现带状分布的早期聚落分布特征。

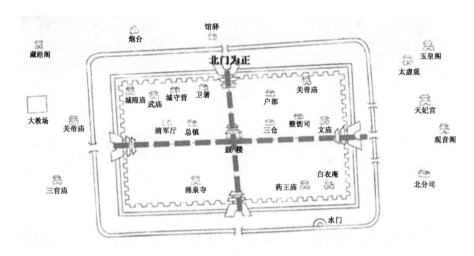

图 6-43　明朝天津内城空间布局图

资料来源：赵友华，天津市地方志编修委员会办公室，天津市规划局. 天津通志·规划志[M]. 天津：天津科学技术出版社，2009.

明永乐二年(1404)，在南运河以南、海河以西的旧三岔河口地区筑城，从行政层序上由镇演化为市[163]。据《天津卫志》记载，天津卫城东距海河 220 步，北离卫河 200 步。城垣九里十三步，高二丈五尺，东西长 1 500 m，南北宽 1 000 m，面积约 1.56 km²，俗称"算盘城"。受中国传统封建思想影响，天津卫城内部结构呈现"以鼓楼为中心，十字大街、矩形方城、东西南北四门"的古典城市布局特征。基于周边地理条件的限制，天津卫城的内部空间打破了传统的南门为正的形制，以北门为正[265]。城外为沿河道自由建设形成的鳞片状格局。

城池内部空间可分为官署区(北城)和非官署区(南城)，官署区又分为武职区(北城西部)和文职区(北城东部)，城西北部有卫署、武庙、城隍庙等，城东北部有文庙等。受地形条件限制，城内南部比较荒凉。城外东、北沿河地带，在明设卫筑城之前，漕、盐、商贸机构就已经十分繁荣；城池外部空间以三岔口为起点，沿南运河和海河方向延伸发展，呈现月牙状的布局特征[160](图 6-43 至图 6-45)。

清朝，城市内部空间出现了功能分区的雏形，三岔河口海河沿岸为港口码头区，并自发形成了供货物转运的露天仓储空间和从事贸易的商业空间；城外紧靠南运河和海河地区，以天后宫为中心；宫南、宫北商业区，北门外传统商业区以北大关

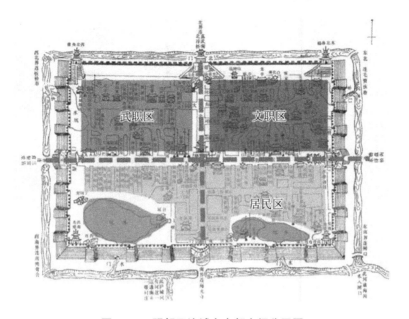

图 6-44　明朝天津城市内部空间分区图

资料来源：赵友华,天津市地方志编修委员会办公室,天津市规划局.天津通志·规划志[M].天津：天津科学技术出版社,2009.

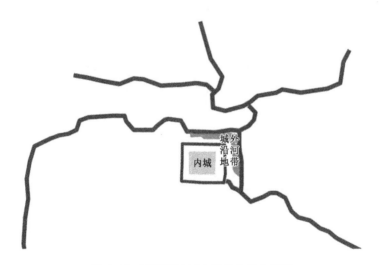

图 6-45　明朝天津城市整体空间布局图

为中心,城内是政治、文化的中心[163]。总体表现为港口商业区环抱内城的空间格局。由于行政中心和商业中心极为接近,天津城市空间呈现单核心结构特征(图 6-46)。

明清时期,天津城市内部空间依托海河水系和漕运码头,形成了往来交易的市;至筑城设卫,主要的"市"移至城外,赋予了天津城不同于其他传统封建城市的

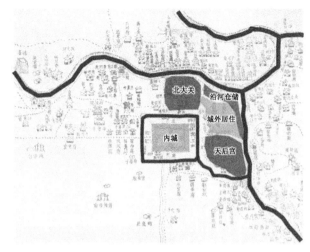

图 6-46 清朝天津城市功能分区图

资料来源:赵友华,天津市地方志编修委员会办公室,天津市规划局.天津通志·规划志[M].天津:天津科学技术出版社,2009.

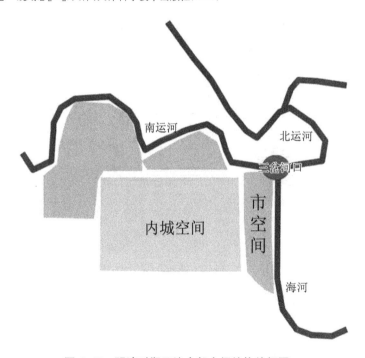

图 6-47 明清时期天津内部空间结构特征图

开放性,形成了"先市(海津镇)后城(卫城),市在城外"局部封闭、整体开放式的空间格局,总体呈现以三岔河口为中心,南运河、海河为主要伸展轴,由西向东紧凑型团块集聚特征(图 6-47)。至 1840 年,天津建成区面积约 4.5 km²,清道光二十六年(1846)《津门保甲图说》所描绘的城市空间充分反映了当时城区布局的实况[171]。天津城市内部空间结构长期处于向心集聚状态,该特征一直延续至近代。

从区域空间结构上看,明朝天津城北侧的南运河至三岔河口段为港口码头和仓储区,北运河上游的河西务作为河漕驳运的中转地区,从而形成了以三岔河口港区和河西务港区,天津卫城和河西务的"双城双港"空间结构特征[153]。清朝,南、北运河淤浅,河西务钞关、长芦盐运使、总督河道都察院等机构纷纷迁至天津,区域空间结构呈现以三岔口、天津卫城为中心,以海河和运河为轴线的"一城一港"的单核心空间结构特征;周边村落沿河带状分布,规模较小,职能单一,呈现孤立分散的特征[266]。

3. 近代时期(1860—1949 年)

1860 年后,英、法、美三国相继在天津城南兴建了紫竹林码头,港口的迁移加速了租界区的建设,实现了天津城市内部空间的第一次扩张。后来德、日相继划定租界,在海河右岸连成一片。至 1902 年,海河上游两岸租界区总面积为 15.57 km²,是 1860 年天津建成区的 3.47 倍,老城厢的 9.98 倍[163]。天津城市空间结构总体开始呈现沿海河下游发展的带形结构特征[162]。

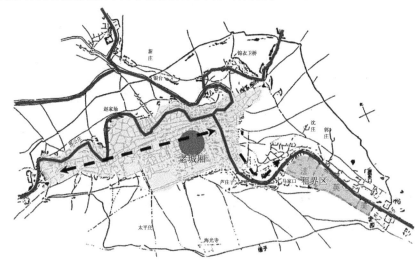

图 6-48 19 世纪末天津城市空间结构特征图

资料来源:赵友华,天津市地方志编修委员会办公室,天津市规划局.天津通志・规划志[M].天津:天津科学技术出版社,2009.

19 世纪末,老城厢地区除了内部空间的东、北、西三面稍有拓展外[163],其整体空间结构依然呈现以北门外为中心的东西延伸块状特征(图 6-48、图 6-49)。直到

1900年,四周城墙被八国联军拆除,改建为环城马路,原来封闭的空间格局被打破,呈现多元开放的空间结构特征。

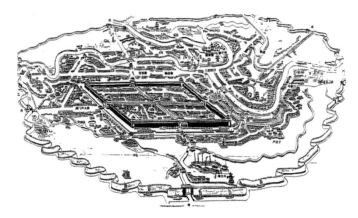

图6-49　19世纪末天津城市空间格局图

资料来源:赵友华,天津市地方志编修委员会办公室,天津市规划局.天津通志·规划志[M].天津:天津科学技术出版社,2009.

1900年后,租界区大规模开辟和建设,如英法租界的主干线中街(今解放北路)、日租界的旭街(今和平路)和法租界的劝业场一带的发展,形成了天津新的商业和金融中心。老城厢地区的空间影响力逐步减弱,空间中心从北门外地区向东北角大胡同一带转移[265]。沿河马路的建设,使得老城区与租界区在空间上逐步被连接起来。天津城市内部空间由以三岔河口为中心的块状结构特征,转变为老城区和租界区新、旧双中心沿海河西北—东南带状结构特征[268]。

20世纪初,袁世凯建设北站并开发金钟河以北地区,天津政治中心和商业中心在空间上出现了分离[163],也实现了近代天津城市内部空间结构的第二次扩张,老城厢、租界区和河北新区共同构成的天津近代城市空间格局基本形成(图6-50、图6-51)。

此外,租界区与旧城区的间隔地带——南市地区,于20世纪20年代开始陆续自行进行了开发建设活动[6],空间结构呈现松散的碎片状特征[163]。同时,利用疏浚海河泥沙,垫平了旧城西南部分坑、洼,东南墙子河以外坑塘、洼地[6];被赶出家园的住户和外地灾民,在城市边缘地带(河东地道外新开路之间)自行搭盖窝铺简房,促使城市空间向四周扩展[163]。各个不同区域具有自身不同的空间结构特征,并保持明显的异质性;天津城市内部空间结构呈现旧城区以老城厢和三岔口为中心、租界区以海河为轴多元开放的拼贴城市特征[158](图6-52)。

此后20世纪30年代,随着西广开、郑庄子、谦德庄、佟楼、新开河北岸等地区划入市区,大批难民流入,城市内部空间数倍扩展。1949年天津城市建成区面积

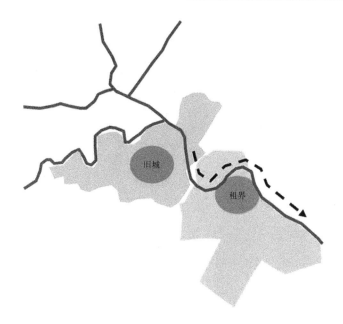

图 6-50　20 世纪初天津城市空间结构特征图

图 6-51　河北新区建设位置图　　　图 6-52　20 世纪 20 年代天津城市
　　　　　　　　　　　　　　　　　　　空间结构特征图

资料来源：赵友华，天津市地方志编修委员会办公室，天津市规划局.天津通志·规划志［M］.天津：天津科学技术出版社，2009.

达 50.3 km²，较 1911 年增加了 3.27 倍，除北部外，东、西、南三方向均向外部扩充，尤以南部最为突出[167]（图 6-53）。

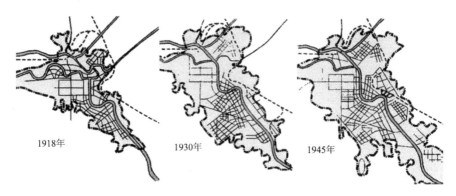

图 6-53　1918、1930 和 1945 年天津城区扩展示意图

资料来源：杨德进. 大都市新产业空间发展及其城市空间结构响应[D]. 天津：天津大学，2012.

城市内部空间结构还出现了四区分异的特征[158]（图 6-54），老城区主要是普通百姓居住，租界区以社会名流、上层人士居住，河北新区主要分布有中产阶级人群[173]，南市地区以贫民住宅区为主[158]；工厂和作坊混杂于居民区和商业区，城市内部及边缘出现了一定规模的工业区，内部空间向周围辐射，但一直处在自然平稳缓增的阶段。

图 6-54　天津近代城市四区分异格局图

资料来源：赵友华，天津市地方志编修委员会办公室，天津市规划局. 天津通志·规划志[M]. 天津：天津科学技术出版社，2009.

随着海河河道淤塞,塘沽新港的
大规模建设,区域空间开始以海河为
轴线向东南方向扩展,由港城相连,
发展为天津城区、紫竹林港区和塘沽
新港的"一城双港"的空间结构特征。

总体来看,从开埠至新中国成立
前不到百年时间,是天津城市空间结
构发展的一个重要时期。天津内部
空间结构由以老城区传统城市的单
中心团块集聚特征,转变为沿海河两
岸西北—东南拓展,中间填充,四周
外摊[171],带状畸形"租界—旧城"二
元结构特征(图6-55);区域空间结构
由封闭的单一中心特征,到沿海河向
下游塘沽地区的不连续发展,总体呈
现"一城双港"的开放式空间结构特
征(图6-56)。

图6-55 近代天津二元城市空间结构示意图

资料来源:赵友华,天津市地方志编修委员会办公室,天津市规划局.天津通志·规划志[M].天津:天津科学技术出版社,2009.

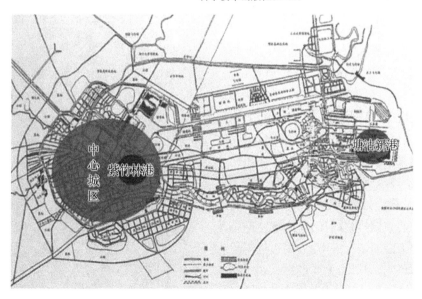

图6-56 近代天津"一城双港"空间格局示意图

资料来源:赵友华,天津市地方志编修委员会办公室,天津市规划局.天津通志·规划志[M].天津:天津科学技术出版社,2009.

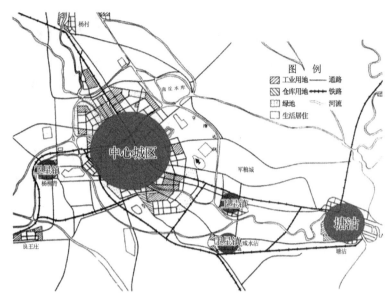

图6-57　80年代前天津"一城一镇"空间格局示意图

资料来源：赵友华，天津市地方志编修委员会办公室，天津市规划局.天津通志·规划志［M］.天津：天津科学技术出版社，2009.

4.1949—2006年

（1）区域空间结构特征

新中国成立初期，塘沽新港重新开港，海河上游市区港口逐步衰落，天津区域空间结构总体呈现以老城区为中心，塘沽地区为港口功能区的"一城一港"团块状特征；50年代末期，受到卫星城思想的影响，天津内部空间结构形成"环以近郊卫星城"格局[167]，呈现组合型城市结构特征。后虽经历行政区划的频繁调整，但天津区域空间结构表现为以旧城区为中心，周边近郊卫星城镇环绕，塘沽为重要港口城镇[268]，"一城一镇"的结构特征，并一直稳定至20世纪80年代（图6-57、图6-58）。

改革开放后，港口重心的迁移，沿海开放城市的设立和工业战略的实

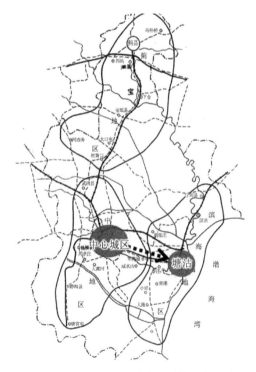

图6-58　80年代天津区域空间结构特征示意图

施,使得天津区域空间开始沿海河发展轴向海洋发展[169],区域空间发展的主体发生了重要变化,"一城一镇"单中心块状结构特征被打破,逐步表现为沿海河带状、中心城区和塘沽地区"双核心"的结构特征。

20世纪90年代后,随着天津经济技术开发区的不断崛起,天津港保税区的日益壮大,海河下游工业区的拔地而起,京津塘高速、津滨大道、城际铁路、轻轨等通道的修建[167],天津区域空间结构呈现"沿海河轴向发展"的特征趋势(图6-59)。

《天津市城市总体规划(2005—2020年)》对区域空间结构的构想,天津经济技术开发区西区、海河下游现代冶金产业区和空港加工区等海河下游城镇和功能组团的开发,使得天津区域空间结构开始呈现"沿海河双中心组团式"的特征;2006年滨海新区被纳入国家总体发展战略,区域空间地位得到提升,使得天津区域"双中心"的空间结构特征更加明显(图6-60)。

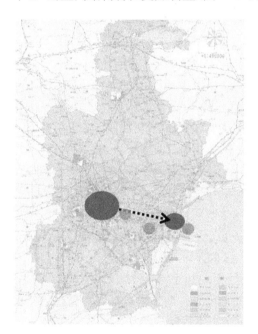

**图6-59 90年代天津区域空间结构
特征示意图**

资料来源:根据《天津通志·规划志》改绘

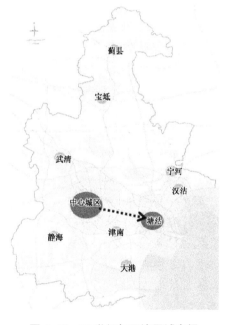

**图6-60 21世纪初天津区域空间
结构特征示意图**

资料来源:根据《天津通志·规划志》改绘

(2)内部空间结构特征

新中国成立初期,天津城市内部空间由具有中国传统文化特征的老城厢、欧式风格的租界区以及外围不断发展、融合的新区组成,基本维持团块状东西窄、南北狭长的"拼贴城市"的空间结构特征。

此后，受到"变消费城市为生产城市"、工业城市等方针的影响，城市商业中心开始衰落，以工业区为中心的旧区边缘新区建设活动开始兴起，天津城市内部空间呈现"接触蔓生"扩展特征[217]。还有相关规划设想，如《天津市道路系统计划图》《扩大建成区建设设计草案》《天津市城市建设初步规划方案》等提出的"三环十八射"环形放射路网，天津城市内部空间结构开始逐步显现"圈层放射状"的结构特征雏形。

50年代末期，出现了生产与生活紧密结合的布局方式，后来在环形放射路网基础上，在旧城区外围建设了13个生产生活区，城市内部空间结构以内、中环线放射状蔓延，呈现分散组团结构特征，进而表现为工业环形包围城市的结构特征[167]，圈层结构特征基本形成[158]。

进入60年代后，天津内部空间发展速度放缓，表现为内向充填特征，并且整体上出现均质化的发展特点[173]。同时，单中心环形地域特征日益明显[158]，内环为商业区和居住区混合分布；中间圈层为居住和工业混合区，除了西南部为科研教育区和居住区；外围为工业区和居住区混合[6]。

50年代至70年代，天津城市内部空间结构总体呈现圈层扩展的特征，西北—东南向用地迅速拉伸，如墙子河（卫津河东段）以南、新开河以北、京山铁路以东等出现了大规模工业仓储用地和工人新村；城市内部空间发展从50年代初的新区远离旧区跳跃式扩张，到60、70年代旧区逐渐被大面积新区包围[163]；由于新区不具有结构优势，因此城市内部空间结构的核心依然集中于旧城区。至1978年，天津城市内部空间结构以老城区和租界区为中心，沿主要交通干线向外，呈同心圆放射状结构特征[171]。

1980年之前，天津旧区空间结构没有发生整体性的变化。进入80年代，城市内部工业用地被新的产业空间和居住、商业、文化等用地置换[171]，"五大道"历史文化保护区和围堤道、复康路南部文体休闲区的建设，并重新确立了城市的行政和各级商业中心[163]；城市内部空间呈现混合性土地利用特征。同时，"三环十四射"环形加放射内部空间结构骨架的提出，解决了租界时期长期以来支离破碎的空间布局问题，使得天津城市内部空间结构的单中心圈层结构特征不断强化，环形空间分异突出[163]（图6-61）。此后，尽管有城市外围多处生产生活区的建设，并没有遏制城市内部空间的持续蔓延，天津城市内部空间集聚强于外围组团，城市内部空间结构圈层扩展特征日益凸显[171]。

进入90年代后，天津城市内部工业和仓储用地比例减少，在市区的外围边缘地带出现了诸如花园、武清、北辰等工业园区，环内靠近外环地区的空白地带出现了小规模填充，天津城市内部圈层空间结构基本形成[217]。后来，1996年版总体规划对城市内部空间发展提出了建设多中心的设想，以缓解圈层扩展的压力，同时提

出在中心城区外围建设军粮城、新立、杨柳青、大寺、咸水沽、双港、双街和小淀 8
个组团[165]，呈"中心城区+外围组团"的空间结构特征(图 6-62)。

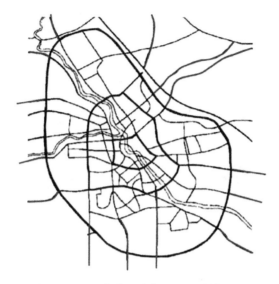

图 6-61   80 年代天津"三环十四射"路网

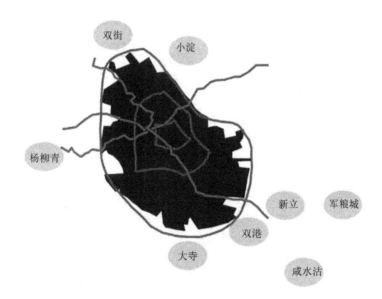

图 6-62   90 年代末天津城市空间结构特征图

进入 21 世纪后，随着旧区危旧房大规模的再开发，新区的结构特征大量引入
旧区，旧区结构新区化趋势明显，呈现主次分明的几何特性，中密度、大尺度特

征[168];包括南市区、天津最早的发源地,如海河东岸大直沽与旧城以北、南运河两岸等地区,租界区都已经被新的规划结构所代替[163](图6-63)。

至2005年,天津城市内部空间发展沿主要的城市道路放射线扩展,外围组团的功能空间虽然得到提升和扩展,但由于城市内部空间存在强大的吸引力,城市内部空间处于低效率自然蔓延的状态,其圈层结构特征愈加明显[167](图6-64)。

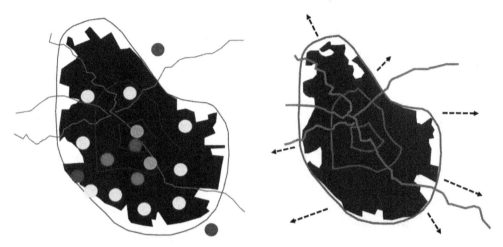

图6-63　21世纪初天津城区空间布局示意图　　图6-64　2005年天津城市空间结构特征示意图

2006年,天津城市总体规划提出了以小白楼地区为城市中心,并建立地区分中心的多中心空间布局构想;但实际上,规划预期的多中心格局未得到集中体现,包括西站和柳林地区副中心建设,由于没有任何的空间潜力优势,发展缓慢;天津城市内部空间单中心圈层扩展的结构特征仍未被打破,以内环、中环、外环为边界的圈层职能空间分化不断增强[171]。

5. 2006年至今

(1)区域空间结构特征

根据区域形势发生的重要变化,2009年《天津市城市空间发展战略规划》对区域空间结构提出了新的设想,即"双城双港、相向拓展、一轴两带、南北生态",旨在呈现"双中心+多组团"的空间结构特征[162](图6-65)。

近年来,在天津区域空间发展中,中心城区和滨海新区的空间距离逐步靠近[217];沿京津塘高速公路和海河"高新技术产业发展轴",沿海岸线、海滨大道"海洋经济发展带"的发展,"轴""带"交汇处滨海新区核心区产业和城市功能的壮大,南北港区、海河下游工业区及区域其他重要城镇的发展,使得天津区域空间结构的单核心特征,开始向"轴向、多中心"的结构特征转变(图6-66)。

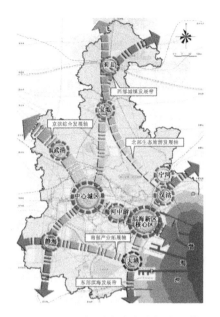

**图 6-65　2009 年天津城市空间发展战略
"双中心、多组团"结构**

**图 6-66　近年来天津区域空间
结构特征示意图**

（2）城市内部空间结构

2009 年《天津市空间发展战略规划》对内部空间结构提出了新的设想，即"一主两副、沿河拓展、功能提升"的发展思路，旨在引导城市内部空间向外围地区带状拓展，呈现多中心轴向结构特征[178]。

至 2014 年，天津城市内部空间出现了均匀分布的小尺度中心结构，主要是外围大型居住区的开发建设；规划所希望形成的几何空间结构逐步显现，城市内部空间的异质性消失殆尽[173]。从近年来实际发展看，天津城市内部空间结构单中心圈层的结构特征仍然难以扭转，虽有触角式向

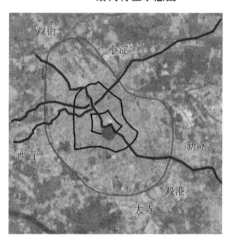

**图 6-67　近年来天津城市空间
结构特征示意图**

外扩展，但由内向外的轴向发展趋势较弱[163]，城市内部空间发展尚未出现多中心的结构特征（图 6-67）。

总体看来，天津区域空间结构演变不同阶段的特征主要表现为：早期为不稳定沿河散点特征；金元时期开始出现趋于稳定的带状散点结构特征；明清时期为"双城双港""一城一港"周边聚落沿河带状分布特征；近代"一城双港"不连续结构特

151

征;新中国成立后塘沽新港的扩建,海河下游及卫星城镇的发展,使区域空间呈现"一城一镇"组合型城市结构特征;改革开放后,塘沽地区空间地位提升,区域空间由单中心结构特征向以海河、京津塘高速公路为轴的主副双中心结构特征转变;近年来开始出现双中心组团的结构特征。具体区域空间结构演变分阶段特征如表6-4所示。

表6-4 天津区域空间结构分阶段演变特征表

时期	空间结构特征
明清之前	不稳定沿河散点分布
明清时期	"双城双港""一城一港"沿河带状
近代时期	"一城双港"不连续结构
1949—2006年	"一城一镇""一条扁担挑两头"主副结构
2006年至今	双中心组团式

在城市内部空间结构方面,不同时期的特征主要表现为:明清之前(金元)时期直沽寨呈点状结构特征;明清时期以三岔河口为核心,南、北运河和海河为主要伸展轴,由西向东呈紧凑团块状特征;随着近代租界的发展,沿海河下游带状分布,形成了新旧"双中心"开放多元拼贴的结构特征;新中国成立后随着工业环抱城区,逐步呈现同心圆放射结构特征;改革开放后进一步表现为单中心圈层结构特征;近年来表现为低效率蔓延、内向填充等特征,圈层结构特征依然明显,而多中心轴向空间结构特征并没有得到体现。具体内部空间结构演变分阶段特征如表6-5所示。

表6-5 天津城市内部空间结构分阶段演变特征表

时期	空间结构特征
明清之前	点状结构
明清时期	团块状集聚
近代时期	"双中心"带状结构
1949—2006年	单中心圈层结构
2006年至今	内向填充、圈层结构

6.4.2 空间结构演变规律

1. 区域整体空间结构

金元之前,天津地区还未形成稳定的、具有一定规模的城镇聚落;由于海河水系和港口码头的作用,在沿河流地区出现了自发性的散点聚落或城镇,如魏晋时期的漂榆邑、唐朝的军粮城、北宋的泥沽海口等河港城镇。这一时期,天津区域空间结构演变基本符合沿海平原地区空间发展的一般规律,即依托河流发展,由港口码头扩散至周边地区,形成自发性的沿河聚落或城镇。

金元时期,北京的建都,海河水系的日渐完善,优越的港口区位和军事地位,形成了天津区域空间中较早的稳定聚落——直沽寨,并随着港口码头、仓厫等设施规模的扩大,沿河流上下游出现了散点聚落分布。这一阶段,天津区域空间结构演变基本符合沿河港口城镇、聚落发展的一般规律。区位条件较好的直沽地区由于港口、军事作用,发展为天津区域空间发展的中心,成为初具规模的河港城镇,周边沿河聚落的规模相对较小。

到了明朝,直沽地区的港口规模不断向外拓展,使其真正成为天津区域空间发展的中心;北运河上游的河西务地区相关港口机构的设置,使其成为区域空间发展的另一个管理中心;同时,漕运的兴盛,港口码头的发展,南北贸易的往来,进一步推动了周边沿河聚落的成长。这一时期,在天津区域空间发展演变中,出现了一定的城镇等级,直沽区域中心效应愈加明显,也反映了河港城镇、聚落沿河带状分布的一般规律,辐射分布范围不断扩大。

清朝,港口漕运机构纷纷迁至北门外地区,河西务港区逐步衰落,三岔河口优越的港口发展条件,使得天津卫城成为区域空间发展的中心,单中心集聚作用日益增强;周边沿河地区受其辐射影响,也逐步形成了一定规模的聚落,如北仓、南仓、丁字沽、大直沽、军粮城、塘沽、杨柳青等。这一时期,天津区域空间结构演变基本符合此阶段河港城镇发展的一般规律,即以河港城镇为区域中心,不断向四周(尤其是沿河)扩散,出现沿河带状分布的聚落;天津区域空间发展以三岔河口天津卫城单中心集聚为主,辐射周边,实现沿河城镇聚落的带状发展。

进入近代,租界码头开辟,港口重心开始向海河下游东南地区转移,老城区东南的租界区发展成为新的城市功能区,进而演变为老城区和租界区"双中心"的空间结构;此后河北新区、南市地区以及外围贫民区的发展,三岔河口港口码头的衰落,以劝业场为中心的租界区成为天津区域空间发展的中心。20世纪后,海河上游河道的淤浅,塘沽海口地区港口码头及相关配套的建立[158],1939年塘沽新港的大规模建设,推动了近代塘沽地区的城市建设和天津区域空间结构的演变。

这一阶段,随着港口重心的转移,租界区的规划建设,新老城区作为一个整体,成为天津区域空间发展的中心,基本符合该阶段河港城市空间结构演变的一般规律,即港口规模的扩大和重心迁移,推动着城市向下游地区带状发展;以及区域空间中心的重塑,区域空间范围和影响力不断扩展,并辐射周边沿河城镇聚落呈串珠状空间分布,形成二、三级区域城镇结构。此后塘沽新港的建设,使得天津区域空间结构演变出现了沿海河下游海口方向跳跃式发展，反映了河口港城市"蛙跳式"空间发展的一般规律，受河道水深条件限制和航海技术的影响，区域空间结构随港口的推移而向下游出海口方向和口外海岸发展，形成"一城一镇"分离式结构[167]。

新中国成立后，发展塘沽港口工业区，建设区域中的工业卫星城镇，如军粮城、咸水沽、杨柳青、小南河等，但由于这些地区空间力量有限，区域空间发展重心仍在旧城区；天津区域空间发展保持"一城一镇（港）"格局，仍然反映了港口城市空间结构向下游入海口发展的基本规律，只是沿海河下游入海口的发展速度放缓。

改革开放后，塘沽新港地区的快速发展，海河二道闸和光华桥的兴建，上游的航线被切断，天津区域空间发展转向下游海口地区寻求新的空间，发展重心逐步向滨海地区转移。天津区域空间结构失去了沿海河连续带状发展的条件，塘沽地区与老城区在空间上出现了分离，实现了跳跃式发展。90年代后，天津经济技术开发区、天津港保税区、海河下游工业区的发展，使滨海地区的空间力量逐步加强，形成了区域空间新的中心之一。区域空间结构发展朝着以中心城区为主中心，滨海新区为副中心的"双核心"方向转变，彼此处于相对独立的状态，基本反映了河口港城市向下游海口不连续发展的一般规律。

进入21世纪，津滨走廊的快速发展，两大中心之间出现了重要的产业城镇组团，沿海河下游发展所形成的蛙跳式区域空间结构发生了一定的变化，中心城区和滨海新区间的空白地带出现了内向填充的趋势，天津区域空间结构演变表现为轴向组团的发展走向，也基本符合河口港城市空间演变的一般规律，即从由向海口下游地区的不连续发展，逐步发展为与上游地区的连续带状或组团发展的空间格局。近年来，在天津空间发展战略规划"双城双港"发展思路的指导下，两大核心互为支撑，承担各种不同的空间职能和作用。中心城区服务功能的提升，滨海新区在区域中核心地位的凸显，海河中游地区的起步建设，使得轴向空白区域进一步得到填充，这反映了港口城市地区空间演变后期的基本规律，即出现带状连绵或轴向组团，及网络化发展态势（图6-68）。

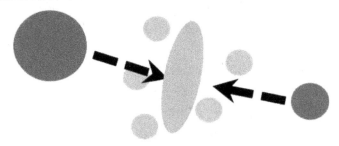

图6-68　近年来天津双城间相向发展示意图

总体看来,天津区域空间结构的演变体现了这样的发展规律:

(1)早期区域空间发展主要依托河流,在其附近形成港口码头,从而带动了周边具有自发性、不稳定的散点聚落发展,但规模较小,并没有出现区域中心;金元时期,区位条件较好的直沽依托港口码头发展为早期聚落,并沿河上下游辐射周边聚落。

(2)明清时期,区域空间以三岔河口为核心形成了稳定聚落和城镇,直沽地区成为区域空间发展的中心;受港口漕运的作用,周边出现了沿河上下游分布的聚落,区域空间结构的体系初具规模。

(3)近代时期,随着港口重心的转移,城市空间开始沿海河下游方向连续拓展,租界区和老城区共同构成天津区域空间的单中心结构,并辐射沿河城镇发展,形成二、三级城镇结构;20世纪后,随着塘沽新港的建设,区域空间发展沿着海河下游不连续带状发展。

(4)新中国成立后,由于塘沽地区和卫星城镇发展动力不足,天津区域空间向海河下游拓展速度放缓。

(5)改革开放后,随着港口深水化的驱动,港口向下游海口地区寻求新的空间,滨海新区的空间力量得到显著增强,天津区域空间真正实现了沿海河下游的跨越式发展,形成不连续发展的主副空间结构。

(6)近年来,津滨走廊和海河中游地区特色城镇产业组团的发展,双城间的空白区域出现了内向填充趋势,天津区域空间逐步发展为连续带状或轴向组团的发展态势。

天津区域空间结构演变经历了滨海平原地区早期空间发展沿河散点分布、形成稳定的港口城镇中心——直沽,此后随着港口推移向海河入海口连续和非连续扩展,并不断填充其间的空白区域,呈现带状连续或轴向组团的发展态势,基本反映了河口港城市空间发展的一般规律,即随着港口不断向水深和陆域条件较好的下游出海口方向推移,城市空间也随之向出海口方向连续或非连续发展,并不断填充轴间空白区域,形成带状连绵或轴向组团的空间格局(图6-69)。

2.中心城区

据相关史料记载,天津市区在金元之前,只有少许不成规模的临时码头,还未出现完整的聚落。直到金迁都燕京,三岔河口一带作为漕粮运输的必经之地,漕运人员及其眷属在此定居,才有了天津市区附近最早的城镇聚落——直沽寨。当时的聚落以河运码头为核心,只有少量分布的居民点、自发形成的集市,结构比较单一。

随着元朝海津镇的建置,军队人员的迁入,直沽聚落空间得到了一定的扩展。当时的聚落空间与港口码头区紧密相连,以旧三岔河口码头为起点,由外向内圈层

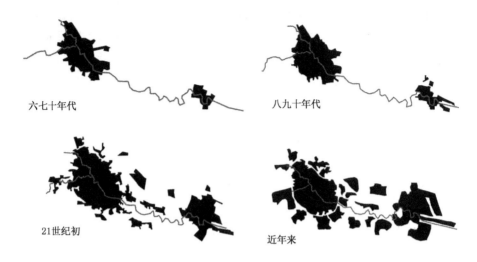

六七十年代　　　　　　　　　　　　　　八九十年代

21世纪初　　　　　　　　　　　　　　　近年来

图 6-69　新中国成立至今天津区域空间发展示意图

扩展；基本符合河港城市早期空间发展的一般规律，即以港口码头地区为中心，由外向内圈层扩展，依次为港口运输区、配套服务区、居民生活区等（图 6-70）。

图 6-70　元朝天津中心城区空间发展示意图

　　明代,三岔河口西南天津卫城的设立,拉开了天津港口城市发展的序幕。内城是按照中国传统理念规制建设的"方城十字"城池,其空间发展基本符合传统封建城市的一般规律;城外三岔河口沿河地带在海津镇的基础上,逐步向西、南扩展,自发性地形成了商贸集市区,形成了"城市分离,市在城外"的空间结构。这一时期,天津处于传统河港城市的发展阶段,其空间发展演变依循由港口区不断向外圈层扩展的规律,形成了简单的功能分区(图6-71)。

　　清朝,漕运力量的加强,商贸往来的日益频繁,促进了三岔河口沿河地区空间的进一步扩展。城外空间以三岔河口为中心,向四周圈层扩展,尤其是原来的东门和北门地区,开始向城南海河下游、城西南运河上游以及北运河上游地区扩展,多为零星不规则的聚落;城内空间一直依循封闭的封建府城发展规律,自发性的修建活动并没有改变其空间发展的走向(图6-72)。近代开埠之前,天津城区空间演变依循传统河港城市空间发展的一般规律,由早期的沿河带状,到随着港口码头及商贸规模的扩大,城区圈层团块发展[158]。

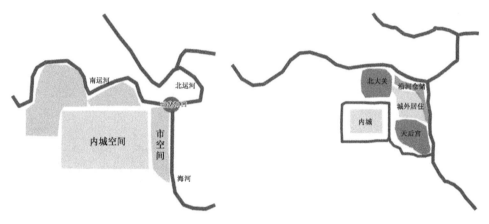

図 6-71　明朝天津中心城区空间发展示意图　　　　図 6-72　清朝天津中心城区空间发展示意图

　　1860年后,天津被迫开埠,在三岔河口海河下游5 km处设立紫竹林码头,并由此在海河西岸设立了紫竹林租界区,形成了新的城市功能区,天津城区空间发展重心随港口迁移发生了重要的变化(图6-73)。此后租界区空间不断扩大,以紫竹林码头为中心,沿海河上下游两岸带状发展,内部空间由外向内圈层扩展,包括港口生产区、商业金融区、行政办公区和居住区等,港区与租界区相邻。老城区随着1900年城墙的拆除,原来的规划结构逐步被自发性衍生的城市结构所取代,与周边沿河地区融合发展,开始依循河港城市地区空间发展的基本规律(图6-74)。

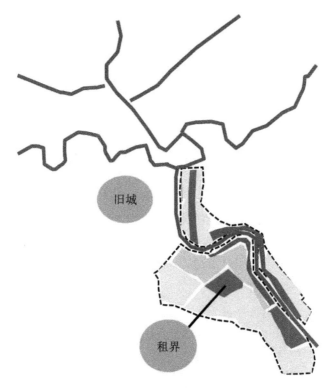

图 6-73　19 世纪末租界区空间发展示意图

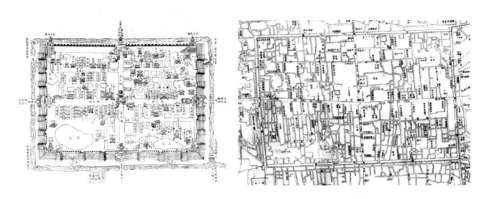

图 6-74　老城区 1846 年与 1927 年空间形态对比图

资料来源：张树明. 天津土地开发图说[M]. 天津：天津人民出版社，1998.

　　进入 20 世纪，海河东南的租界区逐步向西北沿海河上游发展，与老城区通过沿河马路相连；老城区东北部"河北新区"建设，以及南市地区开发，二者相互融合，共同形成了以租界区为中心的天津近代城市沿海河带状格局。

　　天津近代城区空间由三岔河口地区向海河下游的紫竹林港区方向发展，夹河而立,沿线老城厢、和平路、滨江道、解放北路、小白楼等地区彼此相连,形成南北长、东西狭窄的拼贴畸形河港城市空间格局,基本符合河港城市发展的一般规律,即城市用地随港口的迁移而随之向下游地区扩展,但有其历史阶段的特殊性。

新中国成立后,随着港口深水化趋势的发展,中心城区的空间发展逐步摆脱了港口作用的机制,市内港区逐步衰落,空间发展失去了沿海河带状分布的基本条件,不再依循河港城市空间发展的基本规律;工业城市的定位,旧城外围工业区和工人新村的建设,"三环十八射"路网体系的构建,使得天津中心城区形成了工业包围旧城区格局,空间范围不断扩展,进而逐步反映出大城市圈层扩展的空间发展规律。

改革开放后,旧城区大规模再开发,"三环十四射"道路系统骨架形成,城市工业用地外迁,天津中心城区圈层空间结构显著增强。通过中心城区整合度的分析,发现中心城区空间发展由原来的一两个生长轴转变为城市内外联系的各条主要道路[217];至 2005 年,各方向上的生长轴线整合度都很高,天津中心城区空间圈层扩展趋势并没有减弱,依循着现代大城市空间演变的一般规律。

近年来,中心城区外围城镇组团的发展,海河中游地区的起步建设,旨在控制空间结构圈层扩展的趋势;"一主两副,沿河拓展"发展思路的引导(图 6-75),各地区空间中心的构建,使得天津中心城区空间结构有出现多中心沿海河向中游地区轴向发展的可能。

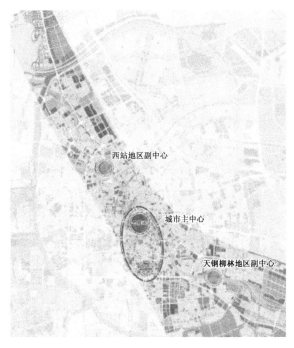

图 6-75 "一主两副、沿河拓展"空间引导图

总体看来，天津中心城区空间结构的演变体现了这样的发展规律：

（1）明清之前在直沽寨聚落形成之前，只有少量不成规模的临时码头，未出现稳定的聚落；金元时期，直沽地区开始以码头为核心，周边分布少量居住和集市，与港口码头区紧密相连。

（2）明清时期，城外空间以三岔河口港口码头为起点，由港口区向外圈层扩展，沿河出现了简单的功能分区，同时以海河、南北运河为轴，城区空间向这些方向有所扩展，城内空间相对封闭，形成"市城分离"的格局。

（3）近代时期，随着港口重心的转移，城市空间沿海河下游扩展，以紫竹林码头为中心，由外向内圈层扩展，推动了租界区的发展，港区与租界区相连，并沿海河向上下游扩展，形成带状狭长的空间格局。

（4）新中国成立后，由于港口的跳跃式发展，中心城区逐步脱离了港口城市地区的发展轨迹，不再依循河港城市的发展规律，外围工业区和居住区建设，各轴间的空地填充，不断向外沿伸展轴拓展，中心城区不断向外圈层扩展。

（5）改革开放后，进一步体现了现代大城市空间发展规律，圈层扩展进一步增强。

（6）近年来，虽有多版城市总体规划的空间引导，如多中心、轴向发展等，但中心城区圈层扩展依然明显，未发生本质的变化。

天津中心城区空间结构演变经历了河港城市和现代大城市空间发展两个不同的阶段。新中国成立前为河港城市发展阶段，由最早的码头、港口聚落、城镇空间依托港口形成自港口由外向内的圈层扩展，港区与城区紧密相连，并进一步形成了功能分区；近代港口重心转移后，依然遵循早期港口城镇的发展规律，城区用地随港口的迁移而向下游地区连续拓展，形成带状狭长结构；新中国成立后为现代大城市发展阶段，远离了港口的直接作用，开始依循圈层扩展的基本规律，并不断增强，同时伴随着内部填充和轴向扩展的发展趋势。

3. 滨海新区

天津滨海地区成陆较晚，先后经历四次海退过程[149]；黄河、海河等水系泥沙形成冲积小平原，加之海相沉积，才基本成陆[269]。东汉以及魏晋南北朝 400 多年间，滨海地带人烟稀少；隋唐，凭借"渔盐之利"，港口码头优势，滨海地区才形成了早期的不稳定聚落。

北宋，滨海地区成为重要的屯兵戍守要地[269]，出现了少量军寨和聚落；此后历经黄河改道、淤积泛滥，大量泥沙在入海口形成三角形块状陆地，并以平均 3 年 1 km 的速度向东延伸[149]（图 6-76）。至南宋期间，基本形成了天津滨海地区的空间轮廓。这一时期，由于地势低洼，盐碱度高，滨海地区经历了漫长的空间自生长过程;后来因自然环境改善、地理区位优势和"渔盐之利",滨海地区空间发展以散落居民点为主。

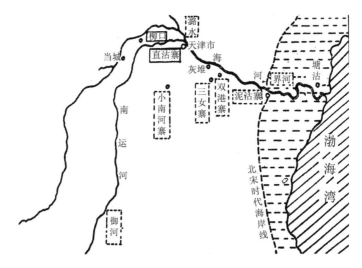

图 6-76 北宋天津滨海地区聚落空间分布图

资料来源:天津市档案馆

元代,随着海运航线的开辟,江浙一带海船在滨海地区经塘沽入海,滨海地区的地位显著上升,有了自发性的生产活动,早期初具规模的聚落点开始出现,如花儿寨(后名草头沽,今大沽地区)、渔港房(新港一带,又称塘沽滩)、小窝铺(于家堡)、塘儿沽(塘沽)、陈家堡(北塘)、水津沽(新河)、拧轴沽(宁车沽)、登山沽(邓善沽)、马海(驴驹河)、于家庄(于庄子)、新城(新城乡)等[149],表现为自发性渔业和盐业散点聚落分布的规律。

明朝,政治中心北移,天津滨海地区凭借"外接深洋,内系海口"的战略地位,发展成为重要的海防要塞。军队及外来移民的增加,漕运业的兴起,促进了天津滨海地区聚落和城镇的发展,如明朝中叶的大沽、北塘[149],海河南岸的邓善沽、新城、大小梁子,北岸地区的塘儿沽、于家堡、新河等。清朝,由于军事战略地位的提升,滨海地区空间出现了沿河分布的军事要点,并在漕运、盐业和商贸往来的促进下,进一步发展为沿河的聚落和城镇。

明清时期,天津滨海地区的空间发展以自发性建设、生长为主,城镇聚落散点无规律分布,规模较小,只有大沽和北塘两个军事港口城镇比较繁荣,尤其位于海河河口的大沽地区,基本依循河港城镇空间发展的一般规律。

进入近代,天津开埠,上游航道淤浅,受船舶大型化、港口深水化要求的影响,塘沽海河两岸出现了码头和堆栈仓库,作为天津重要的辅助港区,滨海地区空间由此出现了以港口码头为中心的沿河城镇；以北洋大沽船坞、久大精盐厂、永利碱厂为代表的近代港口工业的发展，引发了滨海地区城镇建设的高潮；人口的流动，商业贸易的进一步发展，使得滨海地区与周边内陆地区的空间联系得到加强，成为整个华北地区物资的重要集散地[149]（图 6-77）。

图 6-77　近代塘沽港口城镇用地布局示意图

1937 年，日本占领塘沽滨海地区后，对塘沽地区进行了首次有规划的建设——《塘沽街市计划大纲》[149]，并对塘沽新港进行了大规模建设。后有国民政府编制的《扩大天津都市计划》，对滨海地区空间发展提出了设想；虽未完全实施，但由于港口发展的动力作用，拉开了滨海地区近代港口城镇空间发展的序幕。

近代这一时期，滨海地区的空间发展在港口工业和近代交通方式的推动下，城镇规模得到了一定扩展，但一直处于无规划自由发展状态；1937 年，《天津都市计划大纲区域内塘沽街市计划大纲》的出台，塘沽新港的大规模开发建设，滨海地区的空间发展由散点乡村聚落向现代港口城镇发展，反映出港口城镇发展初期的一般规律，即城市空间濒临港口区，港口区集中于海河口北岸狭促地带，城镇出现了简单的功能分区，由港口区、商业区和居住区组成，用地结构单一；滨海地区形成了以塘沽港口城镇为中心、周边聚落村镇散点分布的空间格局。

新中国成立后，塘沽新港经过两次扩建，规模不断扩大，滨海地区空间进入港口城市的形成时期。尤其是塘沽地区，以沿河港口为起点，逐步向海河北岸圈层扩展，分布在海河和京山铁路之间的狭长区域，城区与港口区基本相连，有进一步向海口拓展的趋势；依托于港口工业的发展，如造船、海洋化工、石油开发、机械制造等，推动了汉沽、大港、海河中游地区葛沽、军粮城等地区的发展，但由于受计划经济和自身发展水平的制约，滨海地区的空间发展动力不足。这一时期，在天津滨海地区空间发展中，以塘沽为核心，汉沽、大港和海河下游工业区等城镇结构逐步形成；但由于中心城区引力较大，各城镇组团以单一工业生产为主，彼此处于独立成长状态；塘沽地区以港口工业为主，结构单一，区域辐射力不足（图 6-78 至图 6-80）。

改革开放后，港口重心完全转移至滨海地区，14 个沿海开放城市的设立，工业东移战略的实施，滨海地区成为天津区域空间发展的重点[179]，依托于港口工业生产、经济技术开发区的兴起，滨海地区空间进入港口城市的快速发展时期，组团群体演化的态势初现；塘沽城区空间沿海河东西进深拓展，东部随港区向海岸推进，

图6-78 新中国成立初塘沽地区空间布局图

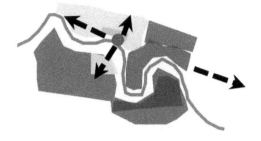

图6-79 新中国成立后塘沽城镇空间发展图

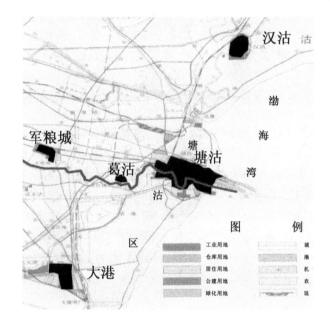

图6-80 改革开放前天津滨海地区空间发展图

资料来源:根据天津市城市总体规划方案(1986—2000)改绘

港区与城区逐步脱离,西部沿海河向上延伸,北部以蔓生扩张为主[170];同时,工业东移和港口产业外扩,推动了滨海地区其他城镇的空间发展,形成了诸多具有产业特色的小城镇,大港石油工业新城、汉沽化工工业城、海河下游工业区初具规模,各城镇组团间空间联系得到加强,但还没有形成共同发展的统一有机体。至20世纪90年代,滨海地区空间发展基本形成了以塘沽为核心,包括北翼汉沽和南翼大港的滨海城镇群(图6-81、图6-82)。

2000年后,滨海地区进一步对外开发开放,港口依存和共生产业向滨海地区转移,如电子工程、海洋生物以及交通运输、商贸服务业兴起[168],滨海地区出现了互有分工、特色鲜明的产业组团,如空港物流加工区、开发区西区、临港工业区、海

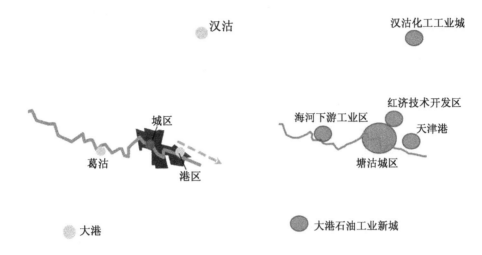

图 6-81　80 年代天津滨海空间发展图　　　图 6-82　90 年代天津滨海空间发展图

港物流区、临空产业区、先进制造业产业区、海滨休闲旅游区等；天津港保税区、东疆保税港区的成立，促进了临港产业空间的发展，在海河入海口两岸形成了独立的港口生产空间，与城区实现了空间分离；塘沽城区海河南岸空间得到了扩展，以金融商贸和港口配套工业为主；天津滨海地区空间发展出现了向心集聚态势，并沿临海岸和海河轴向展开，反映了港口城市地区快速发展时期空间发展的一般规律，即港口产业的外扩和临港空间的发展，出现了分散化的产业城镇功能组团，港城空间逐步分离（图 6-83），港口城市核心区的空间集聚力量较强，并随着功能组团间空间联系的加强，可能会出现轴带发展的态势。

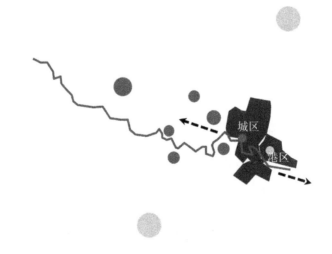

图 6-83　21 世纪初天津滨海空间发展图

近年来,天津港口空间不断扩张,以东疆港口核心区为龙头,以南北疆、临港工业区为主体的"南散北集、两翼齐飞"空间格局基本形成,并发展南港工业区和北部滨海旅游区,空间发展有继续向外海和沿海岸线向南、北拓展的趋势;塘沽城区空间受港口产业扩散效应和空间疏解的作用,不断向周边地区扩展,主要是北部和南部地区;泰达开发区为港口配套产业和高新技术产业的承接地带;天津港保税区发挥港口离岸金融、对外贸易等功能;塘沽城区以居住、商业、金融等现代服务业功能为主。总体空间发展为"前港后城"的格局,形成若干特色鲜明的功能区,彼此分工协作,各有侧重,向心集聚趋势愈加明显。

滨海新区的空间发展初步形成了以塘沽城区为中心,汉沽新城和大港新城为两翼,海河下游城镇和其他产业功能区的多组团格局;津滨产业发展轴上的各功能组团进一步完善,空间力量不断壮大,并有连绵发展的态势;塘沽和汉沽间有自然湿地阻隔,出现了空间的跳跃式组团发展;大港与塘沽间有大面积盐田阻隔,两者联系较弱[217];沿海岸线、海滨大道、海河和京津塘高速方向,由分散块状向组团轴向趋势发展。

总体看来,天津滨海新区空间结构的演变体现了这样的发展规律:

(1)明清之前,军寨出现,海运航线开辟,依托最早的沿河码头,出现了自发性居民点,它们都是不稳定的散点聚落。

(2)明清时期,在漕运和军事力量作用下,依循滨海平原地区早期空间发展的规律,出现了散点聚落、城镇,它们分布于沿河地带。

(3)近代时期,依托塘沽码头,出现了最早的成熟的港口城镇,港口空间与城镇空间相邻,出现了简单的功能分区(港口区、居住区、商业区),依循港口城镇初期空间发展的一般规律。

(4)新中国成立后,进入港口城镇的发展时期,以沿河港口为起点,城区用地向海河北岸圈层扩展,港口与城区相连,并进一步向海河下游入海口方向扩张;同时,辐射周边重要城镇,如汉沽、大港、海河下游工业区。

(5)改革开放后,进入港口城镇快速发展时期,城区向北岸圈层扩展,港口继续向下游推移,港口与城市逐步出现了分离;同时港口功能的外扩,促进了其他周边城镇的发展,滨海地区空间出现了群体发展的态势。

(6)近年来,滨海核心区向心集聚不断增强,港口空间不断扩张,港城分离愈加明显;同时港口产业的外扩和临港空间的发展,使滨海新区出现了不同功能的产业区,空间结构出现了分散组团的发展态势(图6-84)。

天津滨海新区空间结构演变经历了近代之前不稳定散点聚落和近代之后河港城市空间发展两个不同的阶段。早期依托简易的港口码头,形成了自发性的不稳定散点聚落,近代才出现了真正意义上的港口城镇,此时港口与城镇空间紧密相

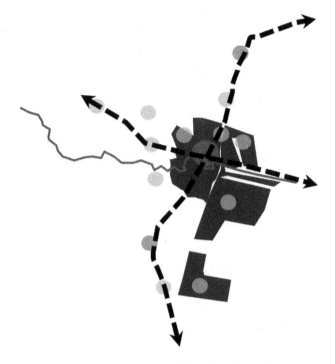

图 6-84　近年来天津滨海空间发展示意图

连,并以港口码头为起点,向海河北侧圈层拓展;随着港口空间向海口推移,城市空间出现了东西向延伸,且城镇空间与港口逐步出现了分离;近年来港口产业的外扩、临港空间的发展,以及滨海新区相关产业功能区的建立,使得核心区向心集聚的同时,出现了外围分散组团的空间趋向,这也基本符合港口城市快速发展时期空间扩散的基本规律。

7 天津城市空间结构的调整与优化

7.1 天津城市空间结构发展现状

7.1.1 区域整体空间结构

天津所处的京津冀地区空间发展将直接影响到天津区域空间结构的发展。依据理想空间布局结构，一般以大城市为核心，周边中心城市在外围，构成分层结构。如长三角地区的上海，与其周边邻近的城市形成了多层级分层结构，互有分工。而长久以来，京津冀地区的空间发展始终没有形成区域中心城市，难以发挥核心城市辐射和带动整个地区经济的作用。

目前，京津冀地区的空间发展面临诸多困难和问题。首先，京津两大城市始终坚持单一大城市的全面发展，缺少足够的交流与合作，甚至陷入恶性竞争，更没有发挥龙头作用，无法有效带动区域内其他城市的发展；其

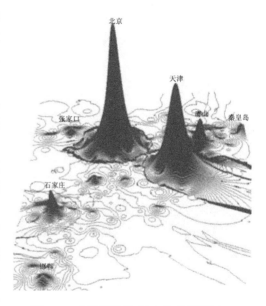

图7-1 京津冀地区 GDP 发展示意图

次，京津冀地区整体功能布局不合理，城镇体系结构失衡，京津两极过于"肥胖"，周边中小城市过于"瘦弱"，整体发展差距悬殊，特别是河北与京津两市发展水平差距较大（图7-1）。北京集聚过多的非首都功能，"大城市病"问题突出；天津的空间发展受到北京空间资源恶性竞争与政策性挤压，导致其空间资源大量流失，错失了诸多快速发展的机遇，发展较其他直辖市地区相对缓慢，一直未能充分发挥自身优势和特色，城市职能和定位不明晰。

以上京津冀区域空间发展的现状及问题，在宏观上决定了天津区域空间结构发展的大基调和大背景，为后面的区域空间结构优化提供了依据和方向。下面，从区域

内部层面对天津区域空间结构的发展现状进行简要的分析。天津区域空间范围即现市域范围，总面积 11 919.7 km²。它包含中心城市地区和近郊地区(图 7-2)。

图 7-2　天津区域空间范围图

图 7-3　天津区域空间结构图

资料来源：中国城市规划设计研究院. 天津市空间发展战略规划[Z]，2008.

由上一章节所述，天津区域空间格局长期以来一直延续着"单中心"结构。从最早的三岔河口到明清老城厢地区，再到近代老城与租界区共同构成的天津旧城区，直至港口向入海口方向迁移，塘沽新港的扩建，才孕育了天津区域新的生长点。新中国成立后至改革开放几十年，区域"单中心"空间结构始终未发生根本改变。直至 20 世纪 80 年代，随着工业东移战略的实施，港口对全市尤其是滨海塘沽地区的带动作用日益凸显，在海河入海口出现了初具规模的城镇综合功能区(图 7-3)。

此后，出现了多版规划设想和相关建设项目，对天津区域空间结构的发展作了有益的探索。诸如 1986 年版总体规划的"三大城市群"和"一个扁担挑两头"区域空间结构设想，海河两岸综合开发工程和京津塘高速公路的建设，1996 年版总体规划"轴向＋组团"的设想，2006 年版总体规划"主副结构""一轴两带三区""双核多中心网络化"城镇体系构想，滨海新区的开发开放被纳入国家战略，2009 年战略"双城双港、相向拓展、一轴两带、南北生态"的总体构想，"三轴、两带、六板块"空间布局，还有北京、河北乃至京津冀层面的相关政策和规划研究。但由于种种复杂的原因，区域空间的实际发展产生了偏差，主要存在以下几个问题：

1. 区域内空间组织集聚点单一，节点间规模等级不合理

长期以来，中心城区一直是天津区域发展的重点地区。目前，天津中心城区聚

集了超过全市 40％的人口,60％的金融、贸易机构,以及接近 50％的公共服务设施,形成了 500 万人口规模的特大城区[127]。

近年来,中心城市用地结构的不断调整,使得其城市综合服务职能和向心力不断增强,加之其"环形＋放射"的路网格局,在客观上进一步加剧了中心城区人口和城市功能的集聚,从而导致区域内集聚点单一,中心城区压力过甚,引发了诸多城市问题。区域内单一点(核心)的过度集聚,也影响了其他生长点的合理发展。作为区域双中心之一的滨海新区,由于中心城区城市功能的过度集聚导致其城市职能不足,目前还是以工业、港口等生产职能为主,城市结构单一,综合服务职能较弱,从而大大影响了其向综合性港口城市地区迈进的步伐,制约了其应有的空间影响力。

中心城区外围的卫星城镇(新城)地区由于发展定位不一,分工不明确,目前存在职能单一、相互间恶性竞争的问题,还未能有效缓解中心城区的压力,发挥良好的功能疏解作用,在天津区域空间发展中的力量还较薄弱。区域内的近郊地区,如蓟州、宝坻、静海、宁河、武清等区发展则相对缓慢,规模普遍偏小,在区域内带动作用较弱。目前,蓟、宝坻、静海、宁河、武清五区的经济总量仅占全市总量的不到5％,人口比重也在不断下降,中心镇整体实力较弱,有些甚至低于一般镇规模。它们彼此空间联系不足,独立发展,各自为政,没有合理明确的功能定位,分担区域空间的力量微乎其微。

总体看来,天津区域空间结构核心点过度集聚,重要生长点单一,其余生长点分工不明确,发展缓慢,带动作用较弱,未能有效呼应和分担核心点的功能;区域空间结构中,点的规模和等级相差较大,彼此空间联系不足,尚未形成合理的多层级城镇空间体系。

2. 区域内发展轴线单一,导致局部密集发展,交通压力过大

自 20 世纪 80 年代以来,天津区域空间结构发展一直依循"一条扁担挑两头"的空间发展模式,加之受到京津塘综合城市发展轴的叠加作用,天津区域空间发展的核心要素(港口、滨海新区核心区、开发区、高新区、空港、中心城区)不断集聚于中心城区与滨海新区之间区域[127],海河两侧天津大道以北、北环铁路以南之间的"扁担"地区,即津滨走廊地区(图 7-4)。

根据国内学者何丹的研究,自 2000 年以来,天津区域

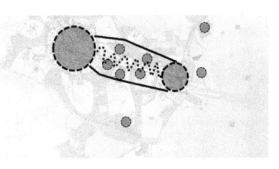

图 7-4　天津津滨走廊轴线示意图

空间拓展最大的方向是东南方向,中心城区和滨海新区沿着津滨走廊地区呈现相向发展的态势,并随着津滨轻轨和津滨大道的修建得到进一步强化[172]。此外,同处一个发展轴线,而天津西北方向与北京一直未形成合力发展的态势,西部武清地区发展缓慢,明显落后于东部沿海地区,不利于区域的一体化发展。目前东部滨海发展带和西部城镇带的空间扩展速度较慢,实力较弱,其余区域间沿重要交通干道形成的城镇产业发展轴线,如津港、津围、津静、津宁等轴线也较主轴线发展相对缓慢(图7-5)。

图7-5　天津区域单一轴线示意图

总体看来,天津区域内各种要素目前在津滨走廊上的过度集聚,产生了强大的极化效应,导致发展轴线过度单一;其余各发展轴线等级规模相差悬殊,难以带动区域的协调发展,区域内等级合理、层次分明的轴线体系还有待进一步完善。

3. 区域内空间发展不平衡,难以实现协调发展

从上述区域内点和轴线发展的角度分析,天津区域空间结构中,点的过度集聚和不均衡分布,以及轴线的单一,多层级系统的缺乏,导致了由点和线所围合组成的各个功能区发展的不平衡。

目前,天津区域空间中最大的集聚功能区就是由中心城区和滨海新区,以及津滨走廊所围合构成的中心城市地区,几乎大部分的空间资源、要素、城市功能和主导产业都集聚在这个区域。这种巨大的极核效应导致了区域内空间发展的极度不平衡,从而形成发达的中心城市和落后的农村地区现象,如环城四区的不平衡发展问题、区域发展动力不足等;近年来提出的几大新城建设设想,其集聚效应也尚未体现。

2009年版空间战略所设想的"三轴、两带、六板块"的格局,从目前看,除了中部核心功能区发展较快,城镇化水平较高,在区域空间发展中占主导地位,其余各个板块功能区(南部、西部和北部功能区)由于所在的生长点和发展轴线级别较低,且不成体系,因此总体发展水平相对缓慢,与中部核心功能区相距甚远。

7.1.2　中心城区

长久以来,天津的空间发展一直是以中心城区作为单核心来进行空间组织的。从明清时期的三岔河口,到近代的九国租界,再到"三环十八射"的市区,中心城区一直是天津市的区域中心。

事实上,为有效缓解中心城区的压力以为区域赢得更大的发展空间,近几十年来规划工作者们一直不懈努力,诸如1980年代后期"工业东移"战略的实施(中心城区的工业外迁非但没有使原有的空间和压力得到释放和缓解,反而更加强了中心城区的集聚效应);1996年版规划确定的中心城区及其外围八大组团;2006年版规划确定的多中心空间组织形式;2008年版《天津市城市空间发展战略规划》确定中心城区由"圈层"向"轴向"拓展转变,形成"一主、两副"的中心结构等(图7-6)。

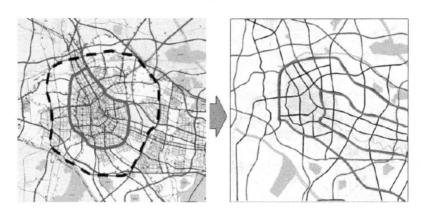

图7-6 中心城区空间由"圈层"向"轴向"发展转变

资料来源:中国城市规划设计研究院,天津市城市规划设计研究院.天津市空间发展战略规划[Z],2008.

但从多年实施和实际发展来看,效果却不甚理想,基本上都未能达到缓解中心城区压力的目的。从目前的发展情况来看,中心城区空间发展主要存在以下几个方面的问题:

1. 整体空间形态趋于复杂,存量空间需进一步优化;轴向拓展趋势初显,还有待进一步合理引导

天津中心城区的空间发展起源于三岔河口的天津卫,当时的面积仅为1.5 km²,此后历经数百年变迁,城区面积不断扩大,至2014年末达到390 km²(图7-7)。从下面的表7-1可看出,空间扩展速度越来越快,尤其在20世纪50年代末和2008年左右,中心城区的空间扩展增速分别达到8.33%和10.3%。

表7-1 天津市典型年度中心城区空间扩展面积及增速表

序号	1	2	3	4	5	6	7	8	9	10	11
年份	1405	1860	1917	1948	1954	1958	1964	1976	1994	2008	2014
面积/km²	1.5	4.48	16.5	53	85.7	119	136	161	242	376	390
增速/%	—	0.01	0.21	1.18	5.45	8.33	2.78	2.10	4.51	10.3	4

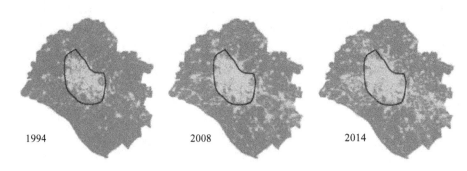

1994   2008   2014

图7-7   天津中心城区空间发展变化图

资料来源：天津市卫星遥感影像

通过"分维数"和"紧凑度"对中心城区空间扩展及其形态进行分析后发现，自1995年以来，中心城区空间分维值不断上升，特别是在2000年和2005年，这表明城市边缘区轮廓越来越不规则；而自2010年后，分维值表现为缓慢上升，则表明中心城区空间扩展以内向填充为主，趋于相对稳定状态（图7-8）。

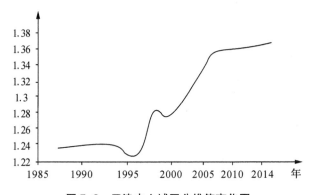

图7-8   天津中心城区分维值变化图

从紧凑度变化来看，在2000年和2005年，中心城区的紧凑度出现了下降趋势，表明城市空间的不规则性加剧，空间形态趋于复杂，中心城区边缘呈现"碎片化"趋势[172]。这主要与外围城镇组团的扩张有关。自2010年后，中心城区紧凑度数值渐趋于平稳，表明空间扩展速度放缓，趋于稳定，这与中心城区近年来的内部小规模填充基本符合，如都市工业园区和新建居住区的开发等（图7-9）。

此外，自20世纪90年代后期开始，中心城区内部空间扩展出现了明显的西北—东南走向的轴线倾向，城市向北沿北运河、向西和东南沿海河扩展最为迅速，但北部的发展轴基本以自下而上的发展为主，较东南部空间发展而言，发展质量较低[217]。

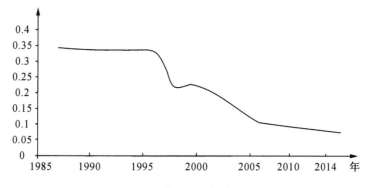

图 7-9　天津中心城区紧凑度变化图

总体看来,目前天津中心城区的整体空间结构圈层扩展有所放缓,内部空间趋于稳定,边缘区出现"碎片化"趋势,外在形态趋于复杂;由于中心城区强大的向心引力,在内向填充的过程中,以主要交通干道为放射线,大有与外围组团连片发展的态势;中心城区内部用地已经逼近外环,低效率蔓延持续,城市边界日益模糊;在城市空间拓展方向上,出现了西北—东南方向轴向发展的趋势,但目前对内没有有效的轴线引导组织和沿线合理的功能布局,与周边地区空间关系也缺少衔接和呼应。

2. 单中心集聚明显

长期以来,和平路、滨江道地区具有良好的配套基础和雄厚的实力,一直作为中心城区传统的商业中心。由于综合性副中心一直没有得到很好的培育,该地段的单中心地位不断强化。

目前,在海河南岸和平区的滨江道、南京路、小白楼地区,形成了一定规模的中心商务区。城市功能过度集聚在以此为圆心的内环线内,从现状容积率分布来看,中心城区内环线内 90% 以上地块的容积率达到 4.0 以上,60% 达到 6.0 以上[270]。这种城市内部空间的单中心集聚,高密度、高强度开发对中心城区城市基础设施和历史风貌保护造成了巨大的压力,并会产生相互制约的不利影响(图 7-10)。

3. 核心商务区尚未完全形成,公共服务设施分布不均,服务业水平差异明显

目前,中心城区小白楼、南京路地区的中心商务区还未完全形成,其间居住用地比例过高,而商服用地利用率较低[158],城区的整体功能品质有待进一步提升;同时,中心城区内公共服务设施分布不均,水平差异较大;市一级的公共服务设施主要分布在和平区海河南岸、河西和南开区,而河北、红桥和河东三区则相对较少,空间分布不平衡(图 7-11)。

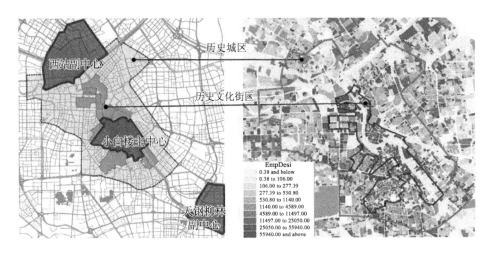

图 7-10　中心城区单中心集聚对历史风貌保护的压力示意图

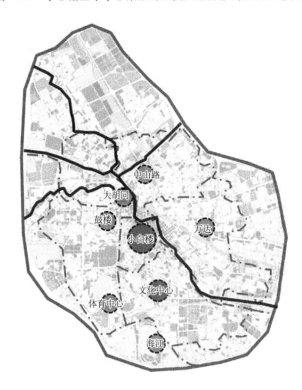

图 7-11　天津中心城区公共服务中心分布图

从中心城区现状高端服务业分布来看,和平区作为核心地区,服务业发展水平相对较高,但高端服务业集聚总量和辐射能力还比较薄弱[270];河西服务业还需进一步提高整合度和辐射力,培育新的增长核;南开区传统服务业比重较大,新兴产业和高端服务业相对薄弱;河东区服务业现主要分布于六纬路、十一经路附近区域及后广场新开路两侧,津滨大道、中山门等地区,总体发展水平不高;河北和红桥的服务业总量较低,且以传统服务业为主,主要分布于中山路和大胡同地区。

总体看来,中心城区的中心商务区尚未成熟,现代服务业水平还有待提升,且服务业水平差异明显,以海河为分界线,西侧商业、金融、贸易等服务业水平明显较东侧高,分布很不均衡。

4. 零星工业用地和工业区制约城市空间的合理发展

随着多年来"工业东移"战略和"退二进三"进程的推进,天津高新区、海河下游工业区和相关外围城镇组团的建设,中心城区内的工业用地比例和其占全市工业总产值比例出现了明显的下降,但仍有少量零星用地夹杂其中,对城市环境和交通产生了一定的负面影响。

目前,中心城区内的工业用地主要集中在中环与外环的边缘地区,如北仓、铁东等;中环内有少量的零星工业点,规模较大的有白庙地区;工业用地总体呈现环形包围城区的格局,对周边居住区及城市生态环境产生了不利的影响(图7-12)。

图 7-12 天津中心城区工业用地分布图

5. 城市生态绿地系统发展不均衡,城区边缘生态空间遭到蚕食

城市绿地生态系统决定了城市空间结构发展的基底,影响着城市发展的大环境。表 7-2 显示,目前天津中心城区河西区和南开区的生态绿地数量较多,如梅江、文化中心、水上公园、华苑等地区,其余各区则规模相对较小,以点状分布为主,总体呈现"南多北少"不平衡分布(图 7-13)。

表 7-2　中心城区各区公园数量及面积统计表

中心城区主要各区	公园数量	公园面积/ha
和平区	1	1.46
河东区	7	67.27
河西区	13	138.32
南开区	7	313.60
河北区	5	65.75
红桥区	8	55.52

资料来源:天津市统计局.天津市 2015 年统计年鉴[Z],2015.

图 7-13　天津中心城区主要绿地分布示意图

①和平区由于面积局限,城市开发强度较大,生态绿地空间规模较小,基本都是租界时期所遗留下来的,海河沿线生态滨水岸线受到高强度城市开发的威胁,生态空间面临进一步萎缩的危险;②河北、河东、红桥三区生态绿地受制于经济发展水平,生态绿地空间品位有限,还面临着旧城改造更新的巨大压力,生态绿地发展水平总体不高;③南开和河西地区由于自身原有生态资源的优势,加之天津市科技文化重心的转移、外围高档居住区的建设,目前这两区成为天津中心城区生态绿地空间比较充足、环境较好的区域。

此外,随着中心城区外围地区,尤其是快速路与外环之间居住小区和都市工业区的建设,位于中心城区外环线边缘的生态空间,如湿地、湖泊等,近年来正在逐步减少,面临着被蚕食的威胁。

6. 整体路网连通度较差,分工不明确,对外交通过境压力日益增大

20世纪80年代,天津在全国首次提出了环状路网的规划,即"三环十四射"城市道路交通体系,这个理念在当时确实解决了一定的城市问题[158];但随着城市功能的不断集聚和人口的不断增多,这种单中心的环状放射路网,使中心城区面临了前所未有的压力。

目前,中心城区的路网一直延续三环和十几条城市主要干道向外放射的形式。近年来虽修建了快速环路,但这种框框式的环状路网,导致了中心城区通勤压力日益增加,主要集中在内环、中环、南部和东部快速路,以及城区与外围组团相连的放射干道上,如金钟河大街、京津路、卫津南路、津塘路等。同时,在旧城区,树状路网通达度较低,组织灵活性差,非直线系数大,造成局部交通组织不畅,主要分布在商业区和原租界区等道路网密度较大的区域;中心城区与外围组团间通勤交通的双向(由内向外和由外向内同时进行)拥堵,对城区放射主干道产生了巨大的压力。

此外,中心城区内现状各级路网等级不合理,低等级道路匮乏,次干路、支路网连通性较差,导致城市骨架路网承担多重功能和压力,内部路网尚未形成良好的功能分工。

在城区对外交通方面,目前津保、津沧、津蓟等高速公路与外环线直接连接,致使外环线同时承担了过境交通和城区外围疏导等多重功能,面临了巨大的压力。同时,随着中心城区外围地区城市化的快速发展,它们之间的普通干线公路交通负荷增大,原来的一些公路逐步失去了国省道功能,部分国道穿城而过,如津塘公路、京津公路等,功能定位不清晰。

7.1.3　滨海新区

天津滨海新区成立于1994年,位于天津东部临海地带,地处京津冀城市带与环渤海城市带构成的"T"型城市带的交汇点。行政区划多次调整,现辖16个街道、5个镇,包括七大功能区,陆域总面积约为 2 270 km²,是一个由多个功能区域和行政区域组成的复合城镇密集区。

依据上一章分析,天津滨海地区的城镇空间发展起源于两汉和魏晋时期的渔盐村落,到后来北宋时期的军寨铺、明清时期的军屯等,但由于受自然环境的限制,生产力水平较低。至近代,随着港口重心不断向下游迁移,塘沽新港的大规模建设,滨海塘沽地区出现了以港口工业为主的城镇功能区,空间规模较小,用地结构单一。新中国成立后至改革开放,由于受到沿海不发展政策和中心城区功能集聚发展的影响,滨海地区的空间发展动力不足,工业生产职能单一,处于空间发展相对缓慢的状态。

80年代后,相关国家政策和重大事件,诸如海河上游航道的断行,14个沿海开放城市的设立,天津工业东移战略的实施,天津经济技术开发的成立,海河下游工业区、天津港保税区、塘沽海洋高新技术产业园区、空港物流加工区、东疆保税港区、临港工业区、南港工业区以及于家堡、响螺湾中心商务区等功能区的起步建设,滨海新区行政区划的调整,中欧空客A320总装线、中国石化100万t/年乙烯、中新生态城等一系列重大项目的落户等,有力地推动了天津滨海地区的空间发展(图 7-14)。

此外,近30年来多版规划也对滨海新区空间结构的发展作了有益的探索。如1986年版天津市城市总体规划提出了滨海城镇群的

图 7-14　滨海新区大项目示意图

发展构想;《天津市滨海新区城市总体规划(1994—2010 年)》提出"一心三点"的组合型城市空间结构设想;1996年版天津城市总体规划提出滨海新区建成以港口为龙头,开发区、保税区为基础,外向型经济为主导的现代化新区;2005年版天津城市总体规划提出滨海新区"一轴、一带、三城区"的空间结构,构建核心区"前港后城,一轴三带"的空间布局;2006年版《天津滨海新区总体规划》提出沿"一轴、一带"布局航空城、东丽湖休闲度假区、TEDA西区及滨海高新技术产业园区、(海河下游)现代冶金工业区和海滨休闲旅游区,构建"天津中心城区—塘沽城区"双核心空间结构;2008年版《滨海新区空间战略规划》提出构建"一主三辅,两港三区"的网络型空间结构(图 7-15);2009年的《天津城市空间发展战略规划》提出了"一核双港、九区支撑、龙头带动"的滨海地区空间构想。

上述规划理论层面的探索和设想,经过多年实施,在实际发展中出现了种种误

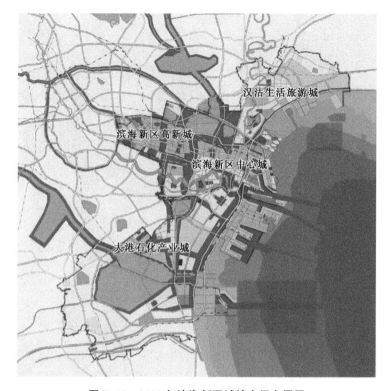

图 7-15　2008 年滨海新区城镇空间布局图

资料来源:天津市城市规划设计研究院.滨海新区空间发展战略规划[Z],2008.

差和弊端,效果不甚理想。从目前发展情况来看,滨海新区的空间发展主要存在以下几个问题:

1. 职能单一,多头发展,区域核心带动能力不足

长期以来,滨海新区的发展依托港口,高度依赖和围绕工业生产进行组织;生产基地特征显著,高端的城市服务职能过度依赖中心城区,城市载体功能较弱[179]。滨海新区的对外吸引力和辐射带动作用严重不足,职住分离现象严重,无法承担国家赋予的区域发展重任。

同时,滨海新区空间发展主体较多,如切块分头的中心商务区、经济技术开发区、滨海高新技术产业园区、天津港保税区、东疆港保税区、临港经济区、南港工业区等,这种组团分散布局方式,尽管能充分发挥次级发展主体的积极性[171],然而多头、平级发展,却导致区域空间集聚力量较弱,缺乏核心空间引导主体,不利于区域整体上整合提升和协调发展(图 7-16)。

2. 各功能区空间联系不足,发展不平衡;区内套区,用地布局混乱

滨海新区各功能组团的专业化特色非常突出,开发区以外向型制造加工为主,

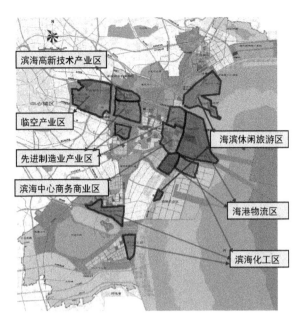

图 7-16　滨海新区多头发展现状图

保税区以外贸物流为主,天津港以转输和国际贸易为主,塘沽城区以商贸服务为主。它们的空间区域界限明显,彼此独立封闭管理运行,功能上呈现孤立发展的态势。

目前,滨海新区核心区对周边地区具有强大的吸引力,且向心集聚的势头愈加明显。大港新城以石油化工工业为主要职能,目前工业基础较好;汉沽新城以海洋化工和石化工业生产为主要职能;海河下游工业区以冶金为主要职能,承担了中心城区工业东移的职能。

总体看来,滨海新区各区间功能差异大,彼此间经济联系和协作较弱,加之中心城区强大的磁力作用,使各组团与中心城区的联系更为紧密,各功能区虽然地域相近但空间联系不足,未能形成区域整体联合发展的态势。此外,滨海新区核心区向心集聚作用强劲,空间增长点单一,天津港、塘沽城区、经济技术开发区和天津港保税区之间,区内套区,互相制约;海河以北和以南地区发展不平衡(图 7-17)。

从内部空间布局上看,滨海新区各类用地结构也存在诸多问题和矛盾。区内公共服务设施用地数量较多,但总体发展水平较低。目前,滨海新区主要有四个公共服务中心,一个是以解放路为中心的行政商业中心,一个是在第二大街附近的开发区综合服务中心,还有两个分别是汉沽和大港的商业中心(图 7-18)。这些地区

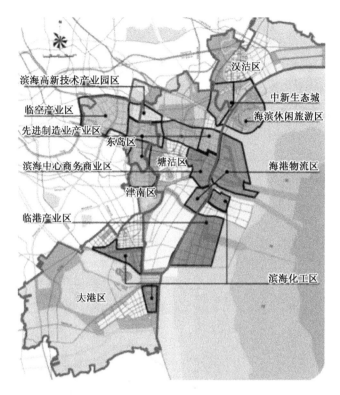

图 7-17 滨海新区行政区划与功能区嵌套现状图

资料来源:根据滨海新区总体规划(2005—2020 年)改绘

图 7-18 滨海新区主要公服中心分布图

目前以提供低端服务、生活配套服务为主,尚未形成现代化城市服务中心[168]。滨海新区核心区的居住用地比例偏低,且不同片区居住环境和建筑质量两极分化严重;且与工业、仓储用地濒临,生存环境饱受干扰[168]。

此外,目前滨海新区内部的工业用地占比较高,现工业用地主要集中在京津塘高速公路以北,表现为小规模低水平发展格局[168]。城区的东、南、北三个方向被大量工业用地所占据,限制了城市空间的进一步拓展(图7-19)。汉沽新城工业用地和生态旅游用地矛盾较大;相关重化工业企业存在环境污染问题;仓储用地存在于城区内部或周边,对土地造成了浪费,也加大了对环境的威胁(图7-20)。

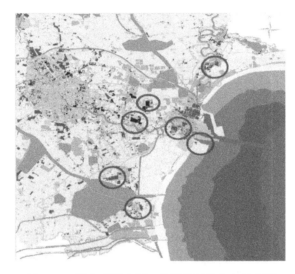

图7-19 滨海新区主要工业用地现状分布示意图

图7-20 散货物流等工业对城区影响示意图

3. 二产一枝独秀,综合服务创新能力较差;产业定位趋同,缺乏分工协作

据相关统计年鉴显示,至 2014 年末,天津滨海新区的三产结构比例为 3.6∶63∶33.4,工业生产总值达 5 524.16 亿元,占地区经济总产值的 63%,第二产业一枝独秀的局面依然明显。第三产业的规模小、比重低,一直徘徊在 30%左右,三产中以传统服务业为主,现代服务业水平还较低。

从区域层面上看,目前滨海新区的产业发展多借助外资、大型国企投资和政府的嵌入式驱动,而内生的、本地化的产业发展能力较弱;此外,同北京、河北乃至天津市区之间尚未形成有效的产业分工与合作,难以形成分工合理的产业链条,且创新能力差。

从新区内部产业发展上看,目前滨海新区产业布局松散,分散化较为明显,以粗放型、蔓延式增长方式为主[168];几大主要产业功能区的功能定位趋同性大于互补性;各产业链之间关联度不高,各区独立发展,缺乏协作互动。如石化产业空间布局相对分散,临港重化工产业影响城区环境(图 7-21);海河下游冶金产业布局,影响海河中游地区发展(图 7-22);内部各个功能区之间,如高新区与开发区、临港工业区与保税区之间存在恶性竞争;中心商务区、海滨休闲旅游区的商贸金融、生态旅游等功能水平明显滞后等。

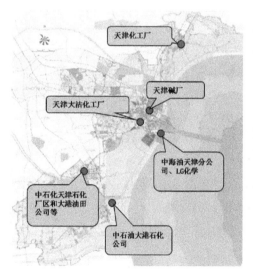

图 7-21 滨海新区石化产业现状分布图   图 7-22 海河下游工业企业分布图

4. 港口布局和功能有待整合,港城关系需进一步协调

天津港作为滨海新区空间发展的重要组成部分,也是天津最大的优势和核心战略资源[168]。《天津市空间发展战略规划》的双港战略和“天津港总体规划

（2011—2030年）"对天津港的空间布局和功能定位都有过明确的要求。

目前，天津港水陆域面积336 km²，由北疆、东疆、南疆、临港经济区和南港组成，现已成陆面积137 km²，基本形成了以东疆港口功能核心区为龙头，南北疆、临港工业区为主体，"南散北集、两翼齐飞"的空间格局。

北疆以集装箱功能为主，南疆以干货和液体散货功能为主，东疆以集装箱装卸和国际物流、国际贸易和离岸金融等现代服务业为主，临港经济区以重装备制造业、新能源、粮油轻工业为主，南港工业区以煤炭、矿石等大宗散货为主。各功能区彼此分工明确，配合协调。目前，港区内部用地结构偏重生产功能，仓储和交通运输用地比例过高，航运服务类用地不足，难以支撑港口功能的升级；港区用地开发粗放，土地使用效率偏低（图7-23）。

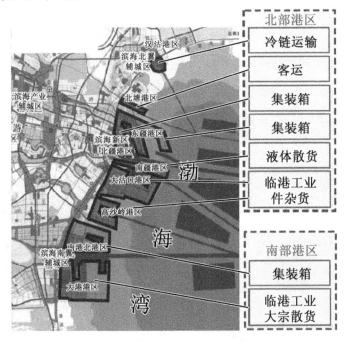

图7-23 天津港功能布局示意图

资料来源：交通运输部规划研究院.天津港总体规划（2011—2030年）[Z].2011.

同时，天津港对外集疏运体系还不完善。目前，在公路方面仅有京津塘和唐津高速，尚未形成直通西北的快速通道，难以支持港口区域职能的发挥；而连接港口南北疆港区的主要通道是海滨大道，其区域贯通能力还不足；在铁路方面，缺少天津港直通西北和中西部能源基地的通道。

此外，港城分离一直是困扰天津港和滨海新区空间发展的主要问题。改革开放以来，天津港并没有实行专业化分工和港口布局的大力调整，而是在海河河口进行相对紧密的原址扩展[168],空间发展始终局限在一个相对狭小的范围内,这导致了港城矛盾日益严重。目前,天津港口职能较为单一,难以满足腹地产业和工业化发展阶段多样化的需求;同时,散货物流中心南疆港区的煤炭运输、物流运输等港口集疏运系统压力高度集中,已经严重干扰滨海新区核心区的城市交通功能[168]。此外,疏港交通对城区内部塘沽城区的用地组织和港口的跨越式发展产生显著的负面影响[172],如东西向的疏港公路横穿塘沽城区和开发区,南北向公路与城区道路混行,相互干扰极大。

5. 对内外交通体系有待进一步完善,空间联系不畅

目前,滨海新区对外交通公路方面有 8 条东西向的交通主干线,分别是京津塘高速、京津塘高速二线、津滨大道、津塘公路、津沽公路、津晋高速、津港高速、津汉公路;南北方向沿海高速通道尚未完全通达,难以为天津港和沿海经济带提供有力的外部支撑。滨海新区核心区对外交通通过铁路、城际高铁、公路、高速公路等多种方式与中心城区联系,但与天津其余各区县交通联系不完善,腹地交通网络不发达;大港、汉沽两城与中心城区联系通道较少,尤其是缺少快速交通干道;滨海新区各组团间的交通联系尚需加强[217]。

此外,核心区的内部路网还有待整合,尤其是铁路、高速等对空间分割严重,导致"一港四区"空间联系不畅;塘沽城区路网密度较大,城市道路系统地区差异化明显,海河南岸道路建设滞后,南北两岸的交通联系不畅;天津港保税区和天津港区实行封闭式管理,道路系统相对独立[168](图 7-24)。

图 7-24 滨海新区核心区道路系统现状图

6. 生态绿地发展水平滞后,区域生态安全格局面临严重威胁

目前,滨海新区绿地总量和人均绿地拥有量均偏低,绿地分布不均,没有形成良好的功能结构[168];尤其是核心区内缺乏高水平的公园绿地,离国际化港口大都市和生态城市的要求还有一定差距。

同时,对于滨水岸线和海岸线的保护与利用监管不力。目前,滨海新区的海河

岸线大多被装卸码头占据，滨水资源开发不足，景观岸线匮乏；而渤海滨海岸线多为港口码头、工业生产区所占据，缺乏较大规模的连片生活旅游岸线。滨海新区虽临海，却不曾拥有美好的滨海景色，作为城市居民可谓是"靠海不见海，临河不用河"，城市的生态景观风貌没有得到体现。

此外，滨海新区区域生态安全格局面临严重威胁，近海养殖、旅游开发、港口工业和围海造陆工程带来了巨大的负面效应[177]。目前，区内水环境质量较差，除北塘水库、黄港二库水质为IV类，其他河流和水体均为V类或劣V类，近岸海均被严重污染[168]。同时，近年来由于降雨量减少、水资源短缺、城市规模的扩大和大规模的开发建设，滩涂利用基本处在无序和无偿状态，生态绿地空间出现持续减少的趋势。津滨走廊上的绿楔空间和塘沽地区北部的生态湿地，被不断扩张的城镇功能区和城市空间所吞噬（图7-25）。

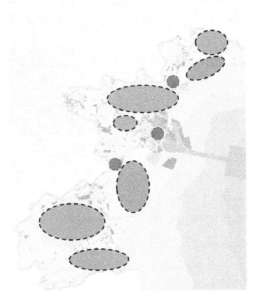

图7-25　滨海新区主要生态绿地现状示意图

7.2　天津城市空间结构演化的理论构想

7.2.1　理想城市空间结构发展模式的探索

探求理想的城市空间发展模式，一直以来都是人们关注的问题，最早可追溯到古希腊时期柏拉图的《理想国》，到后来16世纪英国学者摩尔的"乌托邦"（即乌有之城），此后还有诸如"基督教之城""太阳城""法郎宫""新协和村"以及"花园城市"等。在这些乌托邦思想家中，对后世影响最大的是霍华德，他在1898年提出了著名的田园城市空间发展模式，拉开了对理想城市空间发展系统探索的序幕。"把积极都市生活的一切优点同乡村美丽的一切福利结合起来"，以5 000人作为一个居住单元，分散布局，其间布满绿地，空间开敞，这是一种人与自然和谐发展的生态城市的雏形。此后，勒·柯布西耶埃提出了集中主义的空间发展模式。他认为城市的空间结构应由高密度的自给自足的"居住单位"与环绕的开放绿地组成，这为日后的紧凑城市和分散集中式发展提供了有益的启示。

1882 年,西班牙工程师马塔提出了带形城市发展模式,使现有城市沿一条高速度、高运量的轴线定向发展。它是一种区域性的、动态的形式,为日后带形城市、点-轴空间发展模式的发展产生了重要的影响。1922 年,恩温基于霍华德田园城市的思想,提出了卫星城市的空间发展模式,即疏解城市功能,在周边建立卫星城,并进行了简单的功能分区:工业用地、居住区和公共中心。格劳埃顿提出了另一种分散形态模式,即将城市居民点进行并列设置,根据 1 km 的范围划分单元,彼此间用农用地分开,通过电气化铁路方式连接。美国建筑师赖特提出了一种完全分散的、低密度的城市形态模式——广亩城市。这些理想城市的自由探索对今天产生了重要的启示。

进入 20 世纪 50 年代后,学者们开始从多学科角度对理想城市空间结构与形态模式进行探讨。美国学者 C. 亚历山大在《城市并非树形》中从社会学角度提出了理想城市形态的观念。他认为理想的城市空间结构并非由最佳人口数和与其适应的服务设施组成的若干个邻里单位所构成,城市在自然发展的过程中往往显示出一种复杂的结构形态,理想的城市空间发展模式应把多样性和自由的选择作为目标。

很明显,上述各种理论的提出,都是在试图寻找到理想的城市空间发展模式。他们有些人以反抗封建社会的城市社会观点来设想未来理想的城市空间;而有些人则以建筑学、规划学等自然学科为背景,如凯文·林奇的核心型城市,多克西迪的大城市、巨大城市和世界城市的未来城市形态等。

随着信息时代发展速度的加快,在政治、社会、经济、交通等因素的综合影响下,城市的空间扩散能力不断增强,其辐射效应和城乡交流的日益频繁加快了城市及区域间的空间联系。人们试图探究城市、区域间的最佳组织形式并形成空间结构,从而得到最佳的发展模式。目前,理想城市空间发展模式主要有以下内容。

1. 人与自然和谐发展

由于在最初的发展时期深受"人类中心主义"文化观的影响,人类在自身的建设发展过程中,无视自然环境的重要性,最终也尝到了苦果,那就是城市在不断进步的同时,也遭受到了严重的生态破坏。为此,自工业革命以来,从霍华德的田园城市、沙里宁的有机疏散理论、恩温的卫星城镇到赖特的广亩城市等,都反映了人类归向大自然、追求人与自然和谐的美好愿望。

如今城市化的进程不断加速,城乡间的界限也日益模糊。城市规划要打破城乡传统界限和旧有体制,合理布局城乡产业和基础设施,注重生态环境保护,努力在城市与区域、城市与乡村以及城市内部各个层面上构建一种人工与自然、城市与乡村相融合的新型人类生存空间。构建人与自然和谐发展的理想城市发展模式,已经成为大势所趋。

2. 生态城市

1921年芝加哥学派提出了"人类生态学",1965年坦斯莱提出了"生态系统",还有1969年麦克哈格教授的《城市结合自然》,都对生态城市进行了深入的探索。此后,苏联生态学家杨尼特斯基认为生态城市是一种理想的城市空间发展模式。1972年的联合国人居会议,掀起了"绿色城市"的运动,将多种学科,如生态学、规划、景观、社会学等结合,开创了新的理论探索。而生态城市也开始逐步得到关注,被认可其是运用了高科技的手段,来实现人与自然和谐、可持续的理想空间的发展模式。西方国家的完全社区和紧凑社区等,就是依循这一理念发展起来的。

目前,针对许多城市盲目分散化所带来城市空间的畸形或低质量发展问题,出现了一种在保持城镇空间高密度集中的前提下,寻求间隙式布局的空间理论范式。这种间隙式空间发展模式,一般表现为串珠式的跳跃分布形式,可以根据当地的自然条件来留出一定的非建设空间,以此来控制城市的无序蔓延,有利于生态环境的保护;在城市内部空间发展中,通过缓冲空间的设置,获得良好的城市环境(图7-26)。这种空间发展模式,并不是一种居民点的松散分布;其用地也不是一味的分散,而是确保城市各空间部分相对集中的独立性,以有利于集中建设布局、管理和维护。

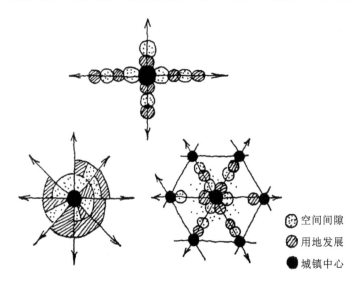

图7-26 集中间隙式空间发展模式示意图

资料来源:段进.城市空间发展论[M].南京:江苏科学技术出版社,2006.

同时,山水化作为中国社会空间活动的一种追求,历来也是人们所追求的一种理想空间发展模式。它是一种完全尊重自然生态空间环境,打破了以功能分区划分城市用地的观念,实现自然与人的和谐有机,从而实现开放灵活的城市空间系统,能兼容不同功能、组合不同空间、适应不同时段的各具特色的城市空间结构[213]。

综上分析,认为集中间隙式山水化发展模式是一种理想的城市空间发展模式,它有利于城市相对集中发展,提高整个城市各项功能的运转效率;所形成的沿轴线组团发展的空间结构,有利于大区域的职能分工、用地分工,而且有效提高城市密度,节省城市交通及服务设施的投资成本,节约土地和能源[213]。

3. 可持续城市

可持续发展思想是在 20 世纪 80 年代,针对以牺牲自然资源和生态环境为代价来谋求一时经济繁荣所带来的一系列社会问题而被提出的。可持续战略的实施影响着城市人口、资源、环境、经济和社会等要素的各自运作及其相互关系,对于城市空间结构的重塑将产生重要的影响。

90 年代以来,城市可持续发展的思想不断完善,在其思想的影响之下,开始致力于通过完善的交通网络体系和基础设施,来塑造开敞的城市空间格局,建设高质量的城市中心、多样化城市组团、生态型居住社区和产业园区,塑造生态和谐、环境优美、生活舒适的城市空间环境[215]。

基于对可持续城市空间结构的多年探索,出现了紧凑城市、城市蔓延、绿色城市等空间发展模式。目前分散化集中被认为是一种发展潜力最优的可持续空间发展模式。它采用局部聚集和高密度开发,使得各组团功能相对齐全[213],结合紧凑城市和步行城市的优势,具有能适应经济形势的多种需求的空间灵活性,将成为未来城市空间的一种发展趋势。但它也存在城市跳跃式发展、增加政府投资和交通成本、导致城市空间的分异等问题。

此外,在具有一定条件但经济实力并非很强的空间地域内,会形成沿交通走廊的"点-轴"型或带状城市空间发展模式(图 7-27)。该模式可能会出现各种问题,如沿线发展模式雷同,分工协作缺乏,空间连绵破坏区域生态环境,远离交

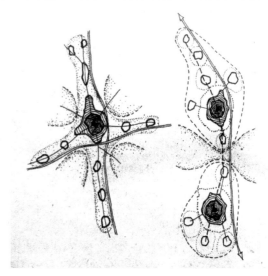

图 7-27 "点-轴"或带状空间发展模式示意图

资料来源:武进.中国城市形态:结构、特征及其演变[M].南京:江苏科学技术出版社,1990.

通轴线的广大地区得不到良好发展等。而网络式空间发展模式，则是一种最理想、最高水平的城镇空间发展模式之一。各组团间拥有良好的分工与协作，区域城市具有极大的多样性、创造性和灵活性，但一般只有在城市经济、社会高度发展后才可能实现。

应该清楚地认识到，理想城市空间结构发展模式，并不是一种万能的城市布局图形[191]。城市空间的实际发展中，会受到历史文化、自然地理、社会经济和政治等多种因素的影响，不可能是单一的空间发展模式，而是多种模式并存的状态。只有更全面地掌握城市空间发展过程中的一些典型现象和常常发生的实例，符合当地实际的发展条件，满足可持续发展和宜居城市的要求，才能为城市空间结构的发展构想提供有益的启示。

7.2.2　天津城市空间结构演变的理论构想

对天津理想空间结构形态的探索并不是提供一个乌托邦式的构想，而是基于传统城市空间发展的规律，结合沿海港口城市地区的空间特点等，从现有理想城市空间发展模式中选择适应天津发展需要的内容，依托第四章中港口城市空间结构的优化模型和空间分析方法进行分析，提出天津港口城市空间结构演化的理论构想。下文主要从区域整体空间结构、中心城区、滨海新区以及空间发展轴线四个方面来进行探讨。

1. 区域整体空间结构

城市是区域的中心地区，在政治、社会、经济和交通等因素的影响下，往往会在城市的边缘区产生扩散机会，从而产生新的次级核心，新的集聚点不断产生，并由此形成相互关联的各个区域节点，从而影响到区域整体空间结构的发展。在一定区域内如何通过最佳组织空间从而达到最佳发展，"点-轴"系统空间结构理论对此已经作出了明确的阐释。科学合理地运用该空间结构理论模型，以形成对区域空间结构的理论构想，引导天津城市空间结构进一步优化，将成为本节研究的重点内容。

在现代信息化技术影响之下，全球化进程日益加快，世界范围内的全球城市和世界城市正在逐步形成，如东京、纽约等地区。目前，世界级城市出现了圈层分布向轴带扩展、多中心集聚、构筑网络化结构以促进区域均衡的趋势；它们一般以中心城市为核心，由内向外经历了"均质化团状—带状连绵—轴线点状"的发展形态。

在中国城市体系的发育过程中，区域中往往存在两个中心城市，一个处在门户位置，一个在中心位置[158]。而在沿海地区的城市体系中，基于"点-轴"和双核空间结构模型，同样存在类似门户和中心位置的关系，分别是以经济功能为主的港口城市，和兼有行政、经济、文化功能的内陆城市（相对于海港而言），也是区域的中心城市,如大连—沈阳、青岛—济南、上海—南京、天津—北京等。其中,京津间距离最近,规模最大,级别最高。通过港口城市地区的"双核"空间结构模型分析,发现京津地区北京和天津作为两个端点城市,即区域中心城市和港口城市,自金元封建王朝,由天津作为港口门户城市、北京作为区域中心城市的港口城市地区的双核结构一直占主导地位;近代随着港口重心的转移,逐步出现了天津港口城市地区的"双核"雏形,并在新中国成立后不断发展,尤其是在改革开放和近年来国家战略调整的背景下,自 20 世纪 80 年代,天津港口城市地区逐步形成了由塘沽作为港口门户城市、天津中心城区作为区域中心城市的小双核结构,取代了京津港口城市地区的大双核空间结构。至今,天津一直延续着这种港口城市地区的"双核"结构,在功能上构成了极强的互补关系,这种互动的关系,对区域空间结构的发展产生了重要的作用(图 7-28)。

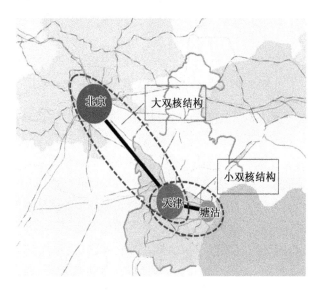

图 7-28 京津地区大小双核结构示意图

未来,京津冀地区的区域空间将逐步由行政上的分割关系,走向区域融合发展,形成"众星拱月"状的"双城"形态,依托交通走廊和信息高速公路,空间向双核多中心网络结构转变。下面,基于对理想城市空间发展模式的探讨,并通过"点-轴"系统空间模型和分维值等定量指标进行计算,为天津区域空间结构发展的理论构想提供一定的支撑。

一般来说,在区域空间发展过程中,中心城市的职能和各个要素到后期会不断向外扩散,从而强化与周边城市地区的空间联系以多中心结构引导区域空间重组,形成功能互补的网络型区域空间结构。

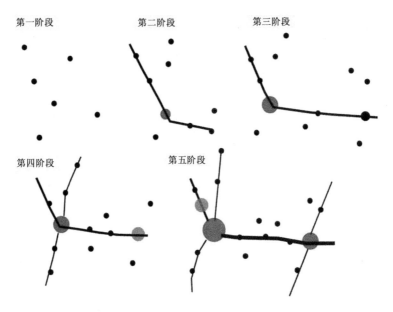

图7-29　天津区域"点-轴"系统演化示意图

通过"点-轴"系统空间模型来对天津区域空间发展进行分析，发现天津的区域发展经历了以下过程（图7-29）：①最初的散点聚落，即规模较小的区域生长点；②金元和明清时期，由于港口和军事区位力量的作用，区域中出现了规模相对较大的集聚点，即区域空间中心——以直沽地区为核心的天津卫城，并不断向外扩散，沿主要河流如海河、南北运河，出现了新的规模较小的城镇集聚点，实现了点向轴扩散发展的初级阶段；③进入近代，由天津老城区和租界新区等功能区共同构成的区域空间发展核心点的集聚规模进一步增强，并随着港口的迁移，在海河入海口地区出现了新的空间生长点；④新中国成立后，以海河为主要轴线，在此轴线上出现了新的城镇生长点；⑤改革开放后，滨海地区逐步发展成为区域的次级中心，与中心城区核心点之间的海河发展轴开始向复合型城镇产业发展轴转变，并不断向外扩散，在两个重要区域核心之间形成了诸多新的聚集中心——城镇产业组团，区域"点-轴"系统结构的框架初步形成；⑥近年来，津滨轴线上的生长点，如空港、军粮城、高新区、开发区西区、天津港等，开始向更低级的地区扩散，促使了新的一般城镇的形成，并且通过核心点、次级点以及扩散形成的发展轴线，共同构成了中心城区和滨海地区组成的中心城市地域，其中包含了两大重要的空间集聚区——卫星城镇和产业功能组团，津滨轴线、滨海轴线、津港轴线等发展轴，不同等级的"点-轴-集聚区"结构开始初步显现。根据"点-轴"空间结构发展的一般规律可知，在理想状态下，天津区域空间结构发展随着核心点、次级点和主要发展轴的扩散，不同

等级的生长点逐步形成,并通过各等级点之间的次一级和一般发展轴线,从而形成
"点-轴—次级点-次级轴——一般点-一般轴"的空间结构模式,最终将出现多核心网
络一体化、均衡发展的状态(图 7-30)。

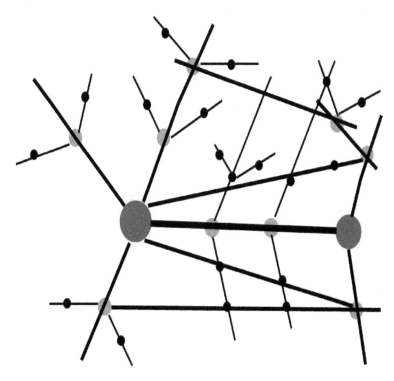

图 7-30 天津区域"点-轴"系统空间示意图

目前,天津的工业化和城镇化已经进入到后期的转型阶段,区域空间由点状极
核开始向轴线扩展过渡[172],处于极化发展和点轴并存的发展阶段,区域空间的轴
线网络还很不健全。天津区域空间发展主要集中在津滨发展轴的中部走廊地区,
是一种内向的生长格局,这不利于广大层面上的区域协调发展。20 世纪 90 年代
初期的天津市区域空间结构是显著的"单中心"格局;2000 年以后形成了"一主一
副"空间格局;随着中心城区的"去工业化",工业东移,国家战略的实施以及政府调
控的支持,"双城"格局是必然趋势[172],区域空间也将遵循港口城市地区"双核"空
间结构发展的基本规律。

天津作为国家城镇体系中最高层次的城市之一,必须站在京津冀地区协调发
展、联合发展的高度来确定区域空间发展战略。要以为北京和天津中心城区功能
疏散和转移提供发展空间为目标,积极主动地按照京津冀区域分工、一体化发展的
思路,加快双城间广大地域区域轴带上多个城区和产业功能区的建设[179],以中心

城区和塘沽城区为区域空间"双核心"，以京津塘高速、津蓟高速、海滨大道（沿渤海）等为主要和次要的城镇发展轴，结合轴线上的主要城镇，形成沿交通干线的"点-轴式"格局；同时在轴带上，通过相关重要城镇的辐射影响，在下一级轴线地区发展一些基础条件较好、有潜力的小城镇，作为一般性的区域节点，整体构建"沿轴线多中心网络化"的空间结构（图 7-31）。

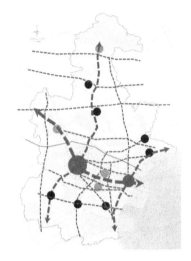

图 7-31　天津区域空间发展的理论构想图

图 7-32　天津区域空间间隙组团式构想图

　　同时，在上文生态城市的基础上提出集中间隙式山水化空间发展模式。通过城市空间与自然空间结合，因地制宜，兼顾不同的功能，组合不同的空间，沿交通轴线形成组团群落串珠式空间结构。天津的区域空间发展也应当充分依循生态优先的绿色城市理念，利用现有区域内自然湿地空间设置间隔，避免连成一片，有效控制城区与各功能区的生态廊道[179]，努力构建交通走廊间隙式空间结构（图 7-32）。

　　2. 中心城区

　　通过坐标象限分析法，确定天津中心城区的几何中心，以此作为原点，划分为 8 个象限，对不同的阶段城区空间的分布图进行叠加，确定不同方位上空间扩展的变化，计算空间扩展强度指数（图 7-33 至图 7-35）。

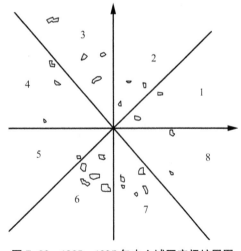

图 7-33　1985—1995 年中心城区空间扩展图

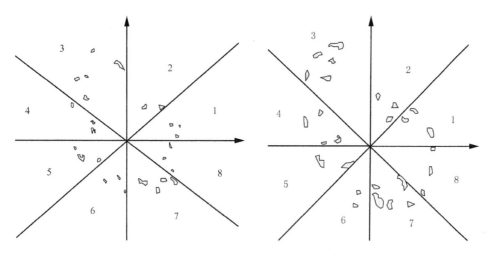

图 7-34　1995—2005 年中心城区空间扩展图　图 7-35　2005—2014 年中心城区空间扩展图

　　通过分析,发现 1985—1995 年,天津中心城区第 6 象限的空间扩展面积最大,第 3、7 象限次之;第 2 象限的空间扩展强度指数最大,为 0.25;第 5、8 象限的空间扩展强度指数仅为 0.01。上述数据表明,从 80 年代中后期至 90 年代中期,在天津中心城区空间扩展中,北运河和海河方向成为主要发展方向。

　　在 1995—2005 年,中心城区的第 7 象限成为空间扩展面积最大的区域;而第 2 象限的空间扩展强度指数最大,为 0.13;第 8、6 象限是扩展最微弱的方位,扩展强度指数分别仅为 0.02 和 0.01。上述数据表明从 90 年代中后期开始,中心城区空间发展沿北运河向北、新开河向东,以及海河向东南扩展趋势进一步加强。

　　在 2005—2014 年,中心城区的第 7 象限依然是空间扩展面积最大的区域;而第 2 象限的空间扩展强度指数最大,为 0.09;第 8、6 象限依然是扩展最弱的方位,扩展强度指数分别仅为 0.01 和 0.02。上述数据表明 2005—2014 年,中心城区空间发展以内向充填为主,西北—东南方向扩展态势依然明显。

　　从以上 1985—2014 年 30 年的空间扩展象限分析来看,第 3、6 和 7 象限是空间扩展面积较大的方位;第 2 象限的空间扩展指数最大,为0.3;第 6、8 象限是空间扩展强度指数较弱的方位,仅为 0.03。数据分析表明,目前中心城区在圈层扩展的同时,以北运河—海河为主轴向东南扩展[170]。但由于内部空间集聚作用较强,其同心圆圈层扩展趋势并没有得到缓解。

　　同时,尝试运用"点-轴"空间系统模型来对中心城区内部空间进行简要分析。目前,中心城区的城市核心为滨江道、小白楼一带半径为 2 km 左右的商业中心区;次一级的片区中心分别有河西区的文化中心、梅江、解放南路、天钢柳林,南开区的华苑、体育中心、黄河道、鼓楼,红桥区的西站、大胡同、丁字沽、光荣道,北辰区的刘园、宜兴埠,河北区的中山路、建国道、金钟河,河东区的十一经路、中山门、津滨大道,但规模等级不一,整体水平不高。2009年天津战略所提出的中心城区多中心"一主两副"构想,并未产生良好的空间效应,西站和天钢柳林地区空间发展缓慢,中心城区空间发展的副中心并未形成。除了主中心外,城区内多以一般的片区节点为主,缺少完善的次一级区域中心,生长点缺乏多层次体系。中心城区内部的空间发展,以海河、北运河西北—东南向为主要轴线,还有子牙河、新开河、南运河等生态走廊。此外城市轴线受"环形+放射"路网影响,城市中心向外连接周边地区的主要放射线,构成了城市主要基础设施和公共服务设施轴线,如京津路、津围公路、卫国道、津滨大道、津塘公路、解放南路、卫津南路、复康路、津围公路、大沽南路等。目前,由于中心城区具有一定规模的区域性节点较少,城市发展轴线真正延伸出去的只有京津路、卫国道、津滨大道、津塘公路稍有规模,中心城区各片区缺乏有机联系,空间发展轴线缺乏(图7-36)。

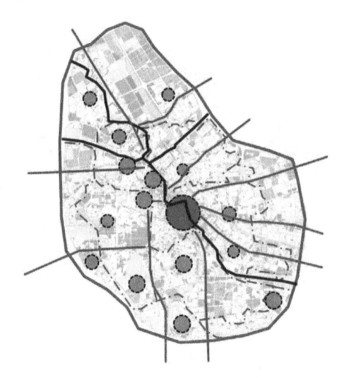

图7-36 天津中心城区"点-轴"分析示意图

同时,引入紧凑度对中心城区的空间发展速度及其稳定性进行分析,发现在2005年之前,天津中心城区空间结构的紧凑度下降,表明空间结构处于迅速扩展阶段,以向周边团块蔓延为主;2005年后,中心城区空间结构的紧凑度显著上升,表明空间结构趋于稳定,以内部填充优化为主[191]。

此外,通过对中心城区主要功能用地(居住用地、公共服务设施用地和工业用地)的分维值进行分析(图 7-37),发现在 2005 年之前,城区工业用地的分维值较低,表明空间分布零散,形态不规整,还零星分散于中环线以内;2005 年之后,分维值保持上升趋势,且变化平稳,表明空间分布开始以集中整块发展为主,形态规整,并逐步向外围地区迁移,多分布于中环线与外环间的填充地带。公共服务设施用地在 2005 年之前,分维值较低,表明整体发展较慢,零星分布于城市各片区;2005年之后,分维值出现了一定的上升态势,表明形态趋于规整、集中,但服务功能有待进一步整合,各片区中心不突出。而居住用地的分维值变化较大,从 1995 年代开始至 2005 年,出现了急剧的下降,表明空间形态不规整,以分散开发为主,分布于内环与中环线间空间地带;2005 年后,分维值逐步上升,后又趋向平稳,表明空间形态趋于规整,以集中成片开发为主,并有逐步向外围扩展的趋势,多分布于中环线与外环之间边缘地带,地块的规整性逐步提高。

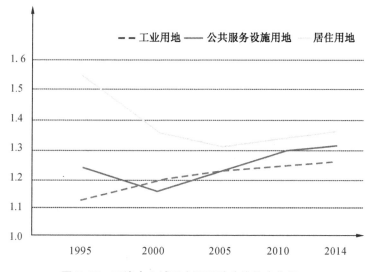

图 7-37　天津中心城区主要用地分维值变化图

通过以上分析,天津中心城区内部空间具备"点-轴"系统空间发展的基本条件,区域中心和发展轴线突出,但副中心、次级中心、次级发展轴线、一般发展轴线还不完善,多层级的"点-轴"系统尚未形成,内部主要功能用地面临进一步优化的态势。基于对理想城市空间发展模式的探讨,如构筑连片贯通的城市开敞空间格局、建设高质量的城市中心、多样化的城市组团、分散化集中式、沿交通走廊"点-轴"或带状可持续城市空间发展理念,初步提出天津中心城区空间发展的理论构想,即作为天津市政治、文化、金融、商贸中心,网络化城市体系中重要的中心(节点)[3]，未来的空间发展要实现由"圈层发展"向"轴向拓展"转变，打破环状放射路网结构，内部空间结构由单中心向多中心转变，形成有机集中、多核、与外围组团有效分割、绿块相间、开放的空间格局[270]（图7-38）。

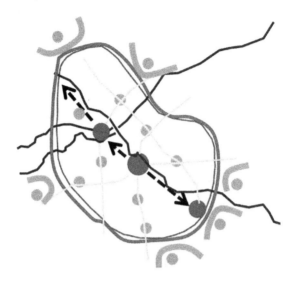

图7-38　天津中心城区空间发展理论构想图

3. 滨海新区

通过坐标象限分析法，确定天津滨海新区的几何中心，以此作为原点，划分为8个象限，对不同的阶段城区空间的分布图进行叠加，确定不同方位上空间扩展的变化，计算空间扩展强度指数（图7-39至图7-41）。

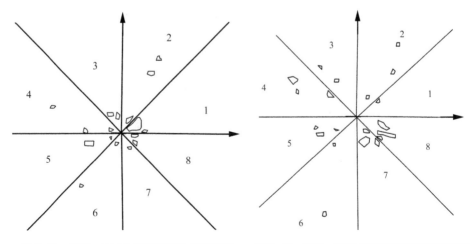

图7-39　1985—1995年滨海新区空间扩展图　　图7-40　1995—2005年滨海新区空间扩展图

通过分析,发现在 1985—1995
年,天津滨海新区第 1 象限的空间
扩展面积最大,第 4、8 象限次之;而
第 4 象限的空间扩展强度指数最
大,为 0.36,第 6、7 象限的空间扩展
强度指数最小,仅为 0.03。上述数
据表明,从 80 年代中后期至 90 年代
中期,滨海新区依托海河北岸团块
状向北蔓延式拓展,同时沿海河和
京津塘高速向西部延伸,向东部海
岸推进,总体向四周扩散,南面拓展
速度较慢。

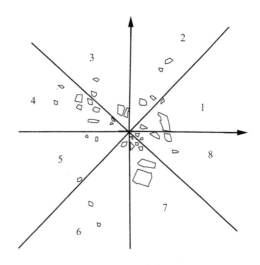

图 7-41　2005—2014 年滨海新区空间扩展图

在 1995—2005 年,天津滨海新
区第 8 象限的空间扩展面积最大;第 2 象限的空间扩展强度指数最大,为 0.12;第
3、6 象限是空间扩展较弱的方位,扩展强度指数分别仅为 0.03 和 0.02。上述这些
数据表明,从 90 年代中后期开始,滨海新区空间发展仍以圈层扩展为主,海河下游
港口地区和北部开发区发展较快,沿海河向西南和东部两侧拓展,港口功能区扩展
速度最快。

在 2005—2014 年,天津滨海新区第 7 象限的空间扩展面积最大;第 2、4 象限
的空间扩展强度指数最大,为 0.17;第 5、6 象限是空间扩展较弱的方位,空间扩展
强度指数分别仅为 0.02 和 0.03。上述这些数据表明,2005—2014 年,天津滨海新
区空间发展以圈层扩展为主,除了原来的沿海河和京滨走廊方向拓展外,近年来临
港经济区、南港工业区和北部中新生态城、海滨旅游区的发展速度较快,沿滨海走
廊发展的趋势初显。

从以上 1985—2014 年 30 年的空间扩展象限分析来看,天津滨海新区空间扩
展面积最大的方位为第 1、4 和 8 象限;空间扩展强度指数最大的是第 2 象限,为
0.3;空间扩展强度指数最弱的方位为第 5、8 方位,为 0.02。目前,滨海新区内部尤
其是塘沽城区依然以团块状向四周扩展为主,以东部临港和西部各产业功能区发
展最为迅速;同时,区域空间出现了组团式发展布局,原来的津滨走廊得以强化,沿
海发展带也得到了一定的体现;但由于滨海新区核心区空间力量较强,向心集聚的
态势依然明显。

同时,试用"点-轴"空间系统模型对滨海新区内部空间进行简要的分析。目
前,滨海新区的城市核心为解放路、洋货市场一带半径为 1 km 的商业中心区,次
一级的片区中心分别为泰达开发区的第三大街,东疆地区,汉沽、大港城区的中心

区,空港经济区,海洋高新区,海滨旅游
区以及海河下游冶金工业区等,它们的
规模发展水平参差不齐,以一般性片区
节点为主,彼此缺少有机联系,空间各
节点缺乏层次性和等级性(图7-42)。
内部空间发展轴线主要有由津滨走廊、
海河、京津塘高速、城际铁路组成的复
合发展轴带,串联了沿线的空港、开发
区新区、海洋高新区、泰达开发区和天
津港等重要功能区;沿海滨大道一线随
着汉沽城区、海滨旅游区、南港工业区
和大港化工城区的发展,也已经出现了
沿海岸线发展的空间轴线趋势,以前者
轴线为主,后者为辅,除此之外,区域内
缺乏其他次一级和一般轴线体系。

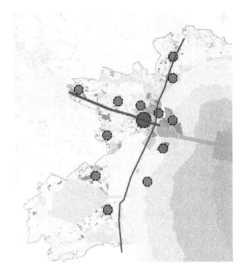

图7-42 天津滨海新区点-轴分析示意图

　　同时,引入紧凑度对滨海新区的空间发展速度及其稳定性进行分析后发现,
2005年之前,滨海新区空间结构的紧凑度缓慢下降,表明空间结构一直处于向外
不断扩展的阶段,以蔓延式扩展为主;2005年后,滨海新区空间结构的紧凑度急剧
下降,表明空间不断向外拓展,空间结构面临重组。

　　此外,通过对滨海新区主要功能用地(居住用地、公共服务设施用地和工业用
地)的分维值(图7-43)进行分析,发现在2005年之前,工业用地的分维值较低,表

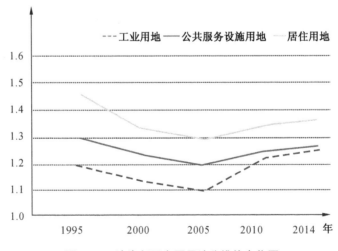

图7-43 滨海新区主要用地分维值变化图

明分布零散,形态不规整,主要分布于塘沽城区北部、南部地区、津滨走廊沿线、大港和汉沽的外围地区;2005年之后,分维值急剧上升,后又变化平稳,表明空间分布开始以集中整块发展为主,形态规整,逐步向外围地区迁移,如临港工业区、开发区西区、津滨走廊沿线、大港化工区和汉沽城区南部。公共服务设施用地在2005年之前,分维值较低且变化平稳,表明整体发展较慢,主要零星分布于塘沽、汉沽和大港片区;2005年之后,分维值出现了一定的上升态势,表明形态趋于规整、集中,主要分布于塘沽海河沿线、泰达开发区、大港和汉沽的中心区,但服务功能有待进一步提升。居住用地的分维值变化较大,从1995年开始至2005年,出现了急剧的下降,表明空间形态不规整,以分散开发为主,分布于塘沽老城区、汉沽和大港工业生活区,以及零散布置于其他城镇和产业区内;2005年后,分维值逐步上升,后又趋向平稳,表明空间形态趋于规整,以集中成片开发为主,内部居住空间有效整合,并逐步完善各产业功能区的居住功能,如空港、泰达开发区、开发区西区、海河南岸地区、大港和汉沽工业生活区、周边城镇居住区等,地块的规整性逐步提高。

以上这些分析表明,滨海新区内部具备"点-轴"系统空间发展的基本条件,区域中心和主要发展轴线突出,较成熟的区域性节点较少,空间节点等级的层次性不足,导致空间发展轴线缺乏,多层级的"点-轴"系统尚未形成,内部主要功能区面临进一步整合优化的态势。

基于对理想城市空间发展模式的探讨,在保持高密度发展的原则下,采取间隙式空间布局模式,实现串珠式空间分布,保持人与自然、生态的有机和谐等理念,初步提出了滨海新区空间发展的理论构想,即作为中国北方对外开放的门户、北方国际航运核心区的主体部分、全国先进制造研发基地的战略要地、金融创新运营示范区的窗口、现代化国际港口新城[168],要承接北京先进制造研发、金融商务职能,进一步提升港口制造业和服务业水平,致力于"区域融合与核心区重构",实现滨海新区空间结构的新跨越。其空间发展要逐步实现由团块状向心集聚、圈层扩展、分散块状向轴向、组团间隙式转变(图7-44)。

塘沽城区作为滨海新区的主中心,与中心城区共同形成天津区域空间发展的"双核心";大港、汉沽、天津滨海高新区依托各自现有的服务设施和工业基础,发展成为滨海新区的次一级中心;区域内其他各功能组团在保持各自原有功

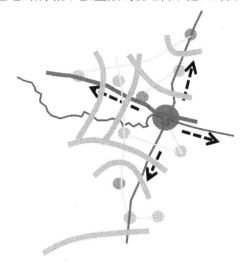

图7-44　天津滨海新区空间发展理论构想图

能特色的同时,作为一般性节点发展,功能向多层次、多样化方向发展[271];加强各等级节点间的空间联系,以津滨走廊为主要发展轴线,沿对内外交通干线培育次一级和一般发展轴线,如滨海走廊、宁汉、静港等轴线;通过各空间发展轴线进行串联,形成组团轴向、绿块间隙式的"点-轴"多中心和谐有机的理想空间结构。

4. 发展轴线

走廊一般是指高等级道路或铁路所串联起来的高密度地区,往往会组成一个城市或城镇的网络系统,也是空间发展轴线概念的前身。

约翰·弗里德曼的研究认为,在区域空间发展处于离心时期的时候,两个临近的核心城市,它们之间的地带往往会成为空间增长较快的地区,即"中介效应"。城市之间的引力越大,则它们的溢出效应也越大,会出现走廊地区新的空间增长点[172]。在两个核心城市之间的地区,随着之间交通条件的提升,走廊地区会得到快速发展[274](图 7-45、图 7-46)。

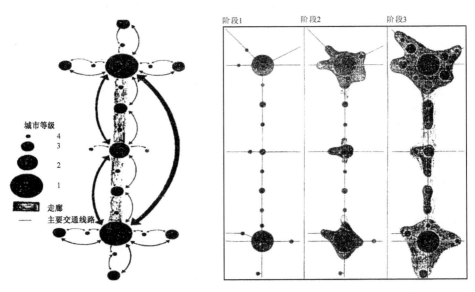

图 7-45 双核走廊系统相互作用图　　图 7-46 双核走廊系统发展趋势图

资料来源:刘露.天津城市空间结构与交通发展的相关性研究[D].上海:华东师范大学,2008.

从国际经验看,港口城市地区如荷兰的鹿特丹、德国的汉堡等,都是河海相依的,从主城区到入海口都是遵循带状城市规律发展起来的。在天津区域空间的发展轴线中,在近代之前的漫长时期,区域空间以海河、大运河为主要发展轴线,向上、下游周边地区扩展,分布诸多小的聚落城镇,当时为大河河岸发展轴;近代,随着铁路、公路的出现,发展轴线不断向下游地区延伸,并开始向复合型发展轴线转变;新中国成立后,尤其是改革开放 40 多年来,高速公路、城际铁路等多种交通方式的出现,促进了沿线各产业功能组团和重要城镇的发展,使得天津几百年来延续下来的这条区域发展轴线空间集聚力量不断提升,并发展为多种类型轴线并存的复合型轴线,辐射宽度50～60 km。津滨走廊地区成为天津区域空间的主要发展轴线。

总体看来,天津区域内这条"特定发展轴线"在水运、公路、铁路及高速公路等不同城际交通方式的演变中,先后顺应着"海河—京塘公路—京山铁路—京津塘高速公路—复合交通走廊"的带状发展趋势[273]。由此,沿着线性走廊发展,走带状和"点-轴"式空间发展之路,可以作为天津未来区域空间发展的一种选择。

作为最重要的发展轴线,津滨走廊由于历史原因,以及港口、产业等综合因素,成为区域中的主要发展轴线;而区域内的次一级和一般发展轴线,主要沿区域内重要的交通干道分布,目前主要有津围、津蓟、津港、津静、津宁、滨海轴线等,它们的空间力量总体较弱,与主要轴线相距甚远。天津区域空间中多层级的轴线体系还未形成。

同时,引入分维值对区域内存在的发展轴线(图 7-47),分析后发现:①1995—2014 年间,津滨走廊(位于海河两侧、天津大道以北、北环铁路以南地区)的分维值大于 1.5,开始不断下降,空间发展迅速,后又不断升高,表明空间出现填充式发展,以内部优化、完善其形态布局为主;②津武走廊分维值接近 1.5,表明空间发展稳定性较差,将可能成为空间快速发展的地区;③滨海走廊分维值大于1.5,且变化不大,表明空间扩展速度不快,短期内不可能形成强大的连绵发展区;④津港走廊分维值变化较大,不断下降,空间发展较不稳定,将成为快速发展的地区;⑤津围、津静和津宁等轴线分维值变化不大,表明轴线地带空间发展相对稳定

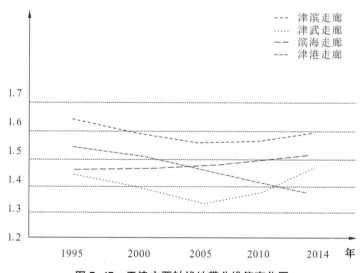

图 7-47 天津主要轴线地带分维值变化图

和缓慢;⑥除此之外,区域内具有一定影响力的发展轴线较少,轴线多层级体系有待进一步完善。

从天津区域空间发展的主要轴线看,津滨走廊的发展得益于中心城区与滨海城区两个核心的扩散作用,它们之间由高速公路、铁路、城际等干线相连,形成了一定范围的通勤区域,因此沿两者间走廊地带发展将是必然之势(图7-48)。

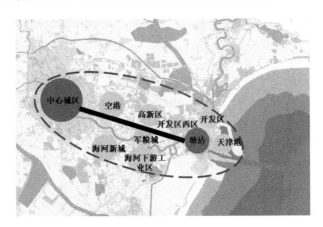

图7-48　天津津滨走廊线性发展地带

目前,中心城区和滨海城区核心城市过度集中,其空间发展处于高度膨胀与无序蔓延之中。津滨走廊地区作为区域空间最有价值和最主要的发展轴线,近期将沿交通通道线性发展,沿线分布若干重要城镇,如空港、高新区、开发区、保税区、天津港等产业功能组团,以有效缓解两大城区圈层扩展的压力,引导区域空间轴向发展。

而在远期的空间发展中,要逐步改变津滨走廊以工业布局为主的方式,提升居住与公共服务的功能,建设综合型走廊,形成串珠状空间布局;中间保留一定量的湿地,以绿化带分隔,形成串珠状布局,避免连绵式低水平发展;同时,在海河中游地区两侧做好空间预留和生态保育,采取生态型、低密度开发[273],相关城市功能向海河中游南岸地区转移;海河下游滨海新区核心区的响螺湾、于家堡地区依托天津港的海港优势,培育商业商务和金融贸易等现代服务职能,通过滨水公共空间和地标性摩天大楼,塑造多元、个性、开放的城市空间[273]。此外,随着京津区域空间不断整合,首都二机场空港新城的建设,津武走廊将成为天津区域空间轴线地带发展的重点地区之一。

天津主要轴带地区空间发展的理论构想,即为延伸津滨走廊,连接津武走廊,与北京、河北相呼应,促进京滨综合发展轴的整体协调发展,构建以海河水系、京津塘高速公路、津滨大道、津滨轻轨、京滨城际为复合轴的综合走廊地区。此外,如津港走廊作为天津中心城区向东南扩展的战略支点,随着沿线小城镇的发展,形成带状群组空间发展轴线;滨海走廊地区,随着交通通道的建设,并利用滨海地区的空余地带,随着宁河、汉沽与塘沽间产业协作的加强,形成集团式间隙发展的态势,成为天津港口城市空间发展的前沿阵地(图7-49)。

这两条发展轴线可能会成为天津区域空间发展的次一级轴线地区。此外,沿津围公路、津静公路、津宁公路,塘承、宁汉等交通干道的轴线地带,将作为一般等级的区域空间发展轴线,沿线形成不同等级的城镇[3]、产业组团、工业区,最终构建多层级网络的理想空间结构。该利用交通网络条件,沿交通干线,公路、铁路网络节点布置与发展节点城镇与新城[3],所形成的沿轴线带状模式,能

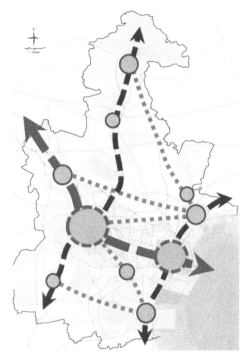

图7-49　天津主要轴线地区理论构想示意图

促进人与自然的融合,疏解核心城市功能,以促进区域协调发展和均衡有机生长。

以上这些内容,局限于理想层面的理论构想,难免存在一定的局限性,基于未来现实发展中各种因素的影响,寻求可操作的天津区域空间发展优化的策略还有待下文的进一步探讨。

7.3　天津未来空间发展的现实因素考量

城市空间结构的演变与发展受到自然、社会、经济、政策等多方面因素的制约。在不同的发展阶段,影响的因素也会有所变化。在前一章节,对天津城市空间结构演变进程中的动力机制进行了分析,先后有自然地理、港口发展、产业经济、交通、政治力量等。随着对当前天津城市空间结构发展现状的认识不断加深,影响未来城市空间结构发展的因素也会逐步增多,主要有以下几个方面:

7.3.1　港口建设与发展

天津作为典型的港口城市,其空间结构的发展无时无刻不与港口的发展相联系。在相当长的历史时期内,港口及其所衍生的产业经济的动力作用,引导着天津

城市空间结构的演变和发展,在很大程度上奠定了近代乃至现代城市空间结构的基本框架。港口发展因素一直以来就是天津城市空间发展的最大动力和不竭的生命力之所在。

改革开放至今,天津港的建设和发展,带动了天津滨海地区空间的长足发展,由原来的以港口工业生产为主的滨海小镇,发展成为初具规模的综合性现代化港口新城。港口集聚效应的不断扩散,推动着天津区域空间结构的发展,如新的产业功能区的形成,海河中游地区的发展,津滨走廊的壮大[127],中心城区产业的疏解和综合服务功能的提升等。

未来,天津港随着港口空间和规模的进一步扩大,逐步向现代化集装箱深水枢纽港和国际四代一流港口迈进。港口的建设与发展将促进港口相关产业链的外延,带动城市产业结构的新一轮调整,影响城市新的工业产业区的布局,对天津城市产业结构产生重要的影响;同时,随着港口腹地的不断扩大,其空间影响力逐步向内陆地区辐射,推动空港、无水港等区域物流体系的完善;随着区域港口群一体化合作趋势的加强,港口对天津区域空间结构的调整将产生重要的作用。总之,港口建设与发展因素几乎涉及天津城市空间发展的方方面面,在城市空间发展中起着龙头和引擎的作用,很大程度上决定着天津城市空间结构发展的方向和思路。

7.3.2 城市总体定位

城市定位一直以来,尤其是在法定规划逐步完善的阶段,对天津港口城市的空间发展产生了重要的引导作用。从 1986 年"综合性工业基地,开放型、多功能经济中心和现代化港口城市"到 90 年代的"环渤海地区经济中心、现代化港口城市和北方重要经济中心"的定位,很大程度上推动了天津作为港口城市地区区域空间结构的发展,下游的塘沽港口地区不断壮大,由单中心向双核转变;2006 年总体规划"国际港口城市、北方经济中心和生态城市"的城市总体定位,进一步明确了天津城市的性质和发展方向,指导着城市产业、生态等空间布局的发展。未来,随着京津冀协同发展规划纲要对于天津"全国先进制造业研发基地、北方国际航运核心区、金融创新运营示范区和改革先行示范区"的总体定位,新一轮天津总体规划修编对城市定位的把握,这些宏观层面的功能定位,将对未来天津城市空间结构的发展产生重要的影响。

7.3.3 产业结构

自古以来,城市产业经济的发展一直是促进城市空间发展的动力之一,天津当然也不例外。从最早的农业、渔业、盐业、漕运业到后来的近代工商业、金融业的发展,产业门类的扩大和升级,正是天津城市空间规模不断扩大的过程。

漕运和商贸的发展奠定了封建时代天津城市发展的规模,近代工商业、金融业的发展使之产业结构较为完善。城市的空间规模不断扩大,发展成为北方最大的工商业大城市。新中国成立后,其因工业门类齐全而成为北方最大的工业基地,城市空间结构由于受到工业发展的影响,形成工业包围城市的空间格局。改革开放后,工业东移和产业结构的"退二进三",中心城区用地布局的调整,外围组团工业区、天津开发区、保税港区、海河下游工业区等相关产业功能区的建立,使得天津的工业布局发生了重大改变,也在很大程度上影响着城市空间结构的调整。

未来,北京非首都功能的相关产业将向天津地区转移,随着自贸园区发展所带来的产业资源优势,港口产业功能的进一步升级和外溢,以及相关产业功能区的落地与区域城镇职能的提升,天津的产业结构必将面临整合与调整;同时,中心城区和滨海新区核心区也将进一步提升综合城市服务功能,大力发展现代服务业,对原来二产进行调整和转型,这对两大城区的空间结构也将产生一定影响。总之,天津城市空间结构的优化必须要充分考虑产业结构这一重要的影响因素,才能作出合理的规划和安排。

7.3.4 人口社会发展

自古以来,人口的聚集与聚落、城镇的发展有着紧密的联系。有了人口的流动和迁移,才有了资源和信息的流通,从而在很大程度上推动城市的发展。在漫长的封建时代,漕运和军事人员的聚集催生了天津最早的城市空间发展;后随着各地商人和外来人员的迁入,人口规模不断扩大,城市空间结构也不断向外拓展;近代,人口的流动很大程度上决定了城市空间重心的转移和新的城市功能区的形成,如租界区和南市地区的兴起;新中国成立后,城市外围工业区及居住区建立,城市人口开始向这些地区转移,使城市空间结构有向外扩展的可能;改革开放后,在城市边缘地区出现了大规模的居住区,人口开始由中心向外围疏散,人口的迁移和流动促成了大规模的新区建设,天津中心城区的空间结构也开始逐步打破圈层"摊大饼"模式,出现分散组团式的空间发展趋势;同时,随着人口沿重要交通走廊地区流动,并向滨海新区转移,区域间节点和组团间的空间结构不断发生变化。

未来,随着天津中心城区人口出现进一步向外扩散的趋势,城市内部空间也会出现一定的人口分异现象,从而直接影响城市内部的空间布局;同时,人口向中心城区外围、滨海新区核心区、区域间重要的交通走廊沿线以及新兴的产业功能区方向迁移,从而促进中心城区外围城镇组团、滨海新区城镇节点、区域间其他重要城镇和新兴产业功能区的空间发展,天津城市空间结构必将在人口的不断流动中进行重组和调整。

7.3.5 道路交通系统

从历史上看，交通走廊的发展在天津城市空间结构的演变中一直扮演着重要的角色。从封建时代的海河、大运河，到近代区域间公路、铁路的出现，再到新中国成立后"三环十四射"的道路系统骨架，以及后来的津塘公路、京津塘高速、京津城际及延长线等交通干线走廊，在各个阶段一直引导着空间结构的发展。

天津区域空间结构沿海河和京津塘高速形成"一条扁担挑两头"的空间格局，在交通轴线地区分布了重要城镇和产业组团，如开发区、保税区、空港等；城市内部空间结构沿主要干道呈放射状的圈层发展，深刻反映了道路交通系统，尤其是主要交通干道的布局，对天津城市空间结构的发展产生了极其重要的影响。同时，交通工具方式的变迁，从古代的水路交通(以大运河和海河为主)，到近代的公路和铁路交通，乃至航空和海运的发展，每一次的改变都影响着天津城市空间结构的发展。

未来，城市快速公交、轨道交通、高铁等交通方式的多样化；中心城市内部路网结构的调整，过境和对外通道的完善；区域新交通走廊，如京津塘高速、京津塘高速二线、沿海大通道、津晋高速、津石高速、塘承高速等的强化和建设；围绕港口与区域、城市间海、陆、空综合集疏运对外交通体系的构建；这些城市交通系统发生的重要变化，都将对未来天津城市空间结构优化产生重要的影响。

7.3.6 自然生态结构

自古以来，地理环境的变迁和生态系统的演变一直是城市聚落发展的动力之一。天津地区地处滨海，其河网密布、洼地纵横的自然生态条件，为沿河聚落城镇的空间发展提供了坚实的基础，也奠定了天津城市空间结构发展的生态基底。

长久以来，生态系统与城市空间结构发展保持着稳定、良好的共生关系。但新中国成立后，由于重生产而轻生活，工业生产建设对生态系统造成了极大的破坏，天津的城市生态系统开始表现出不稳定性和脆弱性；改革开放后，由于大规模的旧城改造，城市空间无序扩张，城市周边的河流、湿地、湖泊等生态资源受到了严重破坏，区域生态基底遭到了威胁，天津城市空间结构失去了理想生态系统的屏障。近些年，对天津区域生态系统进行了一系列的整治措施，如实行分区治理，适度保留中心城区和外围组团间良好的生态湿地，在环路附近设置隔离林带和环保林带[268]，在城市内部增建大中型公园和开敞空间等。但大量城镇建设用地的无序扩张和蔓延，使得天津城市空间结构的合理发展依然面临着巨大的生态压力。

未来，随着京津冀协同发展规划的不断深入，区域生态一体化将成为共识，一系列生态系统的保护工作将陆续开展。如南北生态战略的确立，海河中游生态建设关键区的构建，分区分强度系统整治，近郊风景区和自然保护区的设立等，这些都将有力促进城市良好生态系统的构建。良好的生态系统是城市空间结构优化最重要的保证,将成为天津城市空间结构优化的重要因素。

7.3.7 公共安全

安全是人类城市聚居最基本的需要,近年来公共安全已经成为城市空间发展高度关注的问题。尤其是天津滨海地区,其地处海洋与大陆交接地带,自然环境多变,生态环境脆弱,且分布着众多港口工业区和产业功能区,这些使得公共安全因素成为影响天津城市空间发展的重要内容。如以地震、风暴潮、海平面上升为主的自然安全因素以及以工业灾害、人防、消防为主的人为安全因素,它们对城市空间的合理布局、混合利用,危化品工业布局,工业产业与城区的关系,区域对内外道路交通系统的组织引导,生态安全系统构建等方面提出了更高的要求,成为未来天津城市空间结构优化必须考虑的环节。

7.3.8 相关规划政策

在历史上,相关的规划行为对天津城市空间结构演变也产生了重要的影响。如明朝初年刘伯温对天津卫城算盘城的布局方案,奠定了此后天津几百年城市内部空间发展的基础;近代,西方列强对各租界区的规划,奠定了天津近代城市空间发展的基本框架;民国政府多版城市规划方案的调整,虽未正式实施,但为之后天津城市空间结构的发展提供了有益的启示;新中国成立初,如 1954 年、1959 年版总体规划及相关专项规划设计,基本确定了现代天津城市空间结构的发展走向——圈层发展和"三环十四射"的空间骨架;改革开放后,先后有 1986 年、1996 年和 2005 年三版总体规划,它们更加系统、全面地对天津城市空间结构的发展提出了重要的规划设想,如"一条扁担挑两头""双核心组团式""多中心网络式"空间格局,长久以来引导着天津城市空间结构的不断调整和优化;2009 年版城市空间战略规划更是提出了"双城双港、相向拓展,一轴两带、南北生态"的空间结构设想,在全市范围内实现多轴协调,形成"三轴、两带、六板块"的空间布局结构,为天津城市空间的发展提出了诸多有益的措施,可谓影响深远。近年来,对天津城市空间发展的相关规划行为一直在不断地探寻之中,如产业布局规划、道路交通系统规划、生态系统规划、港口布局规划等,它们对天津日后城市空间结构的发展都产生了重要的指导作用。

同时,相关政策因素对城市空间结构的优化也将起到一定的指导作用,一些新的政策,有时候会如同"催化剂",给城市的空间结构发展带来新的机遇[206]。如新中国成立初期,在"变消费城市为生产城市""工业城市"等国家政策的影响,天津形成了居住工业混杂、工业包围城市的空间格局;改革开放后,14 个沿海开放城市的设立,工业东移战略的实施,天津开发区和保税区的成立,各项优惠政策逐步落地实施,使得天津的区域空间格局发生了重大改变,由单中心向双核心转变;2006年,滨海新区开发开放被纳入国家沿海开发的重大战略,东疆港保税区成立,滨海新区的空间地位得到进一步提升;近年来,随着"一带一路"倡议的实施和天津自贸园区国家相关政策的出台,天津城市空间结构又出现了新的变化。

　　未来,规划行为和相关政策仍然是不可忽略的重要因素,将对天津城市空间结构的发展起重要的作用。如新一轮的天津市总体规划修编工作开始在即,如何在新的区域发展背景和相关政策实施的变化中,通过有效实施和管理来解决城市空间发展中的现实问题;京津冀协同发展规划所引发的新区域空间格局,由原来的"众星捧月"向"双城记"的空间关系转变;北京非首都功能的政策性向外疏解,为天津城市空间结构的新发展提供了机遇;"一带一路"和国家沿海开发战略的进一步实施,一系列优惠经济发展政策和措施的出台,天津自贸园区成立及相关政策所带来的区位、资源、经济等空间优势效应,将成为未来天津城市空间结构发展中重要的影响因素和强大动力之一。

7.4　空间结构优化引导

7.4.1　未来发展方向

1.区域整体空间

　　通过引入景观生态学廊道的概念,对天津城市空间结构的扩张方向进行预测。杰夫等人依据城市空间扩张的廊道效应,以美国俄亥俄州为例,对大都市的空间扩展进行了分析。通过廊道扩展的距离来对城市空间扩展轴线加以描述,可以对未来空间发展方向进行预测。

　　天津市区域空间拓展的廊道实际多为人工廊道;结合2000年以来天津区域廊道的增长率变化情况,通过对天津城市空间廊道各方位的扩展距离分析,区域空间以小白楼地区作为区域空间的几何中心点,经过多年分析得出,第3、8象限的空间扩展距离最大,第2、6象限的空间扩展距离最小,表明津滨走廊是天津区域空间拓展最快的方向;此外,津港方向扩展距离也较大,受未来海河新城建设的影响,将成为区域空间发展重要的战略支点,中心城区与大港共同组成的东南方向轴带,将成为天津区域空间中重要的轴线和拓展方向(图7-50)。

　　此外,在1975—2005年的30年间,观察天津、北京城市空间发展的卫星遥感影像(图7-51)发现,天津的西部地区发展缓慢,一直未有向北京方向拓展的趋势,津武走廊发展缓慢;近年来,随着京津冀区域整合的加强,配合首都二机场的交通和

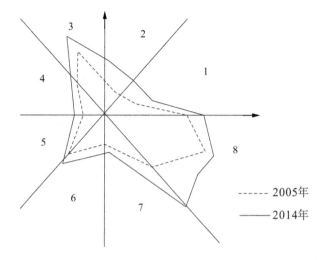

图 7-50　2000 年后天津区域空间扩展距离图

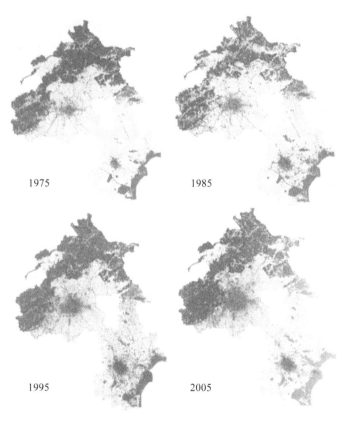

图 7-51　1975—2005 年京津区域空间发展格局图

资料来源：中国城市规划设计研究院

物流运输,对北京相关产业、功能的承接作用,津武走廊的扩展开始不断加强,未来将成为天津区域空间发展的重点地区之一;滨海走廊近年来的扩展也较快,随着滨海新区两翼的发展、各产业功能区的建设,其空间力量不断增强,未来可能作为区域空间发展的次一级轴线地区;而津静、津围走廊的扩展则相对缓慢和平稳,未来可作为区域内连接一般节点和城镇的次一级轴线和扩展方向,发挥疏解中心城市职能的作用。

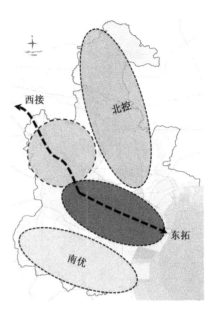

图 7-52 天津区域未来空间
发展方向引导图

总体看来,在天津区域整体空间发展中,主要的交通干线走廊地区将成为未来发展的主导方向。经过上述分析,初步提出天津区域空间的总体发展方向为"西接北京,东拓滨海,南优北控"(图 7-52)。津滨走廊沿线的中心城市地区依然是区域空间发展的重点;滨海地区随着滨海走廊的完善,将成为次一级的发展

重点;南部静港地区要优化整体发展环境,提升循环经济产业功能;北部地区要对生态空间进行有效控制,有序疏解城市功能;近郊地区通过区域交通干线实现与中心城市地区的空间联系,彼此互为分工,协调发展,实现对中心城市地区的疏解转移。

2. 中心城区

利用空间廊道效应原理,对天津中心城区各方位的扩展距离进行分析后,发现区域内第 7、8 象限的扩展距离最大,第 3 象限近年来也有所扩展,其余方向则相对均衡,第 2 象限空间扩展距离最小(图 7-53)。由此看来,天津中心城区近年来已经出现了明显的西北—东南轴向扩展的趋势。

随着天津工业东移战略的进一步实施,滨海新区空间力量的增强,以及中心城区相关功能的疏解,中心城区的东南沿海河、津滨大道、京津塘高速方向,将成为城市未来空间发展的主

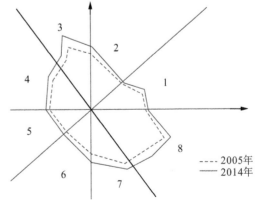

图 7-53 2000 年后中心城区空间扩展距离图

要方向;此外,随着武清地区呼应京津冀协同发展对产业、功能的承接,该地区空间力量得以提升,中心城区西北方向与武清地区也会有所呼应,将成为未来城市空间发展的次方向;同时,其余方向上外围城镇组团的存在,如西青、大寺、小淀、新立等,在空间扩展上也会有所吸引,将以小规模充填式优化为主,并通过之间的生态湿地空间,对中心城区的空间拓展进行有效控制,防止圈层蔓延的发生。

由上述分析,初步提出天津中心城区未来的发展方向为"东扩西延,北控南优"(图 7-54)。东扩,依托海河、京津塘高速复合轴线,向东与海河中游地区实现轴向呼应;西延,加快西部尤其是西北部地区发展,与武清城区实现对接,互为呼应;同时,优先发展处在西北—东南轴线上的双港、双街、大寺等城镇组团,加强交通联系,强化生活服务功能,实现错位发展;北控,合理控制东北部生态保育区,对城区空间发展进行合理控制;南优,南部地区尤其是西南部的生活科技组团,要控制其发展规模,以提升综合品质为主,不宜过度发展。

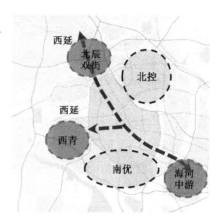

图 7-54　天津中心城区未来空间发展方向引导图

3. 滨海新区

天津滨海地区的空间发展,从客观上协调了区域空间结构,减弱了中心城区向郊区连片蔓延的势头。未来滨海新区的空间发展要避免圈层蔓延,因此必须要明确其空间发展的方向。

利用空间廊道效应原理,对滨海新区各方位的扩展距离进行分析后发现,第 4、7 象限的空间扩展距离最大,第 2 象限近年来也有所扩展,第 6 象限扩展距离最小,其余方位则相对均衡(图 7-55)。由此看出,天津滨海新区的空间发展主要沿津滨走廊向东西两侧扩展,尤其是随着双城间交通体系的完善,彼此间引力作用逐步显现,向西发展的动力充足,走廊地带出现了产业功能组团的充填式发展;东

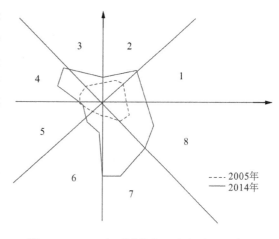

图 7-55　2000 年后滨海新区空间扩展距离图

部地区依托港口产业区的发展,不断向深水化方向扩展,但较西部发展力量稍有不足。近年来,值得关注的是南、北部地区空间的发展,尤其是南港工业区、临港产业区、大港石化城的发展,将使得南部地区成为滨海新区未来空间发展的次一级方向;北部的汉沽石化城、海滨旅游区的发展,也将使得北部地区成为未来空间发展的重要方向之一。

目前,滨海新区核心区的空间集聚力量还处在一个上升的阶段,在未来一段时期内,其向心集聚的作用仍会增强;同时,由于津滨走廊的扩散作用,滨海新区核心区会出现向中心城区方向,即向海河中游地区靠拢的趋势;港口效应的不断升级,北方国际航运核心区的定位,使得港口功能区、临港产业区将成为滨海新区空间发展的重点,向海河下游入海口进一步拓展,并向南北两翼分散,以实现空间资源的高效整合;由此,沿海河、津滨走廊向东西两侧拓展,仍将是滨海新区未来空间发展的主导方向。此外,由于海滨大道、南北双港战略的实施以及汉沽滨海旅游区、大港石化工业城等功能区的发展,滨海新区将出现向南、北两翼同时拓展的可能,但由于受到其间自然生态条件的制约,其空间扩展较东西向要弱些,南、北向将成为滨海新区未来空间发展的次一级方向。

由上述分析,初步提出滨海新区未来的空间发展方向为"东拓西进,南移北优,中提升"(图7-56)。东拓,沿海河继续向下游入海口发展港口功能区,加快东疆港区、自贸园区建设,有条件的情况下发展海港新城;西进,依托海河、京津塘高速、城际铁路组成的复合轴线,向西发展相关产业功能组团,实现滨海核心区功能的疏解

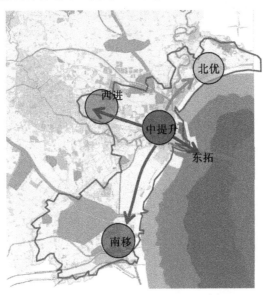

图7-56 天津滨海新区未来空间发展方向引导图

和转移,与海河中游地区实现空间呼应;南移,承接和转移散货物流、石化等相关功能,加快临港产业区和南港工业区的建设,并沿海滨大道实现与大港城区的呼应;北优,利用良好的湿地生态条件、海滨自然风貌,重点发展海滨旅游生活区,优化生态旅游环境和生活品质,沿海滨走廊向北间隙式发展,与汉沽城区实现空间呼应;中提升,进一步完善滨海新区核心区的用地布局,以小规模改造为主,提升其城市综合服务功能。

7.4.2 未来空间发展模式

1. 区域整体空间结构

区域的空间发展与其所处的发展阶段有着紧密的联系。在城市由工业化后期向后工业化时期转变的过程中,城市和区域空间结构由集聚向分散,再到高水平的均衡发展阶段转变。2014年,天津三次产业结构比例为1.3∶49.4∶49.3,后产业结构发展逐渐呈现"三二一"格局。近年来,第一、第二产业比重明显呈下降趋势,而第三产业尤其是现代服务业比重呈现明显上升趋势,同时已从资源型产业和传统产业转向高新技术和先进制造研发产业,从劳动密集型向资金密集型和技术密集型产业转变。从城市空间结构特点上看,滨海新区的空间开发速度不断加快,中心城区的功能开始向双城间地区和外围近郊区疏解,出现了核心区的空间扩散趋势。

目前,从京津冀的空间发展态势看,未来将演变为巨型双核城市群。随着天津区域空间力量的不断壮大,在服务和承接北京、促进大区域良性互动方面发挥巨大的作用,未来的区域空间发展模式应当是多样化的。从区域内部看,天津整体已经进入了由工业化后期向后工业化转变的重要时期,空间单核集聚的力量已经达到了最强阶段;今后区域内重要的核心点——中心城区和滨海核心区,它们的扩散作用将逐步得到体现,产业功能等经济活动在空间上的分散布局,将会导致中心城市地区出现"城镇组团+生态绿地"的空间发展格局(图7-57),通过区域交通综合干线进行组织;区域内扩散机制的不断增强,将促使区域内多节点和发展轴线的生成,近期天津区域空间发展将可能形成"双核多中心组团"的空间结构,并通过"点-轴"渐进式扩散,最终向多核心网络化空间发展模式转变。

图 7-57 "城镇组团+生态绿地"空间模式图

这种以区域性交通干道为轴线,形成的复杂走廊城市网络,由多个不同区域节点组合成独特又富有弹性的交流环境,比传统的中心城市具有更丰富的多样性和创造性。世界著名的大都市地带,如兰斯塔德地区是传统型的代表,日本关西地区是改革型的代表,而美国的旧金山地区则显示了新经济的推动作用[206],它们都是"网络型城市地区"的代表。

基于天津现有的城市化和生产力水平,多核心网络化的空间发展模式只能局部实现。中心城市地区及其周边辐射范围 50 km 地带,可以考虑采取轴带网络型发展模式。通过快速交通连成整体,在此地区形成一个区域中心和多个组团中心,各组团及中心间通过生态绿地进行分割,遵循"点-轴"间隙式的空间发展模式,使之成为港口城市的优势地区,最大限度地辐射周边及近郊地区(图 7-58)。

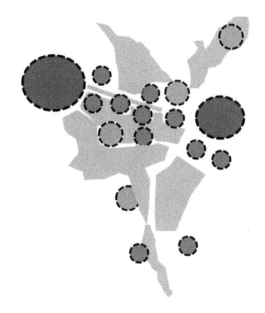

图 7-58　中心城市"点-轴"间隙式发展模式图

在区域内的其他地域,如近郊地区,通过几条重要区域性交通干线来实现与中心城市地区的联系,将中心城市相关功能进行疏解,辐射近郊地区的城镇。沿交通干线周边分布城镇节点,与中心城市地区的各城镇互为分工,共同构筑初级的"点-轴"系统空间结构,并不断完善次一级和一般性的节点,彼此形成空间联系轴线,最终形成多层级的"点-轴"空间系统。这种一般程度上的"点-轴"系统空间结构,可以解决由于空间距离问题导致的发展不平衡问题,实现区域空间最大限度的协调发展。

综上所述,网络型城市空间发展模式在今后很长的时期内难以完全实现,只是

一种理想的空间发展范式。对于天津
区域空间更为现实的空间发展模式,即
为依托重要的交通干线和产业走廊,培
育多个区域性的节点中心,构筑多层级
的"点轴并进"空间结构,利用良好的自
然生态空间,以带状间隙式组团分布为
主,避免连片发展,确保区域空间发展
的弹性和可持续性(图7-59)。

2. 中心城区

从中国城市空间结构的演变规律
看,目前我国城市空间发展模式主要存
在圈层布局、轴状伸展和多中心组团发
展模式。在这几种模式中,组团式发展
无疑是最理想、可持续性最好的模式,
城市中心区的压力可以由各个组团的
发展而得到有效疏解。这种城市地区
的空间发展主要体现在:一是传统城市
主中心依然重要且继续发展;二是在城

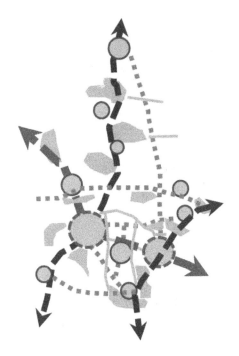

图 7-59　天津区域未来空间发展模式图

市传统中心之外形成二级中心(副中心),对主中心进行补充;三是在外部城市边缘
地区形成新节点,即卫星城镇和外围城镇组团。

天津中心城区的空间发展近年来表现出轴向扩展的趋势,但由于外围城镇组
团的控制引导不力,其圈层扩展的态势依然明显。根据天津中心城区近年来的发
展情况,结合相关规划、政策以及多中心布局特征,提出了中心城区的内部空间应
当向多中心组团式空间发展模式转变,打破环形路网对空间布局的限制;除了进一
步强化小白楼主中心外,在沿海河和城区的上下游地区选择条件较好的地段,培育
2~3个空间副中心,有效缓解中心城区的空间压力;同时,在中心城区打造片区性
的服务中心,形成多中心空间布局结构;在中心城区外部空间组织上,依托海河、京
津塘高速,向海河中游地区轴向拓展,西北方向与武清地区呼应;择优发展外围城
镇组团,在城区的西北和东南方向,重点培育卫星城镇,彼此间与中心城区通过生
态绿地进行分隔,避免连片圈层发展,打造间隙式轴向组团的空间结构。

综上所述,多中心轴向组团结构将成为天津中心城区未来理想的空间发展模
式,引导城市空间的有机生长。内部空间通过多中心组团结构进行缓解减压,外部
空间通过轴向间隙式分散,疏解中心城区的相关产业功能,与外围城镇组团互为分
工,促进周边和海河中游地区的整体发展(图7-60、图7-61)。

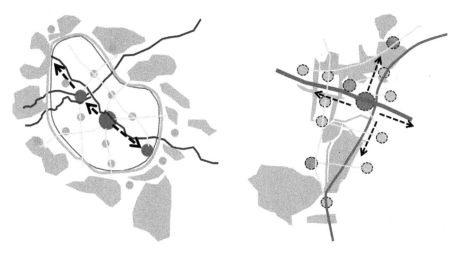

图 7-60　中心城区未来空间发展模式图　图 7-61　滨海新区未来空间发展模式图

3. 滨海新区

近年来，天津滨海新区空间向心集聚力量较强。滨海新区核心区作为区域空间发展的主体，以津滨走廊、海河为东西向发展轴线；同时，随着海河南岸地区的开发、工业企业的外迁、北部生态旅游区的建设，滨海新区核心区出现了向心圈层拓展、四面出击的发展态势，南侧大港和北侧汉沽城区的空间力量薄弱，职能结构单一。

因此，滨海新区未来的空间核心力量必须要分散出去。滨海核心区要进一步提升城市综合服务功能，沿津滨走廊向海河中游地区拓展，在交通走廊沿线形成重要的产业功能组团，实现对核心区的功能疏解；区域内各组团间通过生态廊道进行间隔，形成串珠间隙式空间结构；同时，沿渤海岸线，通过海滨大道进行空间组织，沿线分布石化工业城、南港工业区、临港产业区、海滨旅游区、汉沽石化工业城等功能组团，彼此间通过生态、湿地空间形成空余地带，实现"轴向间隙式"发展；此外，在区域内培育新的产业城镇组团，作为区域内新的空间增长点，以实现多点发展、多极增长，形成"多中心组团式"空间发展模式。

7.4.3　优化引导策略

1. "点轴并进、多极发展"的空间引导

（1）构建"双核多中心，一轴四带"的网络化结构，推动京津冀协同发展，共建世界级城市群。

目前，基于对京津冀地区两个特大城市互补的"双城多中心网络化"密集城市

群的判断,天津的区域总体空间结构由单中
心到"双核心",未来要逐步引导向多中心方
向发展。在天津区域空间发展中,构建"双
核多中心,一轴四带"点轴并进的网络化空
间结构,积极推进天津与京津冀地区的空间
一体化,强化天津的服务带动作用,促进经
济交流与合作;一方面承接好北京相关功能
的转移,共同构建世界级城市群地区,另一
方面增强城市的空间辐射作用,实现与河北
的协作,带动河北地区的快速发展。

区域整体的空间引导策略为以中心城
区和滨海核心区为双核心,以武清地区、海
河中游地区为副中心,蓟州、汉沽、大港、静
海为片区的区域性节点,引导其他外围组团
城镇、近郊地区一般城镇和村庄的协调发
展,建立多极中心;以津武+津滨走廊为主
轴,联结廊坊和北京;以滨海发展带、西部城
镇发展带及津港、静港和宁汉发展带为次要
空间发展轴;通过各级轴线串联区域核心、
副中心,以及区域性节点、一般节点,实现空
间发展的整体性、平衡性和可持续性(图7-
62)。

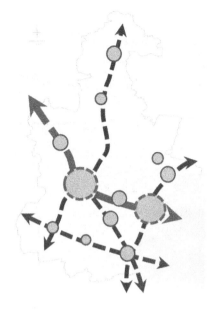

图7-62 天津区域空间结构优化引导图

(2)进一步壮大主要空间发展轴线,完
善次要走廊地区的发展。

天津区域内的中心城区、滨海新区和各
区县实现全面提升。中心城市地区实现龙
头带动,区域内多极发展和协调联动。同
时,进一步壮大主要发展轴线——津滨走廊
地区的空间力量,并沿西北方向,向津武走
廊延伸,实现与北京东部地带的空间对接;
在津滨走廊地带,优先发展靠近中心城区和

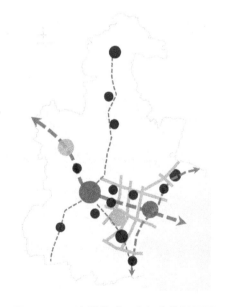

图7-63 天津轴带地区空间优化引导图

机场的新立组团,推动海河中游地区和下游塘沽地区的有序发展,避免全面开花式
连片发展(图7-63)。

完善次要走廊地区的发展,如津武走廊地区,优先发展武清城区和靠近中心城

区的双街组团，在沿京津塘高速公路两侧布置工业，形成高新技术产业带，充分利用首都二机场和非首都功能疏解的机遇，成为天津区域空间发展的副中心地区；津港走廊地区，优先发展大港城区和靠近中心城区的大寺、双港组团，海滨走廊地区，优先发展轴线上的汉沽、大港等重要地区，其余产业组团通过生态绿地实现串珠式发展；津蓟、津静所在的西部城镇带，优先发展交通干道沿线的工业城镇，承接制造业发展，实现对中心城区的功能疏解。

（3）在海河中游地区构建紧凑有序、生态、宜居、宜业的新城区，培育若干新的空间增长点。

在中心城市地区，要重点推进双城走廊地区的空间发展，避免功能过度集中，构建区域副中心，实现中心城区和滨海新区的功能疏解，引导双城向海河中游地区轴向扩展。海河中游地区形成有机集中的空间格局，有条件并建立海河新城，成为未来区域空间发展新的重要节点；依托空港经济区、津滨走廊沿线产业功能区、海河轴线，形成新的行政文化中心和居住商务综合新区，打造天津区域空间发展的副中心地区。海河中游地区内部空间采用分散组团式布局，通过生态绿廊分隔围合，快速路和轨道交通联系组织，并借鉴紧凑高效的精明增长思想，即集约利用土地，将居住、就业和商业区混合开发，采用密集组团、相对集中的发展模式，拉近区域内各组团间的距离，构建特色鲜明、富有活力、紧凑有序、生态宜居的新城区（图7-64）。

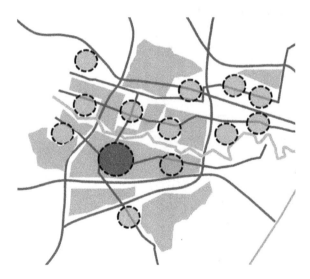

图7-64　海河中游地区空间优化引导图

此外，在中心城区和近郊地区重点培育若干新城，形成次一级的区域中心或中游节点，如武清、大港、汉沽、静海、蓟州等，明确功能定位，壮大空间力量，带动各区县发展，培育新的空间增长点，构建区域多层级空间节点体系。

（4）加快中心城区 CBD 建设,积极培育城市副中心和片区性服务中心,实现多中心发展。

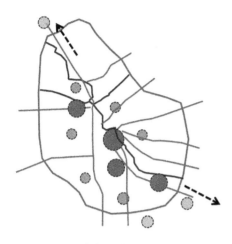

天津中心城区要培育和加快 CBD 的建设,以小白楼、海河沿岸半径 1～2 km 范围为圈层建设主中心,商务功能要进一步凸显;中间地带中环线地区周边加强商住综合体的建设,降低居住密度,提升居住区品质,实现中环线向外围地区转移。同时,为实现中心城区单核集聚功能的有效疏解,应积极培育若干城市副中心,如西站、文化中心、海河柳林等地区,在市六区构建若干区域性服务中心,如河西的梅江、解放南路,南开的鼓楼、黄河道、水上,红桥的光荣道,河北的中山路,河东的津滨大道沿线等,引导城区由单中心集聚向多中心组团分散发展。此外,

图 7-65　天津中心城区空间优化引导图

引导几条重要干道放射状向外扩散,在城区外围发展条件较好的地区,尤其是在西北、东南城市主导方向上建立重要的城镇组团和卫星城镇,引导人口向外围地区疏解,缓解内部空间高密度带来的压力,向宜居城市的目标迈进(图 7-65)。

（5）滨海新区实现间隙式轴带发展,构建有机安全的生态网络型结构,引导内部空间高效紧凑发展。

滨海新区要进一步扩大对外开放力度,壮大其空间力量,真正发挥天津区域空间另一核心的作用,以缓解中心城区的空间压力;同时,滨海地区要与河北沿海地区共建经济统筹发展区,形成更大范围的沿海空间发展带;此外,滨海新区内部空间向心聚力,在未来可能会出现反磁力趋势,沿津滨走廊和海河逐步向西和海河中游地区靠拢,在其间分布各产业功能区和若干城镇组团;通过绿地生态廊道进行间隔,走廊地区实现间隙式组团发展,保持空间发展的弹性和可持续性(图 7-66)。

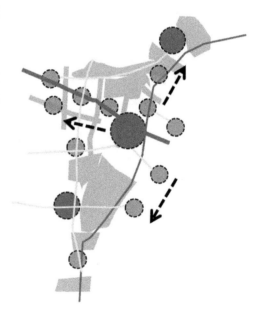

图 7-66　天津滨海新区空间优化引导示意图

海滨走廊地区,引导沿线各功能组团或城镇间留足生态空间,通过交通走廊实现各组团间的有机联系,构建间隙式轴带空间结构;重点发展滨海新区中部"T"轴交汇处的滨海新区核心区,使之成为区域空间发展的引擎;进一步整合和优化滨海高新区、塘沽城区、天津港保税区和天津港"一港三区"的空间布局,突破行政管理的壁垒,实现多区共融。同时,滨海新区空间发展以核心区为主体,向南、北两翼方向拓展,以大港、汉沽新城为两翼,并加强与滨海新区核心区的空间联系;南部大港地区引导其与静海形成静港发展轴线,促进天津南部地区的空间发展,加强轴线上各组团的空间联系,如宁河、汉沽、塘沽、大港;其余产业功能组团相间其中,互有分工,以良好的生态绿块分隔,避免连片发展,确保总体布局和各功能区之间的公共安全性,打造基础设施完善、服务业水平高、生态环境良好的宜居地区,构建区域内有机安全的生态型网络空间结构。

同时,在滨海新区核心区内部以家堡金融商贸服务区和解放路商业区为中心,建成滨海新区金融商务中心区,采用高效紧凑型开发模式,控制城市的无序扩张;通过建设具有鲜明吸引力和场所感的特色魅力社区,增强城市居民的归属感、幸福感,提升城市的人气;倡导混合式多功能的土地开发模式,建设特色街区,创造多功能综合的城市空间,凸显滨海城市的海洋文化,为市民创造亲近河流、亲近自然的休闲生活空间,塑造融滨海特色风貌和人文自然于一体的城市环境,提高滨海新区空间的宜居度。

2. "线面结合,有机分工"的产业引导

从明清到近代,直至新中国成立之前,天津一直是重要的商贸城市,作为"南有上海,北有天津"发展格局的重要组成部分;新中国成立后由于受到集中工业生产的影响,产业结构发生了偏移,二产比例不断上升,三产发展速度一直较慢;80年代后,三产虽有所提升,但总体水平仍较低。未来,天津还需进一步提升三产比例,加快产业结构调整,增强经济辐射和凝聚能力。

(1)加强京津产业的合理分工,加快与河北的产业合作;调整产业结构,构筑现代工业产业新体系。

从京津冀协同发展层面看,未来要突破行政界限,加强京津间产业的合理分工,实现与北京产业的优势互补和错位发展,积极承接北京非首都功能,共同发挥高端引领和辐射带动作用;加快与河北的产业合作,增强天津的区域发展辐射力。此外,进一步调整自身的产业结构,二产由高加工度化向技术集约化转变,三产比例需进一步提高;要以高新技术产业为先导,先进制造业为支撑,装备制造业为基础,国家战略产业为依托,构筑创新驱动、特色突出、竞争力强的新型产业体系;重点发展电子信息、石化、冶金、航天等八大优势产业集群;加强信息化与工业化结合,通过"互联网+"来推动产业的升级和转型,并加快发展循环经济产业,实现可持续发展。

（2）重点建设京津塘高新技术产业发展带，培育外围区县的特色优势产业，引导海河中游地区承接双城产业和功能的外溢。

从区域内产业布局看，要沿京津走廊发展京津塘科技新干线，重点建设京滨综合城镇产业发展带；沿津塘高速地区，结合空港和海港发展高新技术、航空航天产业，实现与北京相关产业的战略对接；沿渤海岸线合理利用港口、岸线资源，促进高水平的生态旅游、海港物流、重型装备、重化工临港产业发展；沿西部津蓟高速形成制造业产业经济带，南部地区围绕重化工业、资源回收利用等，发展循环经济产业链；在蓟州、宝坻、宁河、中新生态城等生态环境良好地区，培育环保产业、生态型产业作为增长点。

同时，发挥好近郊区县的各自资源和优势，明确各自发挥的产业职能；加强区县开发区二次开发，加快乡镇示范工业园区建设，培育特色优势产业，以发展制造业和农产品加工、现代都市型农业为主，西青以电子产业、新能源、新材料、汽车产业为主，东丽以航空航天、生物技术与现代医药、现代冶金为主，津南以电子信息、现代冶金和装备制造为主，北辰以机械装备产业、新能源为主，蓟州以农副产品深加工、生态旅游产业为主，宝坻以新能源、轻工业产业为主，武清以电子信息、生物技术与现代医药为主，宁河以制造业、航空航天为主，静海以电子信息、装备制造、环保产业为主，形成多类型、多层次的产业发展空间群落，中

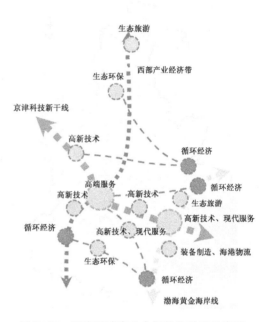

图 7-67 天津区域产业布局优化引导示意图

心城区和滨海新区实现一定的产业对接和互动；各乡镇产业园区沿高速公路和主要公路干线两侧布局；对于海河中游地区的产业发展，要有效引导其承接双城的产业及功能外溢，重点发展会议会展、教育、旅游、研发、商贸等现代服务业和高新技术产业，打造天津新的行政文化中心和国际交流中心（图 7-67）。

（3）中心城区进一步提高现代服务业水平，在边缘地区大力发展都市型工业，全面提升城市功能和品质。

天津中心城区要不断促进产业结构升级，增加第三产业在城市经济中的比重，

尤其是在金融、商贸、文化等领域，提升城市的对外服务功能。同时，充分利用高铁和城铁枢纽的交通优势，挖掘特有的历史文化资源，进一步提升海河沿线的开发水平，大力发展特色旅游、总部经济和文化创意产业[270]，发挥优势科教资源，大力发展科技服务和人才教育；在中心城区边缘地区大力发展以高新技术产业为主的都市型工业区，如陈塘庄、天拖及南开工业园、二号桥、程林庄、白庙、铁东、西站西等地区，调整耗能大、污染大、运量大的工业企业向城市外围和市郊工业集中区转移，腾出更多的土地用于发展高技术含量、无污染的轻型加工制造业（图7-68）。

图7-68　中心城区都市型工业引导图

中心城区主中心重点发展金融、商务办公、中高端商业和文化创意产业，城市副中心发展以商业、商务办公为核心的现代服务业。和平以商务金融服务业、现代商业、以近代历史文化和近代风貌建筑为主题的旅游业为主；南开以科技服务业、教育业、商贸流通业以及休闲旅游业为主；河西以金融、商贸、会展、文化创意产业为主；河东以商贸流通业、商务服务业以及现代物流业为主；河北以商贸流通业、文化及创意产业、文化旅游业为主；红桥以商务服务业、商贸流通业、文化创意产业、教育业为主[270]。

（4）滨海新区加强自主创新能力，兼顾好生产性服务业和现代服务业，提升城市的综合功能，并确保产业布局的公共安全性。

滨海新区作为京津合作的连接点和突破口，也是河北省沿海经济隆起带的战略中心，要进一步调整产业结构，在承接北京技术转化、引导河北下游制造业发展中发挥巨大的作用。扩大产业功能辐射作用，加强环渤海地区产业分工，将一般性、基础性产业向周边沿海地区迁移。

同时，一方面重点发展航空航天、电子信息、石化、生物医药等八大优势产业，另一方面有序推进金融贸易、旅游咨询、文化创意等现代服务业的提升，完善滨海新区核心区的综合城市功能；对于港口功能区要发展金融创新、国际航运和国际物流等产业，并对老工业区进行适当的梯度转移，将天津港散货物流中心、石化危险品工业搬迁至南港工业区集中发展。降低工业风险灾害的威胁因子，提高港口城市工业产业区的公共安全性;提高工业用地的集约利用效率,使得滨海新区由原来的工业园区集聚地转变为综合发展的港口新城(图7-69)。

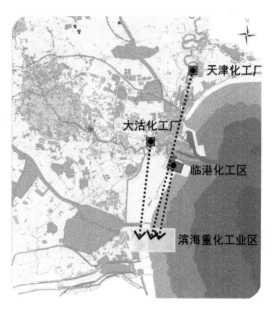

要集聚先进生产要素,提高滨海新区津滨走廊地区的自主创新能力,努力由原来的天津制造向天津创造方向转变,以吸纳北京的创新资源,并向河北地区辐射延伸;以科技研发转化为重点,依托北京中关村,大力发展高新技术产业,构筑高端化、高质化和高新化的产业结构,建设国家自主创新示范区和滨海新区研发转化基地,实现产业互补、功能错位、合作共赢;培育战略性新兴产业,以节能环保和新材料新能源为代表的绿

图7-69 滨海新区老工业区南迁示意图

色产业作为重点,辅以新一代信息技术和高端装备制造。

(5)充分发挥港口资源优势,大力发展临港产业,完善现代物流体系,提升港口服务业水平。

众所周知,海港在提升地区竞争力、推进国际经济交流与合作中的地位和作用越来越突出,它是促进经济、文化交流的桥头堡和门户。从京津冀区域看,北京没有港口,港口便成为天津最大的发展优势,应当充分发挥这一宝贵的资源优势。

滨海新区作为港口及其相关产业最大的平台基地,应当积极发展以航运金融和风险投资为重点的金融保险业,推动航运业和港口服务业发展,推进贸易、金融、航运服务三位一体;同时,加快提升港口能级,移除部分低附加值、不适应天津港口发展的功能,减少粗放型装卸、煤炭运输,增强集装箱干线枢纽港功能,配合北方国际航运核心区的定位建设,促进环渤海港口群的协同发展;完善临港工业体系,协调河北沿海地区(唐山曹妃甸和沧州黄骅等),依托海滨大道,形成天津滨海的产业发展带,其间分布汉沽石化城、滨海休闲旅游区、天津港区、南港工业区、大港石油化工城等重要产业组团,着力打造海洋与港口特色的新型产业结构;加快"无水港"建设与发展的紧凑,改造传统物流方式,着力构建现代港口物流体系,实现口岸功能向腹地的延伸;加快建设东疆保税港区,高水平建设集空港和海港于一体的天津自由贸易试验区,积极参与和融入"一带一路"倡议,配合改革开放先行区的功能定位要求。

滨海新区要明确各功能区的产业定位,总体形成"东港口、南重工、西高新、北旅游、中服务"的布局结构。天津港保税区以航空航天、临海重化工、进出口贸易为主；海港物流区以集装箱运输、港口物流、航运服务为主；经济技术开发区以先进制造业研发和金融商贸为主；滨海高新区以高新技术、航天、生物、新能源等战略性新兴产业为主；中心商务区以金融贸易、商务办公等现代服务业为主；临港经济区以循环经济和装备制造业为主；南港工业区以石化、冶金和装备制造业为主；中新生态城以生态环保产业为主；滨海生活旅游区以总部经济、生态旅游为主；汉沽城区以都市农业、精细化工、生态旅游为主；大港城区以石油为主（图7-70、图7-71）。

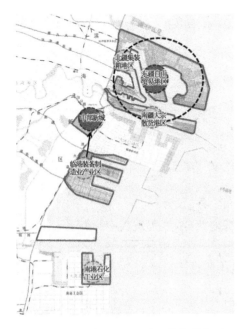

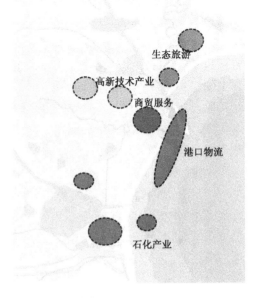

图7-70 滨海新区港口空间优化引导图　　图7-71 滨海新区产业布局优化引导图

3. "多维联结、层级网络"的交通引导

（1）构建海陆空立体化的综合交通体系，加强区域内各城镇和功能组团间的空间联系。

未来，以海港和空港交通为核心，轨道交通为骨干，构建多种运输方式有效衔接的海陆空一体化综合交通体系，促进区域的一体化发展。同时，分层组织交通，构建外层过境通道；构筑市域范围内多等级的交通网络体系，以国道和集疏港主通道为骨架，以区间快速路为基础[175]，加强港口、中心城区、滨海城区、卫星城镇以及各功能组团、近郊县城、重点镇、一般镇之间的高效交通联系；加大快速铁路、地铁线网的远距离通行、快速公交的大规模建设，加强中心城市地区与近郊地区的空间联系，建立2小时的区域交通通勤圈（图7-72）。

（2）中心城市地区建立以城市快速路和轨道交通为支撑的交通网络体系，实行TOD模式，确保各组团间的无缝连接。

图7-72 天津区域综合交通优化引导示意图   图7-73 中心城市地区道路优化引导图

在中心城市地区内，尤其在双城间的津滨走廊、海河中游地区各节点和功能组团间，构建以城市快速路和轨道交通为支撑的交通网络体系，减少过境交通对片区的干扰；加快轨道交通建设力度，确保各功能产业组团的有机联系，强化与双城间的快速通道联系，缓解高度集聚对区域内核心地区所造成的压力，建立1小时的城市通勤圈[175]。此外，重点发展以大运量公共交通为导向的开发（TOD）模式，完善地铁、有轨电车和公共汽车等多种形式相结合的公共交通方式，构建组团式高效便捷的交通网络，实现各组团间的无缝连接[175]（图7-73）。

（3）中心城区构建多层级的骨架道路体系，完善区内外轨道交通线网。

未来，中心城区内部要继续优化和调整现有的道路交通系统，构建功能明确、分工合理的"两环、十字通道、十一射"的骨架路网体系，通过三级路网主干进行划分；同时，采取不同片区分区治理、重点管制的方针，来解决城区内部的交通组织；进一步调整中心城区的快速路网系统，尤其是东北环路的外扩和功能调整，形成对内"两环十四射加联络线"的骨架路网结构[270]；此外，还要处理好对内交通的衔接问题，比如主次干路、快速路与外围地区的关系；合理分配不同等级道路间的关系，如高速和快速路相连，干路与快速路或主干道相连（图7-74）。

同时，进一步优化中心城区的公共交通和轨道交通线网，如在城区中心、副中

心以及重点开发地区,配以多条线路
公共交通的换乘枢纽站点,构建与之
相适应的大容量公共交通体系;在轨
道交通方面,城区的重点建设地区,增
加交通线路的条数,建立换乘枢纽站
点,同时要注意处理好城区各个片区
中心间的内部联系,使得轨道交通做
到均衡布局;此外,还要加强与中心城
区外围组团的联系,增加海河中游地
区与中心城区的轨道交通线路,并有
序实现中心城区轨道交通与市域线路
的衔接。

图 7-74　中心城区道路系统优化引导示意图

　　(4)滨海新区要健全对外区域辐
射型交通网络,实现与环渤海地区交
通的畅通。

图 7-75　滨海新区对外交通优化引导图

资料来源:参见天津市综合交通系统规划(2009—2020)

滨海新区在对外交通方面,要
健全区域辐射型交通网络,建立公
铁均衡发展、多点交织的高速城际
网络和城市型交通快速体系,衔接
大区域通道,实现与北京、环渤海地
区和北方其他地区的联系,提升沟
通东西部和向"三北"辐射的交通枢
纽地位[165]。完善塘承高速北延段,
修建津石、穿港高速公路,发挥天津
环渤海地区中心作用和实现冀中南
与冀东的直达联系;同时,为强化环
渤海地区各港口城市间的横向联
系,应进一步完善环渤海通道的建
设,加强东北、华北和山东地区的区
域联系,构筑顺畅的环渤海交通网
络体系(图 7-75)。

　　(5)提升海空两港功能,建立安全顺畅的港口集疏运体系,提升滨海新区的交
通枢纽地位。

　　天津滨海新区交通最大的优势是拥有港口和机场,具有扇形辐射内地的交通

网络基础。未来,还要进一步提升海空两港功能,拓展港口与公路、铁路、航空间的联系通道,构建天津港口与其腹地间沟通的现代化综合交通体系;加快建设天津港直通我国西部地区的铁路,加强海、陆、空、铁多式联运;同时,要将疏港交通与城区内部交通有效分离,处理好港城对内外交通问题,构筑立体式的港城分离交通体系;设置消防疏散通道和危险品专用通道,提高区间交通组织的公共安全性。

此外,要进一步优化港口集疏运交通系统,以拓展港口的辐射带动能力。在公路方面,除了目前的东西向三条交通线外,要加快建设津汕高速公路联络线,修建唐津高速公路西延长线,增加港口对外的直接通道,提升港口公路的集疏运能力,从而带动天津南部地区、河北中西部的发展,并促进与中西部地区的沟通(图7-76)。

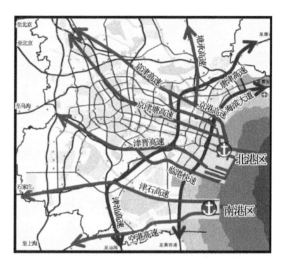

图7-76 滨海新区公路集疏运优化引导图

在铁路方面,要加快新建穿港铁路、黄万铁路复线的建设,增加天津港与西部地区的直接联系,增强港口铁路集疏运综合能力,扩大区域的对外辐射范围,为构建以天津港为核心的区域物流网络体系奠定基础(图7-77)。

在空港方面,考虑到最大化地兼顾双城间的交通出行需求,天津滨海国际机场要以承担首都机场分流、助力京津冀协同发展为目标,协调区域机场分工,大力发展航空客运航线,促进天津空铁、空陆联运向京冀地区拓展延伸,提升天津空港交通枢纽地位[175]。有条件的话,可利用天津东疆港区的填海造地,结合邮轮母港和国际客运中心,建设海上机场,为腹地型空港和海港国际联运中心奠定基础

图7-77 滨海新区铁路集疏运优化引导图

（图 7-78）。

（6）滨海新区内部多种交通方式协调发展，大力推行 TOD 模式，合理引导组团间的有机联系。

滨海新区在对内交通方面，要重点优化核心区的路网体系，形成以于家堡为核心的中心放射结构；在交通方式上，由于受到地质条件的限制，不适合进行大规模的地铁建设，因此核心区应以大容量、快速化的轨道交通与快速公交的"线式交通"为主，"面式交通"为辅，构建多种交通方式协调互补的综合交通发展模式[223]。同时，不断优

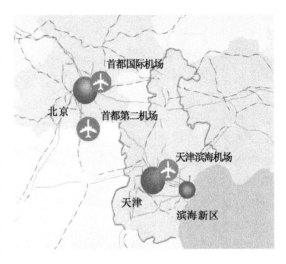

图 7-78 滨海新区空港发展引导图

化核心区内部交通网络，提高次干道和支路的道路密度，调整和完善地面公交线路，建设各片区内的公交中心站和换乘系统，为居民的出行提供快捷的交通换乘系统和方便的通勤线路[138]（图 7-79）。

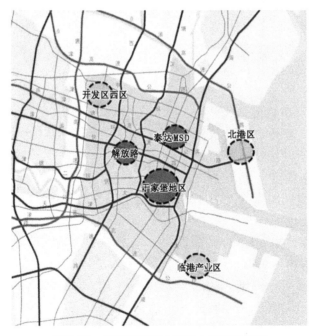

图 7-79 滨海新区核心区对内交通引导图

滨海新区各功能组团的区间交通,要加快构建完善的城市快速路交通体系和轨道交通体系,大力推行"广义 TOD"模式,通过公共交通体系、市区和近郊轨道交通骨架,以及高效交通轴串联起沿线各功能组团,这样既能满足长距离、大容量的出行要求,又能有效引导各组团的空间发展,避免城市过于分散化而低效率蔓延;在大港、汉沽等人口密度与就业岗位相对较低的区域,可采用多种不同的交通方式,如在城市密度较大的区域,加快推进轨道交通、快速公交及自行车出行等综合交通方式结合的体系建设;在人口密度较大的城乡结合地区,也要积极引导小汽车的发展和合理使用[175]。

4."网络一体、分层控制"的生态安全引导

(1) 加强京津冀生态一体化,构筑南、北生态屏障。

天津地处华北平原,"山河湖海平原"协调共生,湿地众多。未来,在京津冀协同发展政策的指导下,应当依循"南北生态"的总体战略要求,加强京津冀生态一体化建设,进一步融入区域生态整体格局,以确保天津区域空间发展良好的生态基底;加强生态修复,重点建设南部和北部生态屏障,依托主要河流、道路为骨架的平原地区绿色廊道系统,建立大城市近郊绿色屏障[175](图 7-80)。

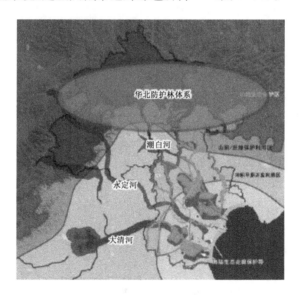

图 7-80 天津区域生态安全格局引导图

(2) 实行分区域生态引导,构建多层次网络化的生态体系。

区域内尤其要关注重点发展地区的生态环境优化,对区域内实现分区划治。如北部地区应加大对蓟州山地生态保护区保护,与燕山山脉共同构筑华北防护林系;中部地区海河水系通过永定、潮白河与区域水系相通,应对七里海—大黄堡

231

洼湿地生态环境建设和保护区予以严格控制,加快中新天津生态城和北疆电厂等循环经济示范区的生态体系建设;南部地区要加大团泊洼水库—北大港水库湿地生态环境建设和保护力度,通过大清河与河北白洋淀水系相通,加快子牙循环经济产业区等低碳生态组团的建设。区域整体生态系统以南北三个生态环境建设和保护区为主体,以重要风景区、自然保护区为重点,以区域内的主要河道、道路沿线绿廊及各城镇、组团间的生态隔离带、生态廊道为骨架,由防风固沙林带、山区绿化带、河道生态绿化走廊、生态农业区、自然湿地、盐田和城市功能组团绿地等组成,构建多层次网络化的生态体系(图7-81)。

（3）加强中心城区外围生态空间的控制和保护,完善城市生态景观系统。

加大建设城区内外组团间隔离绿带的力度,加强与外围组团间的生态隔离带控制与保护,对组团间生态空间做到不占有、不侵害,保持良好的生态基底;外围组团间利用现有的生态绿地,形成绿化隔离带,组团内部紧凑发展,避免圈层扩展、无序蔓延,减少对生态环境的破坏;同时,提高城市内部及边缘区的生态建设水平,完善城市绿地生态系统,实现楔形生态空间与城镇空间发展相结合,达到城市空间的弹性发展与人文关怀的统一。中心城区三环路内保护生态湿地,形成楔形绿地;周边建成一批郊野公园,建设沿海河、北运河等河流的景观生态系统,完善城区的生态景观系统[270]（图7-82）。

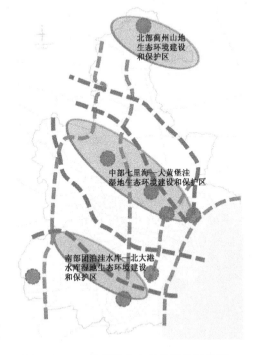

图7-81　天津区域生态系统优化引导图

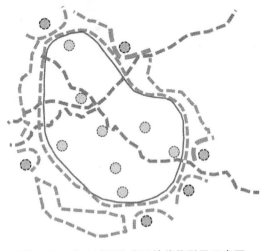

图7-82　中心城区生态系统优化引导示意图

（4）保护滨海地区的自然生态资源,构建海陆一体、多样化的生态安全网络。

滨海新区拥有丰富的自然生态资源,要强调区域协调和生态优先原则,加强海岸带生态系统和防护林网的建设,提高抗自然风险灾害的能力。以滨海湿地群为主体,连同南北两大湿地生态建设区,加强湿地和滩涂保护;北部地区重点进行水源涵养和植被恢复的建设;南部地区加强湿地和滩涂的保护,确保生物的多样性;西部地区要确保生态防护走廊的畅通;东部滨海地区要保护和控制好海岸线生态走廊,处理好港口工业与生态保护的关系,有序合理地进行开发建设,发挥好区域内盐田湿地的生态功能;合理分配岸线类型,避免生产性岸线与非生产性岸线之间的干扰,增加生活旅游岸线,集约利用岸线资源;加强建成区的绿化建设,完善开敞空间与避难设施建设,提升抗安全风险因素的能力,构筑以点带面的多样化安全的生态网络系统(图 7-83)。

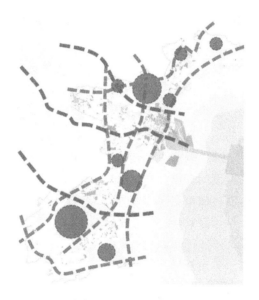

图 7-83 滨海新区生态系统优化引导示意图

8 结论与展望

8.1 研究结论

港口城市自古以来就是城市发展的重要地区之一,尤其是作为国家区域空间、经济发展的前沿阵地和龙头的沿海港口城市,全面掌握其不同阶段空间发展演变的动力机制、特征以及规律问题,不仅能更全面地把握沿海港口城市空间发展的脉络,有利于其自身内部空间的优化调整,而且能更好地加强沿海港口城市的空间优化,更能促进沿海地区区域空间的协调发展。

本书立足于天津港口城市空间发展的典型性,从学校科研服务与地方发展的角度出发,对港口城市空间发展的动力机制、演变规律及特征进行研究,运用"点-轴"空间系统理论及分析方法,并通过分维值、紧凑度、空间扩展强度等空间测度的定量分析手段,结合传统城市空间发展的理想模式,初步提出了理论层面的空间构想,结构考量现实发展的一系列因素,对天津城市未来的发展方向、空间发展模式及优化引导策略提出了建议,以期对我国其他沿海港口城市地区的发展有所裨益。

通过文献的综述、案例的剖析、规律的探寻、现状的分析、理论构想的设立、现实因素的校核,对沿海港口城市空间的结构形态、演化过程、动力机制及优化引导进行了重点研究。通过研究得出以下主要结论:

(1) 港口城市内部空间结构的类型主要可分为港口在市区之内、港口在市区之外和混合式三种;港口城市外部空间结构的类型可分为块状、带状、组团和一城多镇四种。而从内部空间分布形态上看,可分为港城相对分离和港城一体化两种;从外部空间分布形态上看,可分为河口港和海岸港两种。

(2) 港口城市空间结构演变的一般规律主要为:河口港城市向下游出海口和港口外海岸方向不断推移,海岸港城市向水深无淤、建港条件好的岸段海域发展;而在表现形态上,河口港城市有非连续发展的带状分布和连续发展的片状和带状分布两种特征,而海岸港城市一般有单城、组团、组群和城市组群四种类型特征。

(3) 针对天津港口城市空间结构演化动力机制的研究,着重从港口的作用机制角度,发现其作用机制在不同阶段对天津城市空间发展的力量存在显著的变化。具体作用力从明清之前的河流水系、大运河、港口装卸等最原始的作用力,到近年来的临港产业和港口资源动力,作用力的类型得到了提升;港口对天津城市空间的作用效果也由形成最初的城镇功能区,到促进大滨海地区的空间发展,由直接作用到直接和间接作用相结合,港口对城市空间发展的影响由开始的较弱到明清、近代时期的高峰,直至改革开放后的相对平稳状态。

(4)通过分阶段天津港口城市空间结构动力机制的研究,发现天津区域空间结构演变的动力从早期的自然地理环境、海河水系到金元之后的军事作用、漕运经济、商业贸易,再到近代之后的外来侵略、行政规划力量,直至改革开放以来规划行为和经济力量成为主导动力,整个发展过程中,早期自然环境的作用因素较多;金元、明清时期港口、军事、商贸成为主要的作用因素;近代的外来侵略成为特殊的也是极为重要的作用因素;新中国成立后政治、经济逐步成为重要的作用因素,港口则融入到产业经济因素中,依然是空间发展重要的动力。

内部空间结构演变的动力从早期的漕运、初级航运力量到明清时期的军事力量和商业贸易,再到近代以后的外来侵略、租界开辟以及行政规划力量,直至改革开放以来的经济和行政规划力量占主导,整个发展过程中,明清之前港口航运力量的作用因素较多;明清时期军事、漕运和商贸成为主要的作用因素;近代的外来侵略成为特殊的也是极为重要的作用因素,导致了租界区的发展,城市空间重心的转移;新中国成立后规划行为(路网规划和旧城再开发)、经济逐步成为重要的作用因素。

(5)通过天津港口城市空间结构演变过程的研究,发现区域空间结构演变的特征主要为:早期为不稳定沿河散点分布特征;金元时期开始出现趋于稳定的带状散点结构特征;明清时期的"双城双港""一城一港",周边聚落沿河带状分布特征;近代的"一城双港"不连续结构特征;新中国成立后塘沽新港的扩建,海河下游及卫星城镇的发展,使区域空间呈现"一城一镇"组合型城市结构特征;改革开放后,塘沽地区空间地位的提升,区域空间由单中心结构特征向以海河、京津塘高速公路为轴的主副双中心结构特征转变,近年来开始出现双中心组团的结构特征。

内部空间结构演变的特征主要为:明清之前(金元时期)直沽寨呈点状结构特征;明清时期以三岔河口为核心,南、北运河和海河为主要伸展轴[6],由西向东呈紧凑团块状特征;随着近代租界的发展,沿海河下游带状分布,形成了新旧"双中心"开放多元拼贴的结构特征;新中国成立后随着工业环抱城区,逐步呈现同心圆放射结构特征;改革开放后进一步表现为单中心圈层结构特征,近年来表现为低效率蔓延、内向填充等特征,圈层结构特征依然明显,而多中心轴向空间结构特征并没有得到体现。

(6)基于区域整体空间、中心城区和滨海新区三个层面对天津城市空间结构的演变规律研究,发现区域空间结构演变规律为:

① 早期区域空间发展主要依托河流附近形成港口码头,从而带动周边具有自

发性、不稳定的散点聚落发展,但规模较小,并没有出现区域中心;金元时期,区位条件较好的直沽依托港口码头发展为早期聚落,并沿河上下游辐射周边聚落。

② 明清时期,区域空间以三岔河口为核心形成了稳定聚落和城镇,直沽地区成为区域空间发展的中心;受港口漕运的作用,出现了周边沿河上下游分布的聚落,区域空间结构的体系初具规模。

③ 近代时期,随着港口重心的转移,城市空间开始沿海河下游方向连续拓展,租界区和老城区共同构成天津区域空间的单中心结构,并辐射沿河城镇发展,形成二、三级城镇结构;20 世纪后,塘沽新港建设,区域空间发展沿海河下游不连续带状发展。

④ 新中国成立后,由于塘沽地区和卫星城镇发展动力不足,天津区域空间向海河下游拓展速度放缓。

⑤ 改革开放后,港口深水化的驱动,随着港口向下游海口地区寻求新的空间,滨海新区的空间力量得到显著增强,天津区域空间真正实现了沿海河下游的跨越式发展,形成不连续发展的主副空间结构。

⑥ 近年来,津滨走廊和海河中游地区特色城镇产业组团发展,双城间的空白区域出现了内向填充趋势,天津区域空间逐步发展为连续带状或轴向组团的发展态势。

中心城区的空间演变规律为:

① 明清之前在直沽寨聚落形成之前,只有少量不成规模的临时码头,未出现稳定的聚落;金元时期,直沽地区开始以码头为核心,少量居住和集市分布周边,与港口码头区紧密相连。

② 明清时期,城外空间以三岔河口港口码头为起点,由港口区向外圈层扩展,沿河出现了简单的功能分区;同时以海河、南北运河为轴,城区空间向这些方向有所扩展,城内空间相对封闭,形成"市城分离"的格局。

③ 近代时期,随着港口重心的转移,城市空间沿海河下游扩展,以紫竹林码头为中心,由外向内圈层扩展,推动了租界区的发展,港区与租界区相连,并沿海河向上下游扩展,形成带状狭长的空间格局。

④ 新中国成立后,由于港口的跳跃式发展,中心城区逐步脱离了港口城市地区的发展轨迹,不再依循河港城市的发展规律,外围工业区和居住区的建设、各轴间的空地填充,不断向外沿伸展轴拓展,中心城区不断向外圈层扩展。

⑤ 改革开放后,进一步体现了现代大城市空间发展规律,圈层扩展进一步增强。

⑥ 近年来,多版城市总体规划的空间引导,提出如多中心、轴向发展等方向,但中心城区圈层扩展依然明显,未发生本质的变化。

滨海新区的空间演变规律为：

① 明清之前，军寨出现，海运航线开辟，依托最早的沿河码头，出现了自发性居民点，它们都是不稳定的散点聚落。

② 明清时期，在漕运和军事力量作用下，依循滨海平原地区早期空间发展的规律，出现了散点聚落、城镇，它们分布于沿河地带。

③ 近代时期，依托塘沽码头，出现了最早成熟的港口城镇，港口空间与城镇空间相邻，出现了简单的功能分区（港口区、居住区、商业区），依循港口城镇初期空间发展的一般规律。

④ 新中国成立后，进入港口城镇的发展时期，以沿河港口为起点，城区用地向海河北岸圈层扩展，港口与城区相连，同时进一步向海河下游入海口方向扩张；同时，辐射周边重要城镇，如汉沽、大港、海河下游工业区。

⑤ 改革开放后，进入港口城镇快速发展时期，城区向北岸圈层扩展，港口继续向下游推移，港口与城市逐步出现了分离；同时港口功能的外扩，促进了周边城镇的发展，滨海地区空间出现了群体发展的态势。

⑥ 近年来，滨海核心区向心集聚不断增强，港口空间不断扩张，港城分离愈加明显；同时港口产业外扩和临港空间发展，滨海新区出现了不同功能的产业区，空间结构出现了分散组团的发展态势。

（7）通过运用"点-轴"空间系统模型和分维值、紧凑度、扩展强度指数等空间测度指标分析，结合传统城市理想空间发展模式的启示，提出了天津区域空间发展的理论构想：随着核心点、次级点和主要发展轴的扩散，不同等级的生长点开始形成，并通过各等级点之间形成的次一级和一般发展轴线，从而形成"点-轴—次级点-次级轴——般点-一般轴"的结构模式，整体形成"沿轴线多中心网络化"和"交通走廊间隙式"的空间结构。

中心城区空间发展的理论构想为：由"圈层发展"向"轴向拓展"转变，内部空间结构由单中心向多中心转变，形成有机集中、多核、与外围组团有效分割、绿块相间、开放的空间格局。

滨海新区空间发展的理论构想为：由团块状向心集聚、圈层扩展、分散块状模式向轴向、组团间隙式转变，形成点轴多中心和谐有机的理想空间结构。

区域空间发展轴线地带的理论构想为：津滨走廊要形成以海河水系、京津塘高速公路、津滨大道、津滨轻轨、京滨城际为轴的带状走廊型发展形态；津港走廊形成带状群组空间形态；滨海走廊形成集团式间隙空间发展态势；沿津围公路、津静公路、津宁公路、宁汉等片区内交通干道的发展轴线地带，作为一般等级的区域空间发展轴，最终形成多层级轴线网络体系的空间结构。

（8）通过引入景观生态学廊道概念，对近年来天津城市空间廊道各方位的扩展距离进行分析,针对天津未来发展中的影响因素进行考量,提出了未来天津区域空间的发展方向为"西接北京,东拓滨海,南优北控";中心城区未来的空间发展方向为"东扩西延,北控南优";滨海新区未来的空间发展方向为"西进东拓,南移北优中提升"。

(9) 天津区域空间近期将形成"双核多中心组团"的空间结构,中心城市地区及其周边辐射范围 50 km 地带采取轴带网络型空间发展模式;近郊地区形成初级的"点-轴"系统空间结构。区域未来依托重要的交通干线和产业走廊,培育多个区域性的节点中心,形成"多层级点轴并进"的空间结构。

中心城区未来的空间发展模式为多中心轴向组团结构,内部空间通过多中心组团结构缓解压力;外部空间通过轴向间隙式分散,与外围城镇组团互为分工,促进周边和海河中游地区的整体发展。

滨海新区未来的空间发展模式为"轴向间隙式＋多中心组团"的可持续空间结构,其间通过生态、湿地空间形成组团间的空余地带,培育新的重要产业城镇组团,形成区域空间新的增长点或副中心,实现多点发展,多极增长。

(10) 从空间、产业、交通、生态安全四个方面提出了天津未来城市空间发展的优化策略,主要包括:

① "点轴并进、多极发展"的空间引导

构建"双核多中心,一轴四带"的网络化结构,推动京津冀协同发展,共建世界级城市群;进一步壮大主要空间发展轴线,完善次要走廊地区的发展;在海河中游地区构建紧凑有序、生态、宜居、宜业的新城区,培育若干新的空间增长点;加快中心城区 CBD 建设,积极培育城市副中心和片区性服务中心,实现多中心发展;滨海新区实现间隙式轴带发展,构建有机安全的生态网络型结构,引导内部空间高效紧凑发展。

② "线面结合、有机分工"的产业引导

加强京津产业的合理分工,加快与河北的产业合作;调整产业结构,构筑现代工业产业新体系;重点建设京津塘高新技术产业发展带,培育外围区县的特色优势产业,引导海河中游地区承接双城产业和功能的外溢;中心城区进一步提高现代服务业水平,在边缘地区大力发展都市型工业,全面提升城市功能和品质;滨海新区加强自主创新能力,兼顾好生产性服务业和现代服务业,提升城市的综合功能,并确保产业布局的公共安全性;充分发挥港口资源优势,大力发展临港产业,完善现代物流体系,提升港口服务业水平。

③ "多维联结,多级网络"的交通引导

构建海陆空立体化的综合交通体系,加强区域内各城镇和功能组团间的空间联系;中心城市地区建立以城市快速路和轨道交通为支撑的交通网络体系,实行

TOD模式,确保各组团间的无缝连接;中心城区构建多层级的骨架道路体系,完善区内外轨道交通线网;滨海新区要健全对外区域辐射型交通网络,实现与环渤海地区的沟通;提升海空两港功能,建立安全顺畅的港口集疏运体系,提升滨海新区的交通枢纽地位;滨海新区内部多种交通方式协调发展,大力推行TOD模式,合理引导组团间的有机联系。

④ "网络一体、分层控制"的生态安全引导

加强京津冀生态一体化,构筑南、北生态屏障;实行分区域生态引导,构建多层次网络化的生态体系;加强中心城区外围生态空间的控制和保护,完善城市生态景观系统;保护滨海地区的自然生态资源,构建海陆一体、多样化的生态安全网络。

8.2 创新之处

(1) 拓展了"点-轴"系统理论与分析方法的空间研究范围,尝试架构了沿海港口城市空间结构分析的新方法

国内外关于港口城市空间结构的研究大多从港口地理学角度出发,从区位论、港口体系、港口与腹地关系、滨水区开发等方面进行研究;近年来,关于城市与港口的关系研究成果颇多,目前仅局限于将两者分开的单体研究,后者偏重对其内部空间的中微观层面考察;方法以定性为主,也有基于空间分形理论和CA理论的实证研究,但研究方法较为单一,不能全面准确地反映港口城市空间结构的发展特点,存在理论与实践相脱节的趋向。"点-轴"系统空间理论与方法已比较成熟地运用于区域规划及国土开发等领域,本书尝试运用该理论及空间分维值、紧凑度、空间扩展强度等测度分析方法,对港口城市地区内外部空间结构进行分析,初步提出了发展的理论构想,在一定程度上拓展了"点-轴"系统理论的空间研究范围,尝试架构了港口城市地区空间结构分析的新方法。

(2) 以港口变迁及其作用机制为研究视角,系统分析了天津港口城市空间演变的动力机制

近年来,港口城市的发展问题已经引起了城市规划学者的广泛关注,但更多只是依循传统城市空间结构的特征、规律进行研究,缺乏自身的特色,与以往研究趋同性大,缺乏针对港口作用视角下的港口城市空间发展的系统研究,港口城市空间发展研究还未形成完善的理论框架体系。

本书从城市规划学科中的城市空间结构基本理论、港口学中的港口发展理论出发,重点以港口变迁及其作用机制为研究视角,对其与港口城市空间发展中多方面的影响机制进行分析;以天津为重点研究对象,剖析了港口分阶段作用机制对其

城市空间演变的影响,并系统分析了天津港口城市内外部空间结构演变的动力机制,为正确把握未来城市空间结构优化的现实因素提供了可靠依据。

(3)基于"现状问题研究—'点-轴'空间理论构想—现实因素校核"的研究思路,提出了天津港口城市"多层级点轴并进"的空间结构模式

任何一项理论都必须要有一个严格的推论过程,形成自身完善的理论体系,并通过实证研究进行论证和校核,最终支撑该理论的形成与发展。目前,关于空间结构的研究思路,从规划学科的背景出发,多数停留在定性研究阶段;有着地理研究背景的学者运用数理分析等方法对空间结构进行了深入研究,但由于自身专业的局限性,难以对城市空间布局的落位进行深入的把握,往往理论与实际空间发展严重脱节,对城市空间发展多是理想层面的模拟,可操作性较差。

本书遵循"现状问题研究—'点-轴'空间理论构想—现实因素校核"的研究思路,运用"点-轴"系统理论分析方法和分维值、紧凑度、空间扩展强度指数等空间测度方法,结合传统理想空间发展模式的启示,推演了天津港口城市空间结构演化的初步理论构想;结合未来天津城市空间发展现实因素的考量,从区域整体空间、中心城区和滨海新区三个层面,提出了适合天津区域和城市发展实际的"多层级点轴并进"空间结构模式,并将其延伸至产业、交通、生态等方面,以为日后的空间结构优化与引导策略提供明确的方向指导。

8.3 研究展望

(1)进一步拓展沿海港口城市体系的系统研究

本书重点对我国沿海港口城市地区的典型区域、北方河口港向海岸港转变的天津地区进行了研究,对其发展演变规律、特征,港口对城市空间演变的动力机制,以及其他动力机制进行了系统分析,并通过"点-轴"系统空间结构理论模型和空间图形测度值进行了分析,初步缕清了其空间发展的脉络,并提出了具有指导意义的优化引导策略——这代表了某一地域港口城市的空间发展脉络。基于这样的一个研究方法和思路,未来可以结合不同的地域、自然地理条件、发展环境、文化等外在和自身因素,对我国沿海的其他各类港口城市及其体系进行系统深入的横向研究,以更全面地指导沿海港口城市的空间科学发展。

(2)进一步加强国内外港口城市案例的考察

受研究精力的限制,本次沿海港口城市案例研究选择的是国内外典型和具有一定影响力的港口城市,还缺乏一定深度的系统研究,所涉及类型和范围存在很大局限。未来,可以系统考察不同等级、类型的国内外沿海港口城市,以更全面地指导该类型城市的空间发展。

（3）进一步引入信息化、智慧化等多技术、多学科方法

本书基于"点-轴"系统空间理论，并通过空间图形测度（如分维值、紧凑值、空间扩展强度指数）进行定量化分析，对天津港口城市地区理论层面的空间发展进行研究，结合传统城市理想空间发展模式的启发，以此来推证未来城市空间结构优化的基本策略。由于数据资料搜集的有限，分析研究手段还是以定性为主，定量分析手段也较简单，对空间发展复杂性研究不足。未来，依托信息化大数据、智慧城市等先进技术手段，能更准确地模拟和分析沿海港口城市的空间发展过程，再通过数学、物理学、港口学、社会学、历史学、地理学等多学科视角，更全面科学地把握未来的空间结构。

参考文献

［ 1 ］郑弘毅. 港口城市探索[M]. 南京：河海大学出版社，1991.

［ 2 ］胡序威，杨冠雄. 中国沿海港口城市[M]. 北京：科学出版社，1990.

［ 3 ］尹海林. 当代区域规划理论与天津市域空间发展战略研究[D]. 天津：天津大学，2004.

［ 4 ］邓星月. 港口城市空间结构与布局研究[D]. 宁波：宁波大学，2012.

［ 5 ］丁仕堂. 港城关系对城市空间结构的影响研究[D]. 上海：同济大学，2008.

［ 6 ］李凤会. 天津城市空间结构演化探析[D]. 天津：天津大学，2007.

［ 7 ］张文忠. 经济区位论[M]. 北京：科学出版社，2000.

［ 8 ］董洁霜，范炳全. 国外港口区位相关研究理论回顾与评价[J]. 城市规划，2006，30(2)：83-88.

［ 9 ］Harris C D, Ullman E L. The nature of cities[J]. The ANNALS of the American Academy of Political and Social Science, 1945,242(1):7-17.

［10］Weigend G G. Some elements in the study of port geography[J]. Geographical Review, 1958, 48(2):185.

［11］管楚度. 交通区位论及其应用[M]. 北京：人民交通出版社，2000.

［12］赵一飞. 上海国际集装箱枢纽港备选方案比较[J]. 上海交通大学学报，2000,34(1):14-17.

［13］董洁霜，范炳全. 现代港口发展的区位势理论基础[J]. 世界地理研究，2003,12(2):47-53.

［14］Greenwood R H, Hoyle B S, Hilling D. Seaport systems and spatial change：Technology, industry and development strategies[J]. The Geographical Journal, 1985,151(1):116.

［15］McCalla R J. Separation and specialization of land uses in cityport waterfronts：The cases of saint john and Halifax[J]. The Canadian Geographer, 1983,27(1):48-61.

［16］王列辉. 国外港口城市空间结构综述[J]. 城市规划，2010,34(11):55-62.

［17］Taaffe E J, Morrill R L, Gould P R. Transport expansion in underdeveloped countries：A comparative analysis[J]. Geographical Review, 1963,53(4):503.

［18］Rimmer P J. The changing status of New Zealand seaports, 1853 - 1960[J]. Annals of the Association of American Geographers, 1967,57(1):88-100.

［19］Rimmer P J. The search for spatial regularities in the development of Australian seaports 1861-1961/2[J]. Geografiska Annaler Series B, Human Geography, 1967,49(1):42.

［20］Hoyle B S. Transport and development[M]. London：Macmillan Education UK,1973.

［21］Robinson R. Industrial strategies and port development in developing countries：The Asian case[J]. Tijdschrift Voor Economische En Sociale Geografie, 1985,76(2):133-143.

［22］Hayut Y. Containerization and the load center concept[J]. Economic Geography,1981, 57(2):160.

［23］Hoyle B S. The port：City interface：Trends, problems and examples[J]. Geoforum,

1989，20(4):429-435.

［24］陈航.海港地域组合及其区划的初步研究[J].地理学报,1991,46(4):480-487.

［25］陈航.论海港地域组合的形成机制与发展过程[J].地理学报,1996,51(6)：501-507.

［26］洪小源.论中国门户港:兼论我国沿海中部诸港的发展[J].经济地理,1987,7(2):92-97.

［27］罗正齐.港口经济学[M].北京:学苑出版社,1991.

［28］安筱鹏,韩增林.北方航运中心的形成与大连集装箱枢纽港的建设[J].海洋开发与管理,
     2002,19(6):51-56.

［29］张培林,黎志成.港口布局层次性的形成机理及经济分析[J].武汉交通科技大学学报,
     2000,24(2):113-116.

［30］Wang J J, Olivier D. Port - FEZ bundles as spaces of global articulation: The case of
     Tianjin, China[J]. Environment and Planning A: Economy and Space, 2006, 38(8):
     1487-1503.

［31］Rimmer P J. A conceptual framework for examining urban and regional transport needs in
     SouthEast Asia[J]. Pacific Viewpoint, 1977,18(2):133-148.

［32］Hoyle B S, Hilling D. Seaports and development in tropical Africa[M]. London: Pal-
     grave Macmillan UK,1970.

［33］Hayuth Y. Rationalization and deconcentration of the US container port system[J]. The
     Professional Geographer, 1988,40(3):279-288.

［34］Hoyle B, Charlier J. Inter-port competition in developing countries: An East African case
     study[J]. Journal of Transport Geography, 1995,3(2):87-103.

［35］Notteboom T E. Concentration and load centre development in the European container
     port system[J]. Journal of Transport Geography, 1997,5(2):99-115.

［36］Notteboom T E, Rodrigue J P. Port regionalization: Towards a new phase in port devel-
     opment[J]. Maritime Policy & Management, 2005,32(3):297-313.

［37］Kuby M, Reid N. Technological change and the concentration of the US general cargo
     port system: 1970-88[J]. Economic Geography, 1992,68(3):272.

［38］Todd D. The interplay of trade, regional and technical factors in the evolution of a port
     system: The case of Taiwan[J]. Geografiska Annaler Series B, Human Geography,
     1993,75(1):3.

［39］张景秋,杨吾扬.中国临海地带空间结构演化及其机制分析[J].经济地理,2002,22(5):
     559-563.

［40］曹有挥,曹卫东,金世胜,等.中国沿海集装箱港口体系的形成演化机理[J].地理学报,
     2003,58(3):424-432.

［41］王成金.中国港口分布格局的演化与发展机理[J].地理学报,2007,62(8):809-820.

［42］王列辉.国外港口体系研究述评[J].经济地理,2007,27(2):291-295.

［43］安筱鹏,韩增林,杨荫凯.国际集装箱枢纽港的形成演化机理与发展模式研究[J].地理研
     究,2000,19(4):383-390.

[44] 韩增林,安筱鹏.集装箱港口发展与布局研究[M].北京:海洋出版社,2006.

[45] 韩增林,安筱鹏,王利,等.中国国际集装箱运输网络的布局与优化[J].地理学报,2002,57(4):479-488.

[46] 曹有挥.集装箱港口体系的演化模式研究:长江下游集装箱港口体系的实证分析[J].地理科学,1999,19(6):485-490.

[47] 曹有挥,李海建,陈雯.中国集装箱港口体系的空间结构与竞争格局[J].地理学报,2004,59(6):1020-1027.

[48] 王成金,金凤君.中国海上集装箱运输的组织网络研究[J].地理科学,2006,26(4):392-401.

[49] 王成金,于良.世界集装箱港的形成演化及与国际贸易的耦合机制[J].地理研究,2007,26(3):557-568.

[50] 张南,朱传耿,刘波.我国沿海港口发展与布局研究综述[J].中国航海,2008,31(2):170-175.

[51] Rimmer P J. The search for spatial regularities in the development of Australian seaports 1861-1961/2[J]. Geografiska Annaler Series B, Human Geography, 1967,49(1):42.

[52] Getis A, Vance J E. The merchant's world: The geography of wholesaling[J]. Economic Geography, 1971,47(3):461.

[53] Kenyon J B. Elements in inter-port competition in the United States[J]. Economic Geography, 1970,46(1):1.

[54] Hoare A G. British Ports and their export hinterlands: A rapidly changing geography[J]. Geografiska Annaler: Series B, Human Geography,1986,68(1):29-40.

[55] Slack B. Intermodal transportation in north America and the development of inland load centers[J]. The Professional Geographer,1990,42(1):72-83.

[56] Slack B. Services linked to intermodal transportation[J]. Papers in Regional Science, 1996,75(3):253-263.

[57] 翁清光,陈培健.国内外港口经济腹地研究述评[J].水运管理,2009,31(2):21-25.

[58] 范厚明,谢新连,初良勇,等.把大连港建设成我国北方集装箱枢纽港的研究[J].大连海事大学学报,1999,25(4):106-110.

[59] 宋炳良.有关港口城市创建与发展的理论研究[J].上海海运学院学报,2002,23(3):44-49.

[60] 李增军.港口对所在城市及腹地经济发展促进作用分析[J].港口经济,2002(2):38-39.

[61] 戴鞍钢.港口·城市·腹地:上海与长江流域经济关系的历史考察[J].中国城市经济,2004(1):48-51.

[62] 郎宇,黎鹏.论港口与腹地经济一体化的几个理论问题[J].经济地理,2005,25(6):767-770.

[63] 吴松弟.中国百年经济拼图:港口城市及其腹地与中国现代化[M].济南:山东画报出版社,2006.

[64] 复旦大学历史地理研究中心.港口-腹地和中国现代化进程[M].济南:齐鲁书社,2005.

[65] 陈为忠.近代的海港城市与山东区域发展:以港口(城市)-腹地互动为视角[J].郑州大学

学报(哲学社会科学版),2007,40(2):7-9.

[66] Yochum G R, Agarwal V B. Economic impact of a port on a regional economy:Note[J]. Growth and Change, 1987,18(3):74-87.

[67] Norcliffe G, Bassett K, Hoare T. The emergence of postmodernism on the urban water-front[J]. Journal of Transport Geography, 1996,4(2):123-134.

[68] van Klink H A. The port network as a new stage in port development:The case of Rotterdam[J]. Environment and Planning A:Economy and Space, 1998,30(1):143-160.

[69] Gleave M B. Port activities and the spatial structure of cities:The case of Freetown, Sierra Leone[J]. Journal of Transport Geography, 1997,5(4):257-275.

[70] Ducruet C, Lee S W. Frontline soldiers of globalisation:Port - City evolution and regional competition[J]. GeoJournal, 2007,67(2):107-122.

[71] Lee S W, Song D W, Ducruet C. A tale of Asia's world Ports:The spatial evolution in global hub port cities[J]. Geoforum, 2008,39(1):372-385.

[72] 朱乃新,丁淼. 世界港口城市综览[M]. 南京:江苏人民出版社,1986.

[73] 杜其东,陶其钧,汪诚彪. 国际经济中心城市港口比较专题系列研究之一:港口与城市关系研究[J]. 水运管理,1996:5-10.

[74] 许继琴. 港口城市成长的理论与实证探讨[J]. 地域研究与开发,1997,16(4):11-14.

[75] 李玉鸣. 港口城市国际研究主题的分析[J]. 经济地理,2000,20(2):14-17.

[76] 于汝民. 港口规划与建设[M]. 北京:人民交通出版社,2003.

[77] 徐质斌. 关于港城经济一体化战略的理论思考[J]. 港口经济,2004(6):30-31.

[78] 胡峰,李箭飞,吴强. 广州港发展与珠江岸线利用策略探析[J]. 城市问题,2006(2):31-35.

[79] 罗萍. 我国港口与城市互动发展的趋势[J]. 综合运输,2006(10):16-20.

[80] 陈航,栾维新,王跃伟. 港城关系理论探讨的新视角[J]. 特区经济,2007(12):283-284.

[81] 陈航. 港城互动的理论与实证研究[D]. 大连:大连海事大学,2009.

[82] 刘文. 天津港城互动发展策略研究[D]. 武汉:武汉理工大学,2007.

[83] 周枝荣. 港口与城市的空间关系研究[D]. 天津:天津大学,2007.

[84] 万旭东,麦贤敏. 港口在城市空间组织中的作用解析[J]. 规划师,2009,25(4):56-62.

[85] 庄佩君,汪宇明. 港—城界面的演变及其空间机理[J]. 地理研究,2010,29(6):1105-1116.

[86] 王缉宪. 中国港口城市的互动与发展[M]. 南京:东南大学出版社,2010.

[87] 蒋锋. 秦皇岛港口与城市互动发展研究[D]. 天津:天津财经大学,2010.

[88] 李东霖. 宁波港城互动发展的时空特征研究[D]. 宁波:宁波大学,2011.

[89] 郭建科,韩增林. 中国海港城市"港城空间系统"演化理论与实证8[J]. 地理科学,2013,33(11):1285-1292.

[90] 吴传钧,高小真. 海港城市的成长模式[J]. 地理研究,1989,8(4):9-15.

[91] 邹俊善. 现代港口经济学[M]. 北京:人民交通出版社,1997.

[92] 王海平,刘秉镰. 港口与城市经济发展[M]. 北京:中国经济出版社,2002.

[93] 钟昌标,林炳耀. 一种港口社会效益定量分析方法的探讨:以宁波港为例[J]. 经济地理,

2000,20(3):70-73.

［94］陆玉麒.论点轴系统理论的科学内涵[J].地理科学,2002,22(2):136-143.

［95］陈再齐,曹小曙,阎小培.广州港经济发展及其与城市经济的互动关系研究[J].经济地理,2005,25(3):373-378.

［96］张萍,严以新.港口与城市协调发展的评价模型及其应用[J].港工技术,2006,43(4):11-12.

［97］梁双波,曹有挥,吴威,等.全球化背景下的南京港城关联发展效应分析[J].地理研究,2007,26(3):599-608.

［98］赵帅.基于系统动力学的港口对城市绿色贡献研究[D].大连:大连海事大学,2008.

［99］陈航,栾维新,王跃伟.我国港口功能与城市功能关系的定量分析[J].地理研究,2009,28(2):475-483.

［100］陈俊虎.基于系统动力学的港城互动发展模型研究[D].大连:大连海事大学,2009.

［101］贾璐璐.港城互动协调发展优化研究[D].大连:大连海事大学,2010.

［102］周井娟.港城关系的演进规律及发展阶段判定:基于沿海八大港口城市的面板数据[J].长春理工大学学报(社会科学版),2014,27(9):88-93.

［103］Forward C N. A comparison of waterfront land use in four Canadian Ports: St. John's, saint john, Halifax, and victoria[J]. Economic Geography, 1969,45(2):155.

［104］Hoyle B. Global and local change on the port-city waterfront[J]. Geographical Review, 2010, 90(3):395-417.

［105］张庭伟.滨水地区的规划和开发[J].城市规划,1999,23(2):33、50-55.

［106］刘健.城市滨水区综合再开发的成功实例:加拿大格兰威尔岛更新改造[J].国外城市规划,1999(1):36-38.

［107］徐永健,阎小培.城市滨水区旅游开发初探:北美的成功经验及其启示[J].经济地理,2000,20(1):99-102.

［108］王诺,白景涛.世界老港城市化改造发展研究[M].北京:人民交通出版社,2004.

［109］李立.滨水城市老港城市化开发研究[J].武汉交通职业学院学报,2005,7(2):20-23.

［110］干靓.汉堡港岸地区的转型过程[J].国外城市规划,2006,21(1):1-11.

［111］周铁军,陈威成.港口码头空间性质变化与城市肌理关系探讨[J].建筑学报,2008(5):43-46.

［112］赵晓波.复兴滨水区,构建精神港湾:厦门港片区更新与改造研究[J].现代城市研究,2008,23(6):35-42.

［113］Kosambi M, Brush J E. Three colonial port cities in India[J]. Geographical Review, 1988,78(1):32.

［114］Ford L R. A model of Indonesian City structure[J]. Geographical Review, 1993,83(4):374.

［115］Rodrigue J P. Transportation and territorial development in the Singapore extended metropolitan region[J]. Singapore Journal of Tropical Geography, 1994,15(1):56-74.

［116］郑弘毅.海港区域性港址选择的经济地理分析［J］.经济地理,1982,2(2):114-119.

［117］科研成果汇编组.现代海港城市规划［M］.哈尔滨:黑龙江人民出版社,1985.

［118］易志云.我国沿海港口城市的结构分析及发展走势［J］.中国软科学,2000(7):105-108.

［119］王益澄.港口城市形态与布局规律:以浙江省沿海港口城市为例［J］.宁波大学学报,2000,
13(4):49-54.

［120］张小军.辽宁省沿海港口城市空间结构形成与演变规律探讨［D］.大连:辽宁师范大学,
2002.

［121］赵鹏军,吕斌.港口经济及其地域空间作用:对鹿特丹港的案例研究［J］.人文地理,2005,
20(5):108-111.

［122］梁国昭.广州港:从石门到虎门:历史时期广州港口地理变化及其对城市空间拓展的影响
［J］.热带地理,2008,28(3):247-252.

［123］李东泉.近代青岛城市规划与城市发展关系的历史研究及启示［J］.中国历史地理论丛,
2007,22(2):125-136.

［124］孙青林.沿海港口城市空间结构研究［D］.哈尔滨:哈尔滨工业大学,2008.

［125］陈烨.京津冀沿海港口城市空间形态演变研究［D］.北京:中国城市规划设计研究院,
2008.

［126］李加林,朱晓华,张殿发.群组型港口城市用地时空扩展特征及外部形态演变:以宁波为
例［J］.地理研究,2008,27(2):275-284.

［127］朱力,潘哲,徐会夫,等.从"一主、一副"到"双城、双港":《天津市空间发展战略研究》的空
间解答［J］.城市规划,2009,33(4):35-40.

［128］姜丽丽.辽宁省港口城市空间格局及整合发展研究［D］.长春:东北师范大学,2011.

［129］郭建科,韩增林.试论现代物流业与港口城市空间再造:以大连市为例［J］.人文地理,
2006,21(6):80-86.

［130］肖红.集装箱运输对港口城市交通的影响［J］.铁道运输与经济,2008,30(1):77-79.

［131］陈航,栾维新,王跃伟.我国港口城市的功能模式研究［J］.地域研究与开发,2012,31(2):
54-58.

［132］林艳君.宁波城市空间形态演变过程及优化研究［J］.现代城市研究,2004,19(12):53-57.

［133］来华英.港口城市产业结构演进及优化研究［D］.济南:山东师范大学,2004.

［134］周文.北仑港口城市空间布局优化研究［D］.杭州:浙江大学,2010.

［135］刘瑞民.港口与港口城市空间关系研究［D］.北京:北京交通大学,2014.

［136］罗澍伟.近代天津城市史［M］.北京:中国社会科学出版社,1993.

［137］刘海岩.空间与社会:近代天津城市的演变［M］.天津:天津社会科学院出版社,2003.

［138］来新夏,郭凤岐.天津的城市发展［M］.天津:天津古籍出版社,2004.

［139］乔虹.天津城市建设志略［M］.北京:中国科学技术出版社,1994.

［140］贾长华.六百岁的天津［M］.天津:天津教育出版社,2004.

［141］来新夏.天津近代史［M］.天津:南开大学出版社,1987.

［142］来新夏.天津历史与文化［M］.天津:天津人民出版社,2008.

[143] 朱其华.天津全书[M].天津:天津人民出版社,1991.

[144] 张树明.天津土地开发历史图说[M].天津:天津人民出版社,1998.

[145] 李尧祖,天津市规划和国土资源局.天津城市历史地图集[M].天津:天津古籍出版社,2004.

[146] 李百浩,吕婧.天津近代城市规划历史研究(1860—1949)[J].城市规划学刊,2005(5):75-82.

[147] 吕婧.天津近代城市规划历史研究[D].武汉:武汉理工大学,2005.

[148] 张秀芹.天津市重要城市规划事件及规划思想研究[D].天津:天津大学,2010.

[149] 王宏宇.塘沽近代城市规划建设史探究[D].天津:天津大学,2012.

[150] 李华彬.天津港史:古、近代部分[M].北京:人民交通出版社,1986.

[151] 王海平.天津港的战略地位[M].天津:天津人民出版社,1988.

[152] 天津市地方志编修委员会.天津通志·港口志[M].天津:天津社会科学院出版社,1999.

[153] 王长松.近代海河河道治理与天津港口空间转移的过程研究[D].北京:北京大学,2011.

[154] 焦莹.天津港发展战略研究[D].大连:大连海事大学,2010.

[155] 蔡玉凤.天津港资源整合研究[D].武汉:武汉理工大学,2009.

[156] 张丽梅.港口空间组织与用地优化研究[D].天津:天津大学,2014.

[157] 杨旸.港口空间布局与土地集约利用规划[D].天津:天津大学,2014.

[158] 马玫.天津城市发展研究:产业·地域·人口[M].天津:天津人民出版社,1997.

[159] 龚清宇.大城市结构的独特性弱化现象与规划结构限度:以20世纪天津中心城区结构演化为例[D].天津:天津大学,1999.

[160] 郑向阳.天津城市空间的扩展与弹性发展[J].规划师,2003,19(7):13-15.

[161] 张秀芹,洪再生.近代天津城市空间形态的演变[J].城市规划学刊,2009(6):93-98.

[162] 杨佳,范小勇.刍议天津城市空间布局的历史演进[J].城市,2012(3):47-50.

[163] 徐冰.基于多层级网络结构特征的规划设计结构研究[D].天津:天津大学,2012.

[164] 侯鑫.基于文化生态学的城市空间理论研究[D].天津:天津大学,2004.

[165] 郭力君.知识经济与城市空间结构研究[D].天津:天津大学,2005.

[166] 翟国强,张玉坤.天津市中心城区外围空间形态结构分析[J].天津大学学报(社会科学版),2006,8(1):13-17.

[167] 刘露.天津城市空间结构与交通发展的相关性研究[D].上海:华东师范大学,2008.

[168] 尹慧君.天津市塘沽地区土地利用空间结构优化研究[D].天津:天津大学,2008.

[169] 王健.繁荣、失落与回归:从海河的变迁剖析天津城市空间形态的变迁[J].城市规划,2009(Z1):71-77.

[170] 何丹,蔡建明,周璟.天津城市用地时空扩展研究[J].水土保持通报,2009,23(3):56-60.

[171] 杨德进.大都市新产业空间发展及其城市空间结构响应[D].天津:天津大学,2012.

[172] 何邕健.1990年以来天津城镇化格局演进研究[D].天津:天津大学,2012.

[173] 渠涛,张理茜,武占云.不同历史时期特殊事件影响下的城市空间结构演变研究:以天津市为例[J].地理科学,2014,34(6):656-663.

［174］田贵明.港口型国际大都市的特征和天津的战略思考［M］.北京:中国财政经济出版社,
      2002.

［175］周长林.区域视野下的天津城市空间发展战略［J］.北京规划建设,2005(5):17-19.

［176］朱才斌.现代区域发展理论与城市空间发展战略:以天津城市空间发展战略等为例［J］.
      城市规划学刊,2006(5):30-37.

［177］孙雁.天津海岸带地区空间布局规划研究［D］.天津:天津师范大学,2007.

［178］沈磊.可持续的天津城市中心结构［J］.时代建筑,2010(5):10-15.

［179］朱力,荀春兵.双城互动:天津迈向北方经济中心的空间重构［J］.城市发展研究,2012,19
      (2):66-71.

［180］《天津城市规划》编写组.天津城市规划［M］.天津:天津科学技术出版社,1989.

［181］天津市城市规划志编纂委员会.天津市城市规划志［M］.天津:天津科学技术出版社,
      1994.

［182］天津市地方志编修委员会.天津简志［M］.天津:天津人民出版社,1991.

［183］天津市地方志编修委员会办公室,天津市城乡建设委员会.天津市志:城乡建设志:1991-
      2010［M］.天津:天津社会科学院出版社,2015.

［184］赵友华,天津市地方志编修委员会办公室,天津市规划局.天津通志·规划志［M］.天津:
      天津科学技术出版社,2009.

［185］惠凯.港口规划与区域经济［M］.北京:中国建筑工业出版社,2008.

［186］白杉.港城互动机理和演化进程研究［D］.大连:大连海事大学,2007.

［187］真虹.港口管理［M］.北京:人民交通出版社,2009.

［188］舒洪峰.集装箱港口发展动态研究［D］.北京:中国社会科学院研究生院,2007.

［189］肖青.港口规划［M］.大连:大连海事大学出版社,1999.

［190］朱喜钢.城市空间集中与分散论［M］.北京:中国建筑工业出版社,2002.

［191］武进.中国城市形态:结构、特征及其演变［M］.南京:江苏科学技术出版社,1990.

［192］胡俊.中国城市:模式与演进［M］.北京:中国建筑工业出版社,1995.

［193］潘海啸.城市空间的解构:物质性战略规划中的城市模型［J］.城市规划汇刊,1999(4):18-
      24.

［194］江曼琦.城市空间结构优化的经济分析［M］.北京:人民出版社,2001.

［195］张勇强.城市空间发展自组织与城市规划［M］.南京:东南大学出版社,2006.

［196］周春山.城市空间结构与形态［M］.北京:科学出版社,2007.

［197］王海平.港口发展战略与规划［M］.天津:天津人民出版社,2005.

［198］毕斗斗,方远平.世界先进海港城市的发展经验及启示［J］.国际经贸探索,2009,25(5):
      35-40.

［199］常冬铭.宁波市港口与城市互动关系研究［D］.北京:中国人民大学,2008.

［200］王成金.集装箱港口网络形成演化与发展机制［M］.北京:科学出版社,2012.

［201］王立坤.现代港口理论与实务［M］.上海:上海交通大学出版社,2011.

［202］王涛.港口对港口城市经济发展的影响研究［D］.青岛:中国海洋大学,2008.

[203] 陆大道. 区域发展及其空间结构[M]. 北京：科学出版社，1995.

[204] 吴一洲. 转型时代城市空间演化绩效的多维视角研究[M]. 北京：中国建筑工业出版社，2013.

[205] 何伟. 区域城镇空间结构及优化研究[D]. 南京：南京农业大学，2002.

[206] 董伟. 大连城市空间结构演变趋势研究[M]. 大连：大连海事大学出版社，2006.

[207] 翟伶俐. 城市空间拓展的点轴模式研究[D]. 武汉：华中科技大学，2008.

[208] 陆玉麒. 区域发展中的空间结构研究[M]. 南京：南京师范大学出版社，1998.

[209] 郭腾云，徐勇，马国霞，等. 区域经济空间结构理论与方法的回顾[J]. 地理科学进展，2009，28(1)：111-118.

[210] 埃比尼泽·霍华德. 明日的田园城市[M]. 北京：商务印书馆，2000.

[211] 谢守红. 大都市区空间组织的形成演变研究[D]. 上海：华东师范大学，2003.

[212] 沈磊. 快速城市化时期浙江沿海城市空间发展若干问题研究[D]. 北京：清华大学，2004.

[213] 段进. 城市空间发展论[M]. 南京：江苏科学技术出版社，2006.

[214] 王益澄. 浙江沿海港口城镇布局形态研究[J]. 人文地理，1996，11(3)：56-59.

[215] 储金龙. 城市空间形态定量分析研究[M]. 南京：东南大学出版社，2007.

[216] 成一农. 中国古代方志在城市形态研究中的价值[J]. 中国地方志，2001(1)：136-140.

[217] 段进，比尔·希列尔，史蒂文·瑞德，等. 空间句法与城市规划[M]. 南京：东南大学出版社，2007.

[218] 谭跃. 城市空间结构演化研究[D]. 重庆：重庆大学，2009.

[219] 黄勇. 城市空间形态的分形研究[D]. 兰州：兰州大学，2006.

[220] 张宇星. 空间蔓延和连绵的特性与控制[J]. 新建筑，1995(4)：29-31.

[221] 张宇，王青. 城市形态分形研究：以太原市为例[J]. 山西大学学报（自然科学版），2000，23(4)：365-368.

[222] 叶俊，陈秉钊. 分形理论在城市研究中的应用[J]. 城市规划汇刊，2001(4)：38-42.

[223] 刘继生，陈彦光. 城镇体系等级结构的分形维数及其测算方法[J]. 地理研究，1998，17(1)：82-89.

[224] 刘继生，陈彦光，刘志刚. 点轴系统的分形结构及其空间复杂性探讨[J]. 地理研究，2003，22(4)：447-454.

[225] 陈彦光，刘继生. 豫北地区城镇规模分布的分形研究[J]. 人文地理，1998(1)：26-33.

[226] Couclelis H. From cellular automata to urban models：New principles for model development and implementation[J]. Environment and Planning B：Planning and Design，1997，24(2)：165-174.

[227] White R，Engelen G. Cellular automata as the basis of integrated dynamic regional modelling[J]. Environment and Planning B：Planning and Design，1997，24(2)：235-246.

[228] 黎夏，叶嘉安. 约束性单元自动演化 CA 模型及可持续城市发展形态的模拟[J]. 地理学报，1999，54(4)：289-298.

[229] 尚正永. 城市空间形态演变的多尺度研究[D]. 南京：南京师范大学，2011.

[230] 李双成,许月卿,傅小锋.基于 GIS 和 ANN 的中国区域贫困化空间模拟分析[J].资源科学,2005,27(4):76-81.

[231] 陈彦光,靳军.地理学基础理论研究的方法变革及其发展前景[J].干旱区地理,2003,26(2):97-102.

[232] 梁进社.中国建设用地省际分布的统计分析[J].地球科学进展,2002,17(2):195-200.

[233] 梁中.基于可达性的区域空间结构优化研究[D].南京:南京师范大学,2002.

[234] 陈彦光,刘继生.基于引力模型的城市空间互相关和功率谱分析:引力模型的理论证明、函数推广及应用实例[J].地理研究,2002,21(6):742-752.

[235] 刘纪远,王新生,庄大方,等.凸壳原理用于城市用地空间扩展类型识别[J].地理学报,2003,58(6):885-892.

[236] 吴殿廷,朱青.区域定量划分方法的初步研究:兼论用断裂点理论进行区域划分问题[J].北京师范大学学报(自然科学版),2003,39(3):412-416.

[237] 陆大道.关于"点-轴"空间结构系统的形成机理分析[J].地理科学,2002,22(1):1-6.

[238] 陆大道.区位论及区域研究方法[M].北京:科学出版社,1988.

[239] 陆大道.论区域的最佳结构与最佳发展:提出"点-轴系统"和"T"型结构以来的回顾与再分析[J].地理学报,2001,56(2):127-135.

[240] 车宏安,顾基发.无标度网络及其系统科学意义[J].系统工程理论与实践,2004,24(4):11-16.

[241] 陆玉麒.区域双核结构模式的形成机理[J].地理学报,2002,57(1):85-95.

[242] 陆玉麒.双核型空间结构模式的探讨[J].地域研究与开发,1998,17(4):44-48.

[243] 李晓峰.基于 GIS 的城市空间扩展研究[D].天津:天津大学,2007.

[244] 李加林.河口港城市形态演变的分析研究:兼论宁波城市形态的历史演变及发展[J].人文地理,1998:54-57.

[245] 陈洪波.港口与产业互动关系实证研究[M].杭州:浙江大学出版社,2013.

[246] 龚铖.国际性港口优势演变的若干因素分析[D].宁波:宁波大学,2009.

[247] 陈勇.从鹿特丹港的发展看世界港口发展的新趋势[J].国际城市规划,2007,22(1):58-62.

[248] 曹永森,葛燕.社会治理中多元主体间的合作安排:以鹿特丹港战后重建的政策制定为例[J].行政论坛,2013,29(6):72-76.

[249] 张曙.再现城市活力的港口改造:德国汉堡港口新城规划简评[J].新建筑,2005(1):28-31.

[250] 刘延超.基于可持续理念的汉堡港口新城更新研究[D].沈阳:沈阳建筑大学,2012.

[251] 杨葆亭.我国中古海港城市历史发展阶段及其规律探讨[J].城市规划,1983,7(4):52-59.

[252] 柴旭原.上海市近代教会建筑历史初探[D].上海:同济大学,2006.

[253] 饶利林.城镇密集区空间组织与优化研究[D].武汉:华中科技大学,2005.

[254] 吴静.天津现代化港口城市可持续发展研究[J].城市问题,2006(7):45-48.

[255] 周一星. 城市地理学[M]. 北京：商务印书馆，1995.

[256] 天津市地方志办公室. 海河带风物[M]. 天津：天津社会科学院出版社，2003.

[257] 李竞能. 天津人口史[M]. 天津：南开大学出版社，1990.

[258] 张龙. 天津港口与区域发展分析[D]. 天津：天津大学，2010.

[259] 李瑞莎. 天津港城互动关系演化路径研究[D]. 天津：天津师范大学，2013.

[260] 刘惠瑾. 区域经济与天津港口发展关系及对策的研究[D]. 天津：天津师范大学，2007.

[261] 吴良镛. 京津冀地区城乡空间发展规划研究二期报告[M]. 北京：清华大学出版社，2006.

[262] 吴良镛. 京津冀地区城乡空间发展规划研究[M]. 北京：清华大学出版社，2002.

[263] 吴良镛. 京津冀地区城乡空间发展规划研究三期报告[M]. 北京：清华大学出版社，2013.

[264] 高相铎，季萍萍，张斌，等. 天津市产业结构与空间结构的互动机制与对策研究[J]. 城市发展研究，2010,17(9)：73-76.

[265] 王健. 天津海河综合开发规划的实践与理论研究[D]. 天津：天津大学，2008.

[266] 陈宇. 天津市海河中游地区城市功能及空间发展模式研究[D]. 天津：天津大学，2011.

[267] 康敬. 天津市城市空间发展演变及启示[J]. 天津经济，2008(8)：38-40.

[268] 牛燕杰，李巍然，常春波，等. 从交通空间变迁到区域空间发展[J]. 科学之友，2012(22)：135-137.

[269] 姚士谋. 中国大都市的空间扩展[M]. 合肥：中国科学技术大学出版社，1998.

[270] 邢海峰，柴彦威. 大城市边缘新兴城区地域空间结构的形成与演化趋势：以天津滨海新区为例[J]. 地域研究与开发，2003,22(2)：21-25.

[271] 孙晓飞. 快速发展时期的大城市中心城区更新规划研究：以天津市中心城区为例[D]. 天津：天津大学，2010.

[272] 蒋鸣. 沿海港口、临港产业和临港城市发展研究[D]. 北京：中国城市规划设计研究院，2010.

[273] 魏后凯. 走向可持续协调发展[M]. 广州：广东经济出版社，2001.

[274] 马献林. 天津城市发展远景目标设想[J]. 城市，2011(7)：12-17.